省级一流本科专业建设成果教材

高等院校智能制造人才培养系列教材

传感器技术

侯劲　李红文　赵俊　等编

周建　审

Sensor
Technology

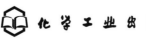
化学工业出版社

·北京·

内容简介

本书注重传感器技术的结构性和完整性，第1章和第2章介绍传感器的基本概念、现状和发展趋势以及传感器的特性；第3章～第11章主要介绍制造工程常用参数检测所涉及的传感器，如电阻应变式传感器、电容式传感器、电感式传感器，同时也系统地介绍了磁电式传感器、压电式传感器、热电式传感器、光电式传感器、化学及生物传感器和辐射式传感器；第12章介绍智能传感器中的嵌入式技术和智能传感器的数据处理等；第13章根据设计选择和数据分析的需要，对误差理论和测量数据的处理也进行了详细介绍。

本书结构合理，逻辑清晰，可作为自动化、物联网工程、测控技术及仪器、电气工程及其自动化、电子信息工程、机械制造及自动化等专业所开设的"传感器与检测技术""传感器技术"等课程的教材，亦可供相关专业的工程技术人员和研究人员参考。

图书在版编目（CIP）数据

传感器技术 / 侯劲等编. -- 北京 ：化学工业出版社，2024. 11. --（高等院校智能制造人才培养系列教材）. -- ISBN 978-7-122-46372-2

Ⅰ. TP212

中国国家版本馆CIP数据核字第2024FP4958号

责任编辑：张海丽　　　　　　　　　　　文字编辑：张　琳
责任校对：宋　玮　　　　　　　　　　　装帧设计：韩　飞

出版发行：化学工业出版社（北京市东城区青年湖南街13号　邮政编码100011）
印　　装：河北延风印务有限公司
787mm×1092mm　1/16　印张17½　字数421千字　2025年1月北京第1版第1次印刷

购书咨询：010-64518888　　　　　　　售后服务：010-64518899
网　　址：http://www.cip.com.cn
凡购买本书，如有缺损质量问题，本社销售中心负责调换。

定　　价：59.00元

高等院校智能制造人才培养系列教材
建设委员会

主任委员：

罗学科　　　郑清春　　　李康举　　　郎红旗

委员（按姓氏笔画排序）：

门玉琢　　　王进峰　　　王志军　　　王丽君　　　田　禾
朱加雷　　　刘　东　　　刘峰斌　　　杜艳平　　　杨建伟
张　毅　　　张东升　　　张烈平　　　张峻霞　　　陈继文
罗文翠　　　郑　刚　　　赵　元　　　赵　亮　　　赵卫兵
胡光忠　　　袁夫彩　　　黄　民　　　曹建树　　　戚厚军
韩伟娜

序

党的二十大报告指出，要建设现代化产业体系，坚持把发展经济的着力点放在实体经济上，推进新型工业化，加快建设制造强国、质量强国、航天强国、交通强国、网络强国、数字中国。实施产业基础再造工程和重大技术装备攻关工程，支持专精特新企业发展，推动制造业高端化、智能化、绿色化发展。推动战略性新兴产业融合集群发展，构建新一代信息技术、人工智能、生物技术、新能源、新材料、高端装备、绿色环保等一批新的增长引擎。其中，制造强国、高端装备等重点工作都与智能制造相关，可以说，智能制造是我国从制造大国转向制造强国、构建中国制造业全球优势的主要路径。

制造业是一个国家的立国之本、强国之基，历来是世界各主要工业国高度重视和发展的重要领域。改革开放以来，我国综合国力得到稳步提升，到 2011 年中国工业总产值全球第一，分别是美国、德国、日本的 120%、346%和 235%。党的十八大以来，我国进入了新时代，发展的格局更为宏大，"一带一路"倡议和制造强国战略使我国工业正在实现从大到强的转变。我国不但建立了全球最为齐全的工业体系，而且在许多重大装备领域取得突破，特别是在三代核电、特高压输电、特大型水电站、大型炼化工、油气长输管线、大型矿山采掘与炼矿综采重点工程建设项目、重大成套装备、高端装备、航空航天等领域取得了丰硕成果，补齐了短板，打破了国外垄断，解决了许多"卡脖子"难题，为推动重大技术装备高质量发展，实现我国高水平科技自立自强奠定了坚实基础。进入新时代的十年，制造业增加值从 2012 年的 16.98 万亿元增加到 2021 年的 31.4 万亿元，占全球比重从 20%左右提高到近 30%；500 种主要工业产品中，我国有四成以上产量位居世界第一；建成全球规模最大、技术领先的网络基础设施……一个个亮眼的数据，一项项提气的成就，勾勒出十年间大国制造的非凡足迹，标志着我国迎来从"制造大国""网络大国"向"制造强国""网络强国"的历史性跨越。

最早提出智能制造概念的是美国人 P.K.Wright，他在其 1988 年出版的专著 *Manufacturing Intelligence*（《制造智能》）中，把智能制造定义为"通过集成知识工程、制造软件系统、机器人视觉和机器人控制来对制造技工们的技能与专家知识进行建模，以使智能机器能够在没有人工干预的情况下进行小批量生产"。当然，因为智能制造仍处在发展阶段，各种定义层出不穷，国内外有不同专家给出了不同的定义，但智能机器、智能传感、智能算法、智能设计、解决制造过程中不确定问题的智能方法、智能维护是智能制造的核心关键词。

从人才培养的角度而言，实现智能制造还任重道远，人才紧缺的局面很难在短时间内扭转，相关高校师资力量也不足。据不完全统计，近五年来，全国有 300 多所高校开办了智能制造专业，其中既有双一流高校，也有许多地方院校和民办高校，人才培养定位、课程体系、教材建设、实践环节都面临一系列问题，严重制约着我国智能制造业未来的长远发展。在此情况下，如何培养出适应不同行业、不同岗位要求的智能制造专业人才，是许多开设该专业的高校面临的首要难题。

智能制造的特点决定了其人才培养模式区别于其他传统工科：首先，智能制造是跨专业的，其所涉及的知识几乎与所有工科门类有关；其次，智能制造是跨行业的，其核心技术不仅覆盖所有制造行业，也适用于某些非制造行业。因此，智能制造人才培养既要考虑本校专业特色，又不能脱离社会对智能制造人才的需求，既要遵循教育的基本规律，又要创新教育体系和教学方法。在课程设置中要充分考虑以下因素：

- 考虑不同类型学校的定位和特色；
- 考虑学生已有知识基础和结构；
- 考虑适应某些行业需求，如流程制造、离散制造、混合制造等；
- 考虑适应不同生产模式，如多品种小批量生产、大批量生产等；
- 考虑让学生了解智能制造相关前沿技术；
- 考虑兼顾应用型、技能型、研究型岗位需求等。

改革开放 40 多年来，我国的高等教育突飞猛进，高等教育的毛入学率从 1978 年的 1.55% 提高到 2021 年的 57.8%，进入了普及化教育阶段，这就意味着高等教育担负的历史使命、受教育的对象都发生了深刻的变化。面对地方应用型高校生源差异化大的现状，因材施教，做好智能制造应用型人才培养，满足高校智能制造应用型人才培养的教材需求就是本系列教材的使命和定位。

要解决好这个问题，首先要有一个好的定位，有一个明确的认识，这套教材定位于智能制造应用型人才培养需求，就是要解决应用型人才培养的知识体系如何构造，智能制造应用型人才的课程内容如何搭建。我们知道，应用型高校学生培养的主要目的是为应用型学科专业的学生打牢一定的理论功底，为培养德才兼备、五育并举的应用型人才服务，因此在课程体系、基础课程、专业教育、实践能力培养上与传统综合性大学和"双一流"学校比较应有不同的侧重，应更着眼于学生的实用性需求，应满足社会对应用技术人才的需求，满足社会实际生产和社会实际发展的需求，更要考虑这些学校学生的实际，也就是要面向社会发展需求，为社会各行各业培养"适销对路"的专业人才。因此，在人才培养的过程中，对实践环节的要求更高，要非常注重理论和实践相结合。据此，在应用型人才培养模式的构建上，从培养方案、课程体系、教学内容、教学方式、教材建设上都应注重应用型人才培养的规律，这正是我们编写这套智能制造相关专业教材的目的。

这套教材的突出特色有以下几点：

① 定位于应用型。这套教材不仅有适应智能制造应用型人才培养的专业主干课程和选修课程教

材，还有基于机械类专业向智能制造转型的专业基础课教材，专业基础课教材的编写中以应用为导向，突出理论的应用价值。在编写中引入现代教学方法和手段，结合教学软件和工业仿真软件，使理论教学更为生动化、具象化，努力实现理论课程通向专业教学的桥梁作用。例如，在制图课程中较多地使用工业界成熟设计软件，使学生掌握比较扎实的软件设计能力；在工程力学教学中引入有限元软件，实现设计计算的有限元化；在机械设计中引入模块化设计的概念；在控制工程中引入 MATLAB 仿真和计算机编程内容，实现基础教学内容的更新和对专业教育的支撑，凸显应用型人才培养模式的特点。

② 专业教材突出实用性、模块化、柔性化。智能制造技术是利用先进的制造技术，以及数字化、网络化、智能化等知识和控制理论来解决制造过程中不确定和非固定模式的问题，使得制造过程具有智能的技术，它的特点是综合性和知识内涵的丰富性以及知识本身的创新性。因此，在教材建设上与以前传统的知识技术技能模式应有大的区别，更应注重对学生理念、意识、认知、思维方式和系统解决问题能力的培养。同时考虑到各行业、各地和各校发展阶段和实际办学水平的不同，希望这套教材尽可能为各校合理选择教学内容提供一个模块化、积木式结构，并在实际编写中尽量提供项目化案例，以便学校根据具体情况做柔性化选择。

③ 本系列教材注重数字资源建设，更多地采用多媒体的互动方式，如配套课件、教学视频、测试题等，使教材呈现形式多样化，数字内容更为丰富。

由于编写时间紧张，智能制造技术日新月异，编写人员专业水平有限，书中难免有不当之处，敬请读者及时批评指正。

高等院校智能制造人才培养系列教材建设委员会

前言

　　传感器是自动化系统、物联网系统等信息化系统的核心组成部分，是获取信息的主要装置，在国民经济各行业及科研、国防安全等领域发挥着不可替代的作用。传感器技术是现代信息技术的三大支柱之一，"传感器技术"课程是自动化类、物联网信息技术类、仪器仪表类等工科专业的重要专业基础课，覆盖的知识领域是信息获取与处理。

　　编者本着"以学生为中心"的教学宗旨，立足学以致用的原则，根据教学科研心得与实际生产工程经验及行业从业者和毕业生反馈建议，充分考虑应用需求和读者的易学实用性，减少了类似教材中实际应用过程很少触及的内容，增加了关键知识点的例题分析等内容。本书注重传感器技术的结构性和完整性，按原理进行分章，主要讲述工程制造常用参数检测所涉及的传感器，如电阻应变式传感器、电容式传感器、电感式传感器、磁电式传感器、热电式传感器和压电式传感器等；同时也系统地介绍了发展迅猛的智能传感器；结合工程和科研分析研究的基本知识，根据实际使用中传感器设计选择和数据分析的需要，对误差理论和数据处理也进行了详细介绍。

　　本书建议对应教学课时为 40~50 学时，每章后均附有思考题，可帮助学生巩固学习内容。同时，本书配套有课件 PPT，包括主要知识点、例题讲解及应用实例等内容，方便老师授课选用及学生线下学习。读者可扫描封底及书中二维码获取本书配套的电子资源。

　　全书共分 13 章，由四川轻化工大学侯劲（第 1、2、5、7、10、11、13 章）、李红文（第 3、4、6、9 章）、赵俊（第 12 章）及刘兆兰（第 8 章）等编写，廖俊康、党熙沁、毛国斌、吴涛、李雪梅、彭超宇分别参与了第 1、5、7、10、11、13 章的编写工作，并和陈艳、周浩等参与了书稿的资料整理和图表绘制等工作。侯劲、李红文、党熙沁负责全书的统稿，由周建审稿。特别感谢四川轻化工大学熊兴中教授、电子科技大学朱策教授、浙江中控技术股份有限公司郑晓钮教授在编写过程中给予的指导、支持和帮助。四川轻化工大学王小刚、唐磊、孙志尧等老师对本书提出了许多宝贵意见，业界专家应汝强、钟红等提供了相关资料并给出了诸多有益的建议，在此一并表示衷心感谢。

　　本书为四川轻化工大学自动化专业四川省一流本科专业建设点的建设成果教材。

　　在本书编写过程中，参考了部分相关教材和专著，在此对本书引用文献的作者表示诚挚的谢意。

　　由于编者水平有限，书中难免存在疏漏和不足之处，敬请读者批评指正。

编　者

目 录

第1章 绪论 1

本章思维导图 ···1

本章学习目标 ···2

1.1 传感器的定义 ··· 2

1.2 传感器的结构 ··· 2

1.3 传感器分类 ··· 3

1.4 现状与发展 ··· 4

    1.4.1 研究现状 ·· 4

    1.4.2 发展趋势 ·· 6

思考题与习题 ···7

第2章 传感器的特性 ································· 8

本章思维导图 ···8

本章学习目标 ···9

2.1 传感器的静态特性 ··· 9

    2.1.1 线性度 ·· 9

    2.1.2 迟滞 ··13

    2.1.3 重复性 ··13

    2.1.4 灵敏度与灵敏度误差 ····································13

    2.1.5 分辨力（率）与阈值 ····································14

    2.1.6 稳定性 ··14

2.1.7 静态误差 ··· 15

2.2 传感器的动态特性 ··15

    2.2.1 数学模型与传递函数 ································· 16

    2.2.2 传感器的动态响应 ··································· 17

2.3 传感器的标定与选用 ····································· 23

    2.3.1 传感器的检定、标定与校准 ····················· 23

    2.3.2 传感器的选用 ··· 25

思考题与习题 ··· 26

第3章 电阻应变式传感器   28

本章思维导图 ··· 28

本章学习目标 ··· 29

3.1 电阻应变式传感器的工作原理 ····················· 29

    3.1.1 应变效应 ··· 29

    3.1.2 电阻应变片的种类 ··································· 31

    3.1.3 电阻应变片的特性 ··································· 33

    3.1.4 温度误差及补偿 ····································· 36

3.2 电阻应变片的测量电路 ································· 40

    3.2.1 直流电桥 ··· 40

    3.2.2 交流电桥 ··· 47

3.3 应变式传感器的典型应用 ····························· 49

    3.3.1 电阻应变式力传感器 ································· 49

    3.3.2 其他方面的应用 ····································· 52

思考题与习题 ··· 55

第4章 电容式传感器   56

本章思维导图 ··· 56

本章学习目标 ··· 57

4.1 工作原理与类型 ·· 57

    4.1.1 变极距型电容式传感器 ····························· 58

4.1.2 变面积型电容式传感器 ·························61

4.1.3 变介电常数型电容式传感器 ················64

4.2 电容式传感器的转换电路 ·······················69

4.2.1 调频电路 ···70

4.2.2 运算放大器电路 ··································71

4.2.3 变压器式交流电桥 ·······························71

4.2.4 二极管双 T 型电桥 ······························73

4.2.5 脉冲宽度调制型电路 ·····························74

4.3 电容式传感器的特点及应用 ····················76

4.3.1 电容式传感器的特点 ·····························76

4.3.2 电容式传感器的应用 ·····························77

思考题与习题 ···82

第5章 电感式传感器 84

本章思维导图 ···84

本章学习目标 ···85

5.1 自感式传感器 ···85

5.1.1 工作原理 ··85

5.1.2 灵敏度及非线性（输出特性） ···············86

5.1.3 等效电路和转换电路 ····························90

5.1.4 零点残余电压 ······································94

5.1.5 自感式传感器的应用 ···························94

5.2 差动变压器式（互感式）传感器 ·············95

5.2.1 工作原理 ··95

5.2.2 等效电路及其特性 ·······························97

5.2.3 零点残余电压的补偿 ····························100

5.2.4 变压器式传感器的应用举例 ···············102

5.3 电涡流式传感器 ···103

5.3.1 工作原理 ··103

5.3.2 转换电路 ··104

5.3.3 电涡流式传感器的特点及应用 ···············105

思考题与习题 ···107

第6章 磁电式传感器 108

本章思维导图···108

本章学习目标···109

6.1 磁电感应式传感器···109

6.1.1 工作原理和结构类型·····························109

6.1.2 磁电感应式传感器的基本特性·················111

6.1.3 磁电感应式传感器的测量电路·················112

6.1.4 磁电感应式传感器应用·························112

6.2 霍尔式传感器···114

6.2.1 工作原理···115

6.2.2 霍尔元件的结构和基本电路·····················117

6.2.3 霍尔元件的主要特性参数·······················117

6.2.4 霍尔元件的误差及补偿·························118

6.2.5 霍尔式传感器的应用·····························120

思考题与习题···122

第7章 压电式传感器 123

本章思维导图···123

本章学习目标···124

7.1 压电式传感器的工作原理·································124

7.1.1 压电效应···124

7.1.2 压电材料···125

7.1.3 压电元件变形方式·································129

7.2 等效电路和测量电路·······································129

7.2.1 压电式传感器的等效电路·······················129

7.2.2 压电式传感器的测量电路（前置放大器）·······131

7.3 压电式传感器的应用·······································134

7.3.1 压电式加速度传感器·····························134

7.3.2 PVDF 声发射传感器·····························134

7.3.3 纺织基柔性压电式触觉传感器·················135

思考题与习题 ·· 135

第8章 热电式传感器   136

本章思维导图 ··· 136

本章学习目标 ··· 137

8.1 热电阻传感器 ··· 137

    8.1.1 热电阻传感器的工作原理 ···················· 137

    8.1.2 铂电阻 ······································ 138

    8.1.3 铜电阻 ······································ 140

    8.1.4 热电阻的测量电路 ·························· 140

8.2 热敏电阻传感器 ······································ 142

8.3 热电偶传感器 ·· 143

    8.3.1 热电效应 ···································· 143

    8.3.2 热电偶基本定律 ···························· 149

    8.3.3 热电偶材料及常用热电偶 ···················· 150

    8.3.4 热电偶测温线路 ···························· 151

    8.3.5 热电偶参考端温度 ·························· 154

8.4 热电阻、热电偶传感器的应用 ···················· 159

    8.4.1 装配热电阻 ································· 159

    8.4.2 铠装热电阻 ································· 160

    8.4.3 装配热电偶 ································· 160

    8.4.4 铠装热电偶 ································· 160

    8.4.5 温度变送器 ································· 161

思考题与习题 ··· 162

第9章 光电式传感器   163

本章思维导图 ··· 163

本章学习目标 ··· 164

9.1 光的特性与光电效应 ································· 164

    9.1.1 光的特性 ···································· 164

    9.1.2 光电效应 ···································· 164

9.1.3　各种光电器件的参数 ……………………………… 165

9.2　光电传感器件 …………………………………………… 166

9.2.1　光电管 …………………………………………… 166

9.2.2　光电倍增管 ……………………………………… 166

9.2.3　光敏电阻 ………………………………………… 167

9.2.4　光敏二极管和光敏晶体管 …………………… 169

9.2.5　光电池 …………………………………………… 171

9.2.6　光电耦合器件 …………………………………… 172

9.3　电荷耦合器件（CCD） ………………………………… 173

9.4　光纤传感器 ……………………………………………… 175

9.5　光电式传感器的应用 …………………………………… 178

思考题与习题 ………………………………………………… 181

第10章　化学及生物传感器　183

本章思维导图 ………………………………………………… 183

本章学习目标 ………………………………………………… 184

10.1　化学传感器 …………………………………………… 184

10.1.1　气体传感器 …………………………………… 184

10.1.2　湿度传感器 …………………………………… 188

10.1.3　离子传感器 …………………………………… 190

10.1.4　化学传感器的应用 …………………………… 190

10.2　生物传感器 …………………………………………… 192

10.2.1　生物传感器的概述 …………………………… 192

10.2.2　几种常用的生物传感器 ……………………… 196

10.3　生物传感器的应用 …………………………………… 198

思考题与习题 ………………………………………………… 200

第11章　辐射式传感器　202

本章思维导图 ………………………………………………… 202

本章学习目标 ………………………………………………… 203

11.1　红外传感器 …………………………………………… 203

11.1.1　红外传感器的工作原理 ································· 203

11.1.2　红外传感器的应用 ····································· 206

11.2　核辐射传感器 ··· 208

11.2.1　核辐射及其防护 ··· 209

11.2.2　核辐射检测器 ··· 210

11.2.3　核辐射传感器的应用 ····································· 211

思考题和习题 ··· 213

第12章　智能传感器 `215`

本章思维导图 ··· 215

本章学习目标 ··· 216

12.1　智能传感器的定义 ··· 216

12.2　智能传感器中的嵌入式技术 ··································· 217

12.3　智能传感器中的数据处理 ····································· 221

12.3.1　数据采集 ··221

12.3.2　数据滤波 ··· 223

12.3.3　特征提取 ··· 225

12.3.4　数据融合 ··· 226

12.4　智能传感器数据处理中的机器学习技术 ·············· 227

12.4.1　机器学习技术对智能传感器的影响 ·············· 227

12.4.2　机器学习的分类 ··· 228

12.4.3　主流监督学习算法简介 ································· 228

12.4.4　深度学习神经网络简介 ································· 230

12.4.5　典型的深层神经网络的结构 ························· 232

12.5　智能传感器的基本结构与应用实例 ··················· 233

12.5.1　智能传感器的基本结构 ································· 233

12.5.2　智能传感器的应用实例 ································· 234

思考题与习题 ··· 238

第13章　测量误差与数据处理 `239`

本章思维导图 ··· 239

本章学习目标……………………………………………240

13.1　精度与误差…………………………………………240

　　13.1.1　精度………………………………………240

　　13.1.2　误差………………………………………240

13.2　误差与精度的表示………………………………241

　　13.2.1　误差的表示………………………………241

　　13.2.2　精度的表示………………………………242

13.3　测量数据的处理……………………………………243

　　13.3.1　系统误差的处理…………………………243

　　13.3.2　随机误差的处理…………………………245

　　13.3.3　粗大误差的处理…………………………249

13.4　间接测量中误差的传递…………………………251

13.5　回归分析法…………………………………………252

　　13.5.1　单回归分析………………………………253

　　13.5.2　多关联参数的基本处理方法……………253

　　13.5.3　一般线性回归分析………………………256

13.6　不确定度和有效数字……………………………257

　　13.6.1　不确定度…………………………………257

　　13.6.2　有效数字…………………………………259

思考题与习题………………………………………………260

参考文献　　　　　　　　　　　　　　　262

第 1 章

绪 论

 本章思维导图

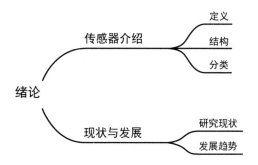

本书配套资源

本章学习目标

（1）掌握传感器的定义、基本结构及各部分的功能；

（2）掌握传感器的分类；

（3）了解传感器的现状与发展，掌握差动技术的作用。

1.1　传感器的定义

传感器的运用灵感大多都来自我们自身的器官和组织，就好比人的眼、鼻、口、舌、耳、皮肤等，能够获取视觉、嗅觉、味觉、听觉、触觉等信息一样。传感器是构成控制系统和信息化系统的核心装置，是感知、获取与检测信息的窗口。传感器与检测技术是自动化和信息化的基础和前提。

传感器的英文概念表述一般为："A sensor is a device that receives a stimulus and responds with an electrical signal"。中华人民共和国国家标准（GB/T 36378.1—2018）对传感器（transducer/sensor）的定义是："能感受被测量（stimulus/measurand）并按照一定规律转换成可用输出信号的器件或装置，通常由敏感元件（sensing element）和转换元件（transducing element）组成。"

传感器有不同的名称，如发送器、变送器、检测器等，所有传感器都有着相同的特点：就是利用物理定律或物质的各种特性，将非电量（流量、压力、温度、加速度等）转换成电量（电压、电流、电容、电荷等）输出。当输出的信号为标准信号（例如电信号 DDZ-Ⅲ标准：是指4～20mA 的直流电流信号和1～5V 的直流电压信号），此时传感器叫作变送器（transmitter）。

传感器的两个基本功能是感受测量被测量的大小并将其转化为后端所需的规定的输出信号（如电信号或气信号）。简单来说就是一感二传，即感受被测信息并将测量信息传送出去。

传感器工作中要遵循以下基本规律：一是守恒定律，最常涉及的是能量守恒，典型实例如压电传感器中机械能和电能的转换，差压式节流装置测量流量等；二是统计定律，传感器的可靠度、失效率、故障率和寿命等指标都遵循统计定律；三是场的定律，场的定律是关于物质作用的客观规律，结构型传感器主要遵循物理学中场的定律，如电容式传感器等；四是物质定律，各种物质本身内在性质的定律、法则、规律等，通常以物质所固有的物理常数或化学、生物特性加以描述，并决定着传感器的主要性能，利用各种物质定律制成的物性型传感器，其性能随材料的不同而不同。

1.2　传感器的结构

传感器主要是由敏感元件和转换元件两部分组成。敏感元件直接感受或响应被测量，转换元件将敏感元件感受或响应的被测量转换成能够用于传输和处理的电信号。只由敏感元件和转换元件两部分组成的传感器的输出信号往往较弱，需要在基本组成部分后面加上一个信号调理电路。信号调理电路的作用：一是把来自转换元件的信号进行转移和放大，使得信号适合进一步传输和处理；二是对信号进行滤波、调制或解调、数字化处理等，使得信号更容易传输、处理、记录和显示等。

并不是所有的传感器都能明显区分敏感元件和转换元件，例如光电式传感器、热电偶、湿度传感器等，一般都是将感受到的被测量直接转换为电信号输出，即检测和转换功能合二为一。另外，一些传感器需要外加电源供电才能正常工作。传感器的基本组成如图1-1所示。

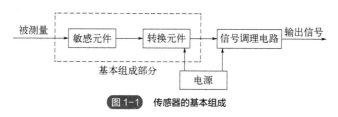

图 1-1　传感器的基本组成

1.3　传感器分类

传感器可以按照输入量（被测量）、输出量（输出信号）、工作原理、基本效应、物理现象、能量变换关系、转换过程是否可逆、是否使用电源、所含技术特征、尺寸大小、存在形式等进行分类，如图1-2所示。

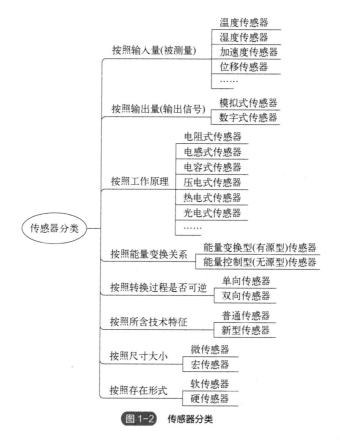

图 1-2　传感器分类

1.4 现状与发展

传感器技术的发展趋势可以概括为两个大的方向：一是提高和改进传感器的性能，在差动技术，平均技术，补偿与修正技术，屏蔽、隔离与干扰抑制和稳定性处理等方面进行提高和改善；二是加强对基础理论的研究，寻找新原理、开发新材料、采用新工艺和尝试新功能等。传感器的无线化、微型化、集成化、网络化、智能化、安全化、虚拟化等新发展方向，都推动传感器与数字化、网络化、系统集成与功能复合运用的现代技术相结合，更加适合现代社会发展进步，推动各行业高质量发展。

1.4.1 研究现状

在提高和改进传感器性能方面主要有下面几种方式。

（1）差动技术

差动技术能够有效改善传感器性能。它的应用可显著减少温度变化、电源波动、外界干扰对传感器测量精度的影响，能够减小非线性误差，抑制共模干扰，提高测量灵敏度等。其基本原理如下：

设某一传感器的输出为

$$Y_1 = A_0 + A_1 X + A_2 X^2 + A_3 X^3 + \cdots \tag{1-1}$$

式中，X 为输入量；A_0、A_1、A_2、$\cdots$ 为系数。

如用另一相同的传感器，但其输入量符号相反，得到其输出为

$$Y_2 = A_0 - A_1 X + A_2 X^2 - A_3 X^3 + \cdots \tag{1-2}$$

使两个输出相减得 $\Delta Y = Y_1 - Y_2$，即

$$\Delta Y = Y_1 - Y_2 = 2\left(A_1 X + A_3 X^3 + \cdots\right) \tag{1-3}$$

总输出 ΔY 消除了偶次非线性项和零位输出，减小了非线性，使得传感器灵敏度提高了一倍，抵消了共模误差。

（2）平均技术

平均技术能够产生平均效应，即采用多个传感器同时感受被测量，得到这些传感器输出的平均值，减少测量时的随机误差。常用技术有误差平均效应和数据平均处理。

① 误差平均效应。假设每个单元的随机误差 δ 服从正态分布，根据误差理论，总误差将减小为：

$$\delta_\Sigma = \pm \frac{\delta}{\sqrt{n}} \tag{1-4}$$

式中，δ_Σ 为总随机误差；n 为传感器单元数。

可见，利用平均技术能够有助于减小传感器误差、增大信号量（即增大传感器灵敏度）。

② 数据平均处理。在相同的条件下，重复进行 N 次测量（或采样），然后进行数据平均处

理，随机误差也能够有效减小。针对可以重复测量（或采样）的被测量，都可以采取数据平均处理来减小随机误差。

（3）补偿与修正技术

补偿与修正技术应用于以下两种情况：

① 针对传感器本身的特性，可寻找传感器误差规律，测量其大小和方向，再采用合适的方法进行补偿或者修正。采用此技术，传感器本身性能稳定是前提。

② 针对传感器的工作条件或外界环境的影响，可找出影响因素（温度、湿度、噪声、振动等）对测量结果的影响，然后引入补偿措施，这种措施可以利用电子线路解决或者采用手动计算或计算机软件实现。当前各系统及仪表厂家主要靠建模实现修正。

（4）屏蔽、隔离与干扰抑制

在工作环境比较恶劣的情况下，为了减小测量误差，设法减弱或者消除外界环境带给传感器的影响，主要有两种方法：一是减小传感器对影响因素的灵敏度；二是降低外界因素对传感器实际作用的强度。例如，对于电磁干扰的影响，可以采用屏蔽和隔离的方式；对于温度、湿度、压力、机械振动等影响，可以采用相应的隔离措施，如隔温、隔湿、隔振等，或者在其变换为电量时对干扰信号进行分离和抑制，减小其带来的影响。

（5）稳定性处理

传感器的性能会随着时间的推移和环境因素的变化而变化，这些都会影响传感器工作的稳定性。为了提高传感器工作的稳定性，需要对传感器进行必要的处理，例如结构材料的时效处理、冰冷处理，永磁材料的时间老化、温度老化、机械老化及交流稳磁处理等。通过相应的手段处理，在一定程度上能够延长传感器的工作寿命，增强其稳定性和保障其测量精度。

（6）零示法、微差法和闭环技术

① 零示法。零示法可以消除指示不准造成的误差。被测量与已知标准量产生的作用相互平衡，使得指示为零。平衡电桥在传感器中的应用就是采用零示法。

② 微差法。微差法是在零示法基础上发展而来。因零示法中被测量与标准量很难完全相等，微差法将标准量与被测量的差值减小到一定程度，通过两者的相互抵消作用使得指示误差显著减小。

③ 闭环技术。利用反馈技术构成闭环平衡式传感器，组成闭环反馈测量系统，满足传感器宽频率响应、大范围、高灵敏度、高分辨率、高精度和高稳定性等要求。

（7）新型传感器设计制造

科学技术的进步和发展需要人们进一步深入对基础理论的研究，通过研究新原理、使用新型材料和探索新功能，能够设计制造更多新型传感器。例如，光纤传感器、液晶传感器、以高分子有机材料为敏感元件的压电式传感器、生物传感器、化学传感器、核辐射式传感器和新型智能传感器等。

① 寻找新原理。物理现象、化学原理和生物效应等各种规律和定律是传感器的工作基础。开发新型传感器需要人们通过发现新现象、新规律和新效应来实现。

② 开发新材料。传感器感知功能中的重要物质基础是各种新型敏感材料。人们通过对敏感材料的开发和利用，能够设计出更多高精度、高耐久和高抗干扰的新型传感器。

新型材料主要有：半导体敏感材料、陶瓷敏感材料、磁性材料、智能材料、柔性材料及石墨烯等。

③ 探索新功能。多功能化是指增强传感器的功能，把多个不同功能的传感器元件集成在一起，使其能够同时测量多个被测量。多功能化传感器不但能够降低生产成本和减小产品体积，而且能有效提高传感器的测量精度、稳定性和安全性等性能指标。此外，多功能传感器除了能够同时测量多种参数外，还可以对多种测量参数进行综合处理和分析，反映出被测系统的整体状况。

1.4.2 发展趋势

目前，传感器主要朝着以下几个方向在发展。

① 传感器无线化。传感器的无线化主要应用在检测系统搭建、快速安装与调整、复杂地形或者特殊区域的监测等方面。例如，遥感技术应用于快速实现大区域对地观测，在环境检测过程中有着不可替代的作用，能够为环境保护与建设提供数据支持。

② 传感器微型化。传感器微型化是指敏感元件的特征尺寸为毫米（mm）、微米（μm）、纳米（nm）级的传感器开发。这类传感器具有尺寸上的微型性和性能上的优越性、要素上的集成性和用途上的多样性、功能上的系统性和结构上的复合性。3D打印技术、IC（集成电路）技术、MEMS（微机电系统）技术、激光技术和精密超细加工技术等的发展，促进了微传感器的快速发展。

③ 传感器集成化。传感器的集成化往往与 MEMS 技术相结合，传感器集成化分两种情况：一是将同一类型的单个传感元件用集成工艺在同一平面排列起来，使其形成一维的线性传感器；二是将不同功能的传感器集成化，即将不同功能的传感器一体化，组装成一个可以同时测量多种数据类型的传感器，如电荷耦合器件（CCD）、集成温度传感器 AD590、集成霍尔传感器 UG3501。这类传感器可靠性高、性能好、结构灵活。此外，可以将传感器与关联的测量电路、微执行器等集成在一个芯片上，有利于传感器减小误差、提高测量精度，方便携带及使用。

④ 传感器网络化。随着数字化技术、现场总线技术、TCP/IP 技术等在测控领域的应用，计量测试与互联网深度融合（互联网+传感器），传感器的网络化得到快速发展。传感器网络化主要表现在两方面：一是为解决现场总线的多样性问题，IEEE 1451.2 工作组建立了智能传感器接口模块（STIM）标准，使得传感器能够与各种网络接口进行连接和通信；二是以 IEEE 802.15.4 为基础的无线传感器网络技术，具有以数据为中心、低功耗、组网方式灵活和低成本等优点。

⑤ 传感器智能化。通过数据挖掘、深度学习、模糊理论、知识集成和 μP（微处理器）等技术的应用，传感器除具有参数检测和信号转换功能外，还可拥有逻辑判断、数据处理、功能计算、故障自诊断等人工智能。经过微处理器后的信号，不再是单一的数字信号，而是具有执行功能的信号。这样的智能传感器能够实现复杂运算和数据处理的功能，是目前的传感器发展方向之一。

智能传感器是一种具有信息处理功能的传感器，是传感器集成化与微处理器相结合的产物。

传感器智能化主要表现在：安装过程中能够自主校零、自主标定，具备自校正功能；使用过程中具备对环境影响的自动补偿功能；具备工作状态下的数据采集、数据自主分析、数据处理以及执行干预逻辑功能；具备大数据分析数据采集产品中的自主学习功能等。技术发展表明：数字信号处理器（DSP）将推动下一代新型传感器产品的发展。随着 5G 通信技术、大数据、AR（增强现实）、VR（虚拟现实）和云计算等技术的发展以及机器人、人工智能等新技术的应用，传感器迎来了一个新的智能化时代。

⑥ 传感器虚拟化。传感器虚拟化主要表现在三个方面：智能传感器的应用将愈发广泛并且其中的软件和算法的比重会越来越大；基于"软件就是仪器"的理念和虚拟仪表的各种优势，以虚拟仪器为平台的测量控制系统将会越来越受到欢迎；以大数据和人工智能等前沿技术为支撑，"纯软件式"传感器发展将越来越快。虚拟传感器虽超越传统传感器作为"器件或装置"的定义，没有"有形"的器件，但仍具有检测的基本功能，可以认为是广义传感器，通过计算机网络平台，用软件和算法对数据进行处理和分析，输出"检测"的结果。

⑦ 传感器安全化。传感器安全化是传感器作为感知单元的基本功能之一。一方面，传感器接收信息并传输数据的重要性增强；另一方面，传感器受到非法攻击的可能性增高，这使得传感器安全化显得格外重要。传感器安全化是通过软件和硬件两方面来应对攻击者的攻击行为，如硬件防篡改、访问控制、节点冗余、数据真实性鉴别、数据消息加密和恶意节点识别与剔除等，通过多种手段抵御因传感器无线化、虚拟化和网络化等形成大数据带来的信息安全风险，保障传感器在信号传输时的可控、安全、可靠、保密、真实和及时。

没有传感器就没有现代科学技术。以传感器为核心的检测系统就像神经和感官一样，源源不断地向人类提供宏观与微观世界的种种信息，成为人们认识自然、改造自然的有力工具。传感器检测技术作为信息科学的一个重要分支，与计算机技术、自动控制技术和通信技术等构成了信息技术的完整学科。检测技术是多门学科和多种技术的综合应用技术，涉及信息论、数理统计、电子学、光学、精密机械、传感技术、计量测试技术、自动化技术、微电子技术和计算机应用技术等学科知识。

今天已是信息时代，一切社会活动都是以信息获取与信息转换为中心，信息系统所需的一切信息的获取都要通过传感器及其构成的检测系统，传感器技术已经深入影响到社会生活和科研领域的各个方面，对于包括自动化、智能制造、物联网工程等信息关联专业的学生及相关领域的工程技术人员和研究人员而言，学习传感器技术已经成为必需。

 思考题与习题

（1）什么是传感器？它由哪几个部分组成？各部分有什么作用？

（2）传感器的共性是什么？

（3）传感器有哪几种分类方式？

（4）改善传感器的技术途径有哪些？

（5）简述传感器技术的发展趋势。

（6）什么是检测技术？传感器和检测技术的联系是什么？

第 2 章

传感器的特性

 本章思维导图

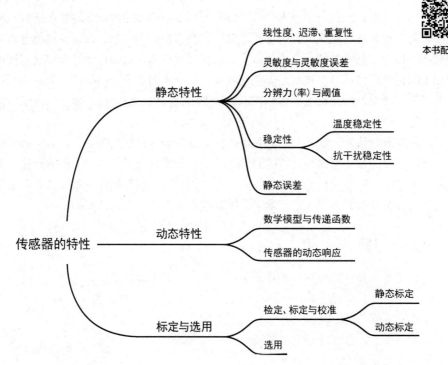

本书配套资源

本章学习目标

（1）掌握传感器静态特性和动态特性的基本概念、数学模型等；

（2）掌握对传感器瞬态响应与频率响应的分析方法；

（3）了解传感器静、动态标定与校准的基本方法。

传感器的基本特性是指传感器输出与输入的对应关系，是传感器内部结构参数作用关系的外部特性表现。

传感器所检测的参数信号即为传感器的输入。传感器的输入有两种形式：静态量和动态量。当输入为不随时间变化的恒定信号（或变化很缓慢）时，为静态量；当输入为随时间变化的信号时，为动态量。当输入为静态量时，传感器输出与输入的对应关系为其静态特性；当输入为动态量时，传感器输出与输入的对应关系为其动态特性。

通常情况下，传感器输出与输入的对应关系可用对时间的微分方程进行描述。将微分方程的一阶及一阶以上微分项系数设为零时，可得到静态特性方程。因此，静态特性可视为传感器动态特性的一个特例。

使用传感器进行检测的目的是要快速准确地反映被测信号（输入量）的原始特征及变化过程，实现无失真转换。因此，高品质的传感器必须要有良好的静态特性和动态特性。研究和分析传感器的基本特性，有利于进行传感器的设计、制造、校准、使用和维修等工作。

2.1　传感器的静态特性

传感器的静态特性是指其输入量为静态量时，传感器输出与输入的对应关系。

衡量传感器静态特性的主要指标有线性度、迟滞、重复性、灵敏度、分辨力、稳定性和静态误差等。

2.1.1　线性度

线性度，也称非线性误差，指传感器的输出与输入间呈线性关系的程度。

理想的传感器具有线性的输入输出关系，但实际上大多数传感器是非线性的。在不考虑迟滞、蠕变等非线性因素的情况下，传感器的输入输出关系可用多项式表示：

$$y = a_0 + a_1 x_1 + a_2 x_2 + \cdots + a_n x_n \tag{2-1}$$

式中　　　　x——输入量；

y——输出量；

a_0——$x=0$ 时的输出值；

a_1——理想灵敏度；

a_2, a_3, $\cdots$, a_n——非线性项系数，各项系数不同时决定特性曲线的形式。

传感器的线性度是指在全量程范围内校准曲线（实际测试曲线）与拟合直线之间的最大偏差值。线性度通常用相对非线性误差 δ_L 来表示，如图 2-1 所示，即

$$\delta_L = \pm \frac{\Delta y_{max}}{y_{FS}} \times 100\% \qquad (2\text{-}2)$$

式中 Δy_{max}——最大非线性（绝对）误差，或用 ΔL_{max} 表示；

  y_{FS}——满量程输出值。

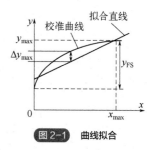

图 2-1 中的直线为拟合直线。静态特性实际曲线可以用实验的方法获得。实际应用中，为标定方便，常常用拟合直线来做近似处理，在某一小范围内用切线或割线近似代表实际曲线，使输入输出线性化。直线拟合线性化的目的是获得最小的非线性误差，主要的拟合方法有：①理论拟合；②过零旋转拟合；③端点连线拟合；④端点平移拟合；⑤最小二乘法拟合。

图 2-1 曲线拟合

（1）理论拟合（切线法）

拟合直线为传感器的理论特性曲线，与实际测试值无关，如图 2-2 所示。该方法十分简单，但一般说来，Δy_{max} 较大。

（2）过零旋转拟合

过零旋转拟合是在理论拟合的基础上将拟合直线以原点为圆心进行旋转，并使最大正偏差等于最大负偏差，即：$\Delta y_1 = \Delta y_2 = \Delta y_{max}$，如图 2-3 所示。过零旋转拟合常用于标定曲线过原点的传感器，其非线性误差比理论拟合小很多。

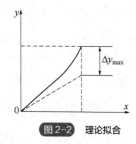
图 2-2 理论拟合

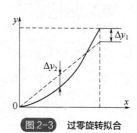
图 2-3 过零旋转拟合

（3）端点连线拟合

端点连线拟合是把标定得到的传感器输出-输入曲线两端点的连线作为拟合直线，如图 2-4 所示。这种方法的优点是很简单，缺点是非线性误差较大。

（4）端点平移拟合

在端点连线拟合基础上使直线平移，移动距离为端点连线拟合的 Δy_{max} 的一半，如图 2-5 所示。其中，$\Delta y_2 = |\Delta y_1| = |\Delta y_3|$。

与端点连线拟合比较，非线性误差减小了一半。端点连线拟合和端点平移拟合均常用于标定输出-输入曲线不过原点的传感器。

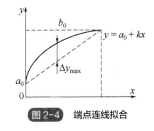

图2-4 端点连线拟合

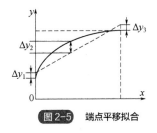

图2-5 端点平移拟合

（5）最小二乘法拟合

设拟合直线方程：$y=kx+b$。

若实际校准测试点有 n 个，则第 i 个校准数据与拟合直线上响应值之间的残差为

$$\Delta L_i = y_i - (kx_i + b) \tag{2-3}$$

最小二乘法拟合直线的原理就是使 ΔL_i 的平方和最小，即

$$\sum_{i=1}^{n} \Delta L_i^2 = \sum_{i=1}^{n} \left[y_i - (kx_i + b) \right]^2 = \min \tag{2-4}$$

$\sum \Delta L_i^2$ 对 k 和 b 一阶偏导数等于零，求出 b 和 k 的表达式。

$$\frac{\partial}{\partial k} \sum \Delta L_i^2 = 2 \sum (y_i - kx_i - b)(-x_i) = 0 \tag{2-5}$$

$$\frac{\partial}{\partial b} \sum \Delta L_i^2 = 2 \sum (y_i - kx_i - b)(-1) = 0 \tag{2-6}$$

求解得到 k 和 b 的表达式为

$$k = \frac{n \sum x_i y_i - \sum x_i \sum y_i}{n \sum x_i^2 - \left(\sum x_i \right)^2} \tag{2-7}$$

$$b = \frac{\sum x_i^2 \sum y_i - \sum x_i \sum x_i y_i}{n \sum x_i^2 - \left(\sum x_i \right)^2} \tag{2-8}$$

将 k 和 b 代入拟合直线方程，即可得到拟合直线，然后求出残差的最大值 $\Delta L_{\max}$ 即为非线性误差。

例2-1：已知传感器（实测曲线）方程 $y=\mathrm{e}^x$，试分别用端点连线拟合、理论拟合（切线法）及最小二乘法拟合，在 $0<x<1$ 范围内拟合直线方程，并求出相应的非线性误差。

解：①端点连线拟合：

在 $0<x<1$ 的范围内，选择两个端点 $x=0$ 和 $x=1$。计算对应的 y 值：

当 $x=0$ 时，$y=\mathrm{e}^0=1$。

当 $x=1$ 时，$y=\mathrm{e}^1=2.718$。

端点连线拟合直线方程为 $y=a_0+kx$，由于过点（0，1）和（1，2.718），可以解得 $a_0=1$ 和 $k=1.718$。

得端点连线拟合直线方程为 $y=1.718x+1$。

误差值为：

$$\Delta L = \mathrm{e}^x - (1.718x+1)$$

解方程

$$\frac{\mathrm{d}\left[\mathrm{e}^x - (1.718x + 1)\right]}{\mathrm{d}x} = 0$$

得 $x = 0.5413$。

最大非线性误差为

$$\Delta L_{\max} = \left| \mathrm{e}^x - (1.718x + 1) \right|_{x=0.5413} = 0.2118$$

端点连线拟合的相对非线性误差为

$$\delta_{\mathrm{L}} = \frac{\Delta L_{\max}}{y_{\mathrm{FS}}} \times 100\% = \frac{0.2118}{2.718 - 1} \times 100\% = 12.33\%$$

② 切线法：

切线过（0，1）点，即校准曲线的起始点。经（0，1）点作切线，切线斜率 $y' = \mathrm{e}^x|_{x=0} = 1$，切线方程为：$y = x + 1$。

最大非线性误差为

$$\Delta L_{\max} = \left| \mathrm{e}^x - (x + 1) \right|_{x=1} = 0.7183$$

理论拟合的相对非线性误差为

$$\delta_{\mathrm{L}} = \frac{\Delta L_{\max}}{y_{\mathrm{FS}}} \times 100\% = \frac{0.7183}{2.718 - 1} \times 100\% = 41.81\%$$

③ 最小二乘法：

将测量范围分成 8 等份，$N=9$，N 为实际校准测试点，计算对应的 x 和 y 值：

x	0	0.125	0.250	0.375	0.500	0.625	0.750	0.875	1.000
y	1	1.133	1.284	1.455	1.649	1.868	2.117	2.399	2.718
x^2	0	0.0156	0.0625	0.1406	0.2500	0.3906	0.5625	0.7656	1.0000
xy	0	0.1416	0.3210	0.5456	0.8245	1.1675	1.5878	2.0991	2.7180

计算得到：

$$\sum x = 4.5$$
$$\sum y = 15.623$$
$$\sum x^2 = 3.1874$$
$$\sum xy = 9.4051$$

根据最小二乘法公式：

$$b = \frac{\sum x_i^2 \sum y_i - \sum x_i \sum x_i y_i}{n \sum x_i^2 - \left(\sum x_i\right)^2} = 0.8859$$

$$k = \frac{n \sum x_i y_i - \sum x_i \sum y_i}{n \sum x_i^2 - \left(\sum x_i\right)^2} = 1.7000$$

$$\Delta L = \mathrm{e}^x - (1.7000x + 0.8859)$$

解方程

$$\frac{d\left[e^x - \left(1.7000x + 0.8859\right)\right]}{dx} = 0$$

得 $x=0.5306$。

最大非线性误差为

$$\Delta L_{\max} = \left| e^x - \left(1.7000x + 0.8859\right) \right|_{x=0.5306} = 0.088$$

最小二乘法拟合的相对非线性误差为

$$\delta_L = \frac{\Delta L_{\max}}{y_{FS}} \times 100\% = \frac{0.088}{2.718 - 1} \times 100\% = 5.12\%$$

综合结果表明：最小二乘法拟合的直线非线性误差值最小，因而此法拟合精度最高，在计算过程中若 N 取值越大，则拟合直线的非线性误差值越小。

2.1.2　迟滞

传感器在正（输入量增大）反（输入量减小）行程中输出输入曲线不重合现象称为迟滞，如图 2-6 所示。迟滞误差（也称回程误差，简称回差）用来表征不重合的程度。

回程误差常用绝对误差表示。检测回程误差时，可选择几个测试点。对应于每一输入信号，传感器正行程及反行程中输出信号差值的最大者即为回程误差。一般以满量程输出的百分数表示，即

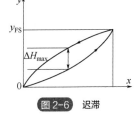

图 2-6　迟滞

$$\gamma_H = \frac{\Delta H_{\max}}{y_{FS}} \times 100\% \tag{2-9}$$

2.1.3　重复性

重复性是指传感器输入量在满量程范围按同一方向连续多次变动时所得特性曲线不一致的现象，如图 2-7 所示。一般用重复性误差来表征这种不一致的程度。重复性误差用正反行程的最大偏差来表示：

$$\gamma_R = \frac{\Delta R_{\max}}{y_{FS}} \times 100\% \tag{2-10}$$

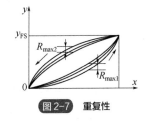

图 2-7　重复性

重复性误差也常用绝对误差表示。检测时也可选取几个测试点，对应每一点多次从同一方向趋近，获得输出值系列 y_{i1}，y_{i2}，…，y_{in}，算出最大值与最小值之差或（$2\sim3$）σ（标准误差或均方根误差）作为重复性偏差 ΔR_i，在几个 ΔR_i 中取出最大值 $\Delta R_{\max}$ 作为重复性误差。

$$\gamma_R = \pm[(2 \sim 3)\sigma / y_{FS}] \times 100\% \tag{2-11}$$

2.1.4　灵敏度与灵敏度误差

传感器输出的变化量 Δy 与引起该变化量的输入变化量 Δx 之比为其静态灵敏度，即

$$K = \frac{\Delta y}{\Delta x}$$ (2-12)

可见，传感器输出曲线的斜率就是其灵敏度。对线性特性的传感器，其特性曲线的斜率处处相同，灵敏度 K 是一常数，与输入量大小无关。

由于某种原因，会引起灵敏度变化，产生灵敏度误差。灵敏度误差用相对误差表示：

$$\gamma_s = \frac{\Delta K}{K} \times 100\%$$ (2-13)

2.1.5　分辨力（率）与阈值

分辨力是指传感器能检测到的最小的输入增量。

如传感器的输入量连续变化时，输出量只作阶梯变化，则分辨力就是输出量的每个"阶梯"所代表的输入量的大小。

分辨力用绝对值表示，分辨力与满量程之比（有时用百分率）称为分辨率。

在传感器输入零点附近的分辨力称为阈值。阈值在工程上通常叫死区，它指检测系统在量程零点（或起始点）处能引起输出量发生变化的最小输入量。工程使用过程中通常希望减小阈值，对数字仪表来说，阈值应小于数字仪表最低位的二分之一。

例2-2：某温度变送器（输出为标准信号4～20mA）在温度变化时，输出的顺序跳变值为0.01mA。问其分辨力和分辨率分别是多少？

解：输出量的每个"阶梯"就是输出的顺序跳变值，所以分辨力为0.01mA。

分辨率=分辨力/量程=0.01/（20-4）=1/1600

2.1.6　稳定性

稳定性是指传感器在长时间工作的情况下输出量发生的变化，有时称为长时间工作稳定性或零点漂移。

稳定性误差：测试时先将传感器输出调至零点或某一特定点，相隔4h、8h或一定的工作次数后，再读出输出值，前后两次输出值之差即为稳定性误差。它可用相对误差表示，也可用绝对误差表示。

（1）温度稳定性

温度稳定性又称为温度漂移，是指传感器在外界温度下输出量发生的变化。

测试时先将传感器置于一定温度环境（如 20℃），将其输出调至零点或某一特定点，使环境温度上升或下降一定的摄氏度（如5℃或10℃），再读出输出值，前后两次输出值之差即为温度稳定性误差。

温度稳定性误差用温度每变化若干摄氏度引发的测量绝对误差或相对误差表示。

每摄氏度引起的传感器误差又称为温度误差系数。

（2）抗干扰稳定性

传感器的抗干扰稳定性是指传感器对外界干扰的抵抗能力，例如抗冲击和振动的能力、抗潮湿的能力、抗电磁场干扰的能力等。

评价这些能力比较复杂，一般也不易给出数量概念，需要具体问题具体分析。

2.1.7　静态误差

静态误差是指传感器在其全量程内任一点的输出值与其理论值的偏离程度。

静态误差的求取方法如下：把全部输出数据与拟合直线上对应值的残差看成随机分布，求出其标准偏差，即

$$\sigma = \sqrt{\frac{1}{n-1}\sum_{i=1}^{n}\left(\Delta y_i\right)^2} \qquad (2\text{-}14)$$

式中　Δy_i——各测试点的残差；

　　　　n——测试点数。

取 2σ 和 3σ 值即为传感器的静态误差。静态误差也可用相对误差来表示，也可用几个单项误差综合而得，即

$$\gamma = \pm\frac{3\sigma}{y_{FS}}\times100\% \qquad (2\text{-}15)$$

$$\gamma = \pm\sqrt{\gamma_H^2 + \gamma_L^2 + \gamma_R^2 + \gamma_S^2} \qquad (2\text{-}16)$$

式中　γ_L——非线性误差。

2.2　传感器的动态特性

传感器的动态特性是指当传感器的输入量随时间动态变化时，其输出对输入量的响应特性。

实际检测过程中，大量的被测信号是随时间变化的动态信号，为了很好地反映输入量的变化，在精确测量信号幅值大小的同时，还需要准确反映信号变化的过程，即无失真地再现被测信号随时间变化的波形，传感器的输出要良好地跟随输入量的变化。

研究动态特性一般采用时域的瞬态响应法和频域的频率响应法。动态特性好的传感器应具有很短的瞬态响应时间或者很宽的频率响应特性。

一个动态特性好的传感器，其输出将再现输入量的变化规律，即具有相同的时间函数。在实际的传感器测量过程中，输出信号与输入信号的差异称作动态误差。

用动态测温过程来说明动态误差，如图 2-8 所示。当被测温度随时间变化或测温传感器突然插入被测介质中，以及传感器以扫描方式测量某温度场的温度分布等情况时，都存在动态测温问题。如把一支热电偶从温度为 t_0℃ 环境中迅速插入一个温度为 t_1℃ 的恒温水槽中（插入时间忽略不计），这时热电偶测量的介质温度从 t_0℃ 突然上升到 t_1℃，而热电偶反映出来的温度从 t_0℃ 变化到 t_1℃ 需要经历一段时间，即有一段过渡过程。热电偶反映出来的温度与介质真实温度的差值就称为动态误差。

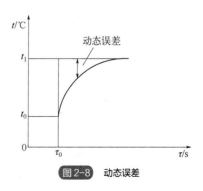

图 2-8　动态误差

2.2.1　数学模型与传递函数

（1）传感器的数学模型

传感器的种类和形式很多，大多数由传感器构成的检测系统属于线性时不变系统，其数学模型可以用线性常微分方程来表示。

$$a_n \frac{\mathrm{d}^n y}{\mathrm{d}t^n} + a_{n-1} \frac{\mathrm{d}^{n-1} y}{\mathrm{d}t^{n-1}} + \cdots + a_1 \frac{\mathrm{d}y}{\mathrm{d}t} + a_0 y$$

$$= b_m \frac{\mathrm{d}^m x}{\mathrm{d}t^m} + b_{m-1} \frac{\mathrm{d}^{m-1} x}{\mathrm{d}t^{m-1}} + \cdots + b_1 \frac{\mathrm{d}x}{\mathrm{d}t} + b_0 x \tag{2-17}$$

式中，a_0、a_1…、a_n，b_0、b_1…、b_m 为与传感器的结构特性有关的常系数，其中 $m \leqslant n$（由传感器物理结构决定）。$N=0$ 为零阶；$N=1$ 为一阶；$N=2$ 为二阶；$n \geqslant 3$ 为高阶。

实际应用的传感器大多为零阶、一阶或二阶，尤以一阶为最多。

① 零阶系统。若在式（2-17）中的系数除了 a_0、b_0 之外，其他的系数均为零，则微分方程就变成简单的代数方程，即

$$a_0 y(t) = b_0 x(t) \tag{2-18}$$

上式通常可写成

$$y(t) = Kx(t) \tag{2-19}$$

式中，$K = \dfrac{b_0}{a_0}$ 为传感器的静态灵敏度或放大系数。

传感器的动态特性用线性方程式来描述的就称为零阶系统。零阶系统具有理想的动态特性，无论被测量 $x(t)$ 如何随时间变化，零阶系统的输出都不会失真，其输出在时间上也无任何滞后，所以零阶系统又称为比例系统。在工程应用中，电位器式传感器、变面积型电容式传感器及测量液位的静压力传感器均可看作零阶系统。

② 一阶系统。若在式（2-17）中的系数除了 a_0、a_1 与 b_0 之外，其他的系数均为零，则微分方程为

$$a_1 \frac{\mathrm{d}y(t)}{\mathrm{d}t} + a_0 y(t) = b_0 x(t) \tag{2-20}$$

式（2-20）通常改写成

$$T \frac{\mathrm{d}y(t)}{\mathrm{d}x(t)} + y(t) = Kx(t) \tag{2-21}$$

式中　T——时间常数，$T = \dfrac{a_1}{a_0}$；

$\quad\quad K$——静态灵敏度或放大系数，$K = \dfrac{b_0}{a_0}$。

时间常数 T 具有时间的量纲，它反映传感器的惯性的大小，静态灵敏度则说明其静态特性。用一阶微分方程式描述其动态特性的传感器就称为一阶系统，一阶系统又称为惯性系统。不带套管的热电偶测温系统、电路中常用的阻容滤波器等均可看作一阶系统。

③ 二阶系统。二阶系统的微分方程为

$$a_2 \frac{\mathrm{d}^2 y(t)}{\mathrm{d}t^2} + a_1 \frac{\mathrm{d}y(t)}{\mathrm{d}t} + a_0 y(t) = b_0 x(t) \tag{2-22}$$

二阶系统的微分方程通常改写为

$$\frac{\mathrm{d}^2 y(t)}{\mathrm{d}t^2} + 2\xi\omega_n \frac{\mathrm{d}y(t)}{\mathrm{d}t} + \omega_n^2 y(t) = \omega_n^2 K x(t) \tag{2-23}$$

式中　K——传感器的静态灵敏度或放大系数，$K=b_0/a_0$；

$\quad\quad\xi$——传感器的阻尼系数，$\xi = \dfrac{a_1}{2\sqrt{a_1 a_2}}$；

$\quad\quad\omega_n$——传感器的固有频率，$\omega_n = \sqrt{a_0 a_2}$。

根据二阶微分方程特征方程根的性质不同，二阶系统又可分为二阶惯性系统和二阶振荡系统。二阶惯性系统的特点是特征方程的根为两个负实根，它相当于两个一阶系统串联；二阶振荡系统的特点是特征方程的根为一对带负实部的共轭复根。

（2）传感器的传递函数

若检测系统属于线性时不变系统，初始条件为零，则把检测系统输出（响应函数）$y(t)$ 的拉氏变换 $Y(s)$ 与检测系统输入（激励函数）$x(t)$ 的拉氏变换 $X(s)$ 之比称为检测系统的传递函数 $H(s)$。

在初始 $t=0$ 时，满足输出 $y(t)=0$ 和输入 $x(t)=0$，以及它们对时间的各阶导数的初始值均为零的初始条件，在微分方程中用 s 代替微分运算，用 $1/s$ 代替积分运算，则检测系统的传递函数为

$$H(s) = \frac{Y(s)}{X(s)} = \frac{b_m s^m + b_{m-1} s^{m-1} + \cdots + b_1 s + b_0}{a_n s^n + a_{n-1} s^{n-1} + \cdots + a_1 s + a_0} \tag{2-24}$$

传递函数是系统本身各环节固有特性的反映，它不受输入信号影响，包含了瞬态、稳态时间和频率响应的全部信息；同一传递函数可以表征多个响应特性相似但具体物理结构和形式不同的传感器。

把检测系统的输出 $y(t)$ 的傅里叶变换 $Y(j\omega)$ 与输入 $x(t)$ 的傅里叶变换 $X(j\omega)$ 之比称为检测系统的频率响应特性，简称频率特性。通常用 $H(j\omega)$ 来表示。由此转换得到检测系统的频率特性 $H(j\omega)$：

$$H(j\omega) = \frac{Y(j\omega)}{X(j\omega)} = \frac{b_m (j\omega)^m + b_{m-1}(j\omega)^{m-1} + \cdots + b_1(j\omega) + b_0}{a_n(j\omega)^n + a_{n-1}(j\omega)^{n-1} + \cdots + a_1(j\omega) + a_0} \tag{2-25}$$

频率响应函数在频率域中反映检测系统对正弦输入信号的稳态响应，也被称为正弦传递函数。

2.2.2　传感器的动态响应

（1）瞬态响应特性

传感器的瞬态响应是时间响应。在研究传感器的动态特性时，有时需要从时域中对传感器

的响应和过渡过程进行分析，这种分析方法称为时域分析法。传感器在进行时域分析时，用得比较多的标准输入信号有阶跃信号和脉冲信号，传感器的输出瞬态响应分别称为阶跃响应和脉冲响应。

① 一阶传感器的单位阶跃响应。一阶传感器的微分方程为

$$T\frac{\mathrm{d}y(t)}{\mathrm{d}x(t)}+y(t)=Kx(t)$$

设传感器的静态灵敏度 $K=1$，则它的传递函数为

$$H(s)=\frac{Y(s)}{X(s)}=\frac{1}{Ts+1} \tag{2-26}$$

初始状态为零的传感器，若输入一个单位阶跃信号，即

$$x(t)=0,t\leqslant 0 \qquad x(t)=1,t>0 \tag{2-27}$$

输入信号 $x(t)$ 的拉氏变换为

$$X(s)=\frac{1}{s} \tag{2-28}$$

一阶传感器的单位阶跃响应拉氏变换式为

$$Y(s)=H(s)X(s)=\frac{1}{Ts+1}\times\frac{1}{s} \tag{2-29}$$

对式（2-29）进行拉氏反变换，可得一阶传感器（令 $K=1$）的单位阶跃响应信号为

$$y(t)=1-\mathrm{e}^{-\frac{t}{T}} \tag{2-30}$$

当 K 不为 1 时，一阶传感器的单位阶跃响应拉氏变换式为

$$Y(s)=H(s)X(s)=\frac{K}{Ts+1}\times\frac{1}{s} \tag{2-31}$$

对式（2-31）进行拉氏反变换，可得一阶传感器的单位阶跃响应信号为

$$y(t)=K\left(1-\mathrm{e}^{-\frac{t}{T}}\right) \tag{2-32}$$

若传感器在响应前有一个不为 0 的初始值 $y(0)$，即 $t=0$ 时，系统输出的初始值不为 0，是 $y(0)$，则一阶传感器的单位阶跃响应信号为

$$y(t)=K\left(1-\mathrm{e}^{-\frac{t}{T}}\right)+y(0) \tag{2-33}$$

讨论：阶跃变化幅值为 A 时及 $K\neq 1$ 时的输出。

相应的响应曲线如图 2-9（$K=1$，$A=1$）所示，传感器存在惯性，它的输出不能立即复现输入信号，而是从零开始，按指数规律上升，最终达到稳态值。理论上，传感器的响应只在 t 趋于无穷大时才达到稳态值，但通常认为 $t=$（3~4）T 时，如当 $t=4T$ 时其输出就可达到稳态值的98.2%，可以认为已达到稳态。所以，一阶传感器的时间常数 T 越小，响应越快，响应曲线越接近于输入阶跃曲线，即动态误差小。因此，T 值是一阶传感器重要的性能参数。

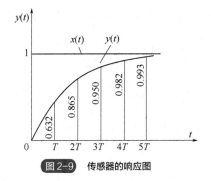

图 2-9　传感器的响应图

例 2-3：用 y 表示输出电压（mV），x 代表输入的温度（℃），某一温度传感器（仪表）的微分方程为 $2\dfrac{dy}{dt}+3y=5x$。

① 求此温度仪表的时间常数与灵敏度。

② 将此仪表从冰水混合物中取出，开始测 25℃的室温，写出其输出 y 的阶跃响应表达式。

解： ①由已知得

$$\frac{2}{3}\times\frac{dy}{dt}+y=\frac{5}{3}x$$

时间常数是

$$T=\frac{2}{3}\text{s}$$

灵敏度是

$$K=\frac{5}{3}\text{mV}/\text{℃}$$

② 相当于给温度仪表一个 25℃的阶跃输入，其输出为

$$y(t)=AK\left(1-e^{-\frac{t}{T}}\right)=\frac{125}{3}\left(1-e^{-\frac{3}{2}t}\right)$$

例 2-4：在幅值为 10 的阶跃函数作用下，一阶传感器在 $t=0$ 时，输出电压为 50mV；在 $t=15$s 时，输出电压为 110mV；在 $t\rightarrow\infty$ 时，输出电压为 170mV。试求：

① 该传感器的输出表达式。

② 假设因某原因造成测量滞后，滞后时间为 3s，当 $t=46.3$s 时，输出电压为多少 mV？

解： $y=KA\left(1-e^{\frac{-t}{T}}\right)+y_0$，$t=0$，$y=50$mV，可得 $y_0=50$mV。

幅值为 10，$t\rightarrow\infty$，$y=170$mV，可得 $K=12$。

由 $110=120\left(1-e^{\frac{-15}{T}}\right)+50$ 可得 $T=21.65$s。输出电压为

$$y=120\left(1-e^{\frac{-t}{21.65}}\right)+50$$

据题意，$\tau=3$s，$t=46.3$s 时，响应时间为 43.3s$=2T$，可得

$$y=120\left(1-e^{-2}\right)+50=153.8\text{mV}$$

② 二阶传感器的单位阶跃响应。二阶传感器的微分方程为

$$\frac{d^2y(t)}{dt^2}+2\xi\omega_n\frac{dy(t)}{dt}+\omega_n^2y(t)=\omega_n^2Kx(t)$$

设传感器的静态灵敏度 $K=1$，其二阶传感器的传递函数为

$$H(s) = \frac{\omega_n^2}{s^2 + 2\xi\omega_n s + \omega_n^2}$$

（2-34）

传感器输出的拉氏变换为

$$Y(s) = H(s)X(s) = \frac{\omega_n^2}{s\left(s^2 + 2\xi\omega_n s + \omega_n^2\right)}$$

（2-35）

如图 2-10 为二阶传感器的单位阶跃响应曲线，二阶传感器对阶跃信号的响应在很大程度上取决于阻尼系数 ξ 和固有频率 ω_n。$\xi=0$ 时，特征根为一对虚根，阶跃响应是一个等幅振荡过程，这种等幅振荡状态又称为无阻尼状态；$\xi>1$ 时，特征根为两个不同的负实根，阶跃响应是一个不振荡的衰减过程，这种状态又称为过阻尼状态；$\xi=1$ 时，特征根为两个相同的负实根，阶跃响应也是一个不振荡的衰减过程，但是它是一个由不振荡衰减到振荡衰减的临界过程，故又称为临界阻尼状态；$0<\xi<1$ 时，特征根为一对共轭复根，阶跃响应是一个衰减振荡过程，在这一过程中，ξ 值不同，衰减快慢也不同，这种衰减振荡状态又称为欠阻尼状态。

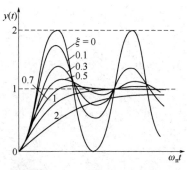

图 2-10　二阶传感器的单位阶跃响应

阻尼系数 ξ 直接影响超调量和振荡次数，为了获得满意的瞬态响应特性，实际使用中常按稍欠阻尼调整。对于二阶传感器取 $\xi=0.6\sim0.8$，则最大超调量不超过 10%，趋于稳态的调整时间也最短，$\xi=0.707$ 是最优值。

固有频率 ω_n 由传感器的结构参数决定，固有频率 ω_n 也即等幅振荡的频率，ω_n 越高，传感器的响应也越快。

③ 传感器的时域动态性能指标。传感器有以下时域动态性能指标：

a. 时间常数 T：一阶传感器输出上升到稳态值的63.2%所需的时间，称为时间常数。

b. 延迟时间 t_d：传感器输出达到稳态值的50%所需的时间。

c. 上升时间 t_r：传感器输出达到稳态值的90%所需的时间。

d. 峰值时间 t_p：二阶传感器输出响应曲线达到第一个峰值所需的时间。

e. 超调量 σ：二阶传感器输出超过稳态值的最大值。

f. 衰减比 d：衰减振荡的二阶传感器输出响应曲线第一个峰值与第二个峰值之比。

（2）频率响应特性

传感器对不同频率成分的正弦输入信号的响应特性，称为频率响应特性（简称频率特性）。

传感器构成的检测系统大多属于线性时不变系统，其输入通常可视为某一频率的简谐（正弦或余弦）信号，系统的稳态输出是与输入同频率的简谐信号，只是与输入端信号的幅值和相位不同。频率响应法是从传感器的频率特性出发研究传感器的输出与输入的幅值比和两者相位差的变化。频率响应函数 $H(j\omega)$ 是一个复函数，其模（称为传感器的幅频特性）为 $A(\omega)$，相角（称为传感器的相频特性）为 $\phi(\omega)$。当 $A(\omega)\approx1$，$\phi(\omega)\approx0$ 时，输出与输入幅值近似相等，相位差近似为0，此时可认为输出近似完全再现了输入的状态且近似无滞后。

① 一阶传感器的频率响应（图 2-11）。将一阶传感器传递函数式中的 s 用 $j\omega$ 代替后，即可得如下的频率特性表达式：

$$H(j\omega) = \frac{1}{j\omega T + 1} = \frac{1}{1+(\omega T)^2} - j\frac{\omega T}{1+(\omega T)^2} \qquad (2\text{-}36)$$

幅频特性：

$$A(\omega) = \frac{1}{\sqrt{1+(\omega T)^2}} \qquad (2\text{-}37)$$

相频特性：

$$\varPhi(\omega) = -\arctan(\omega T) \qquad (2\text{-}38)$$

可以看出，时间常数 T 越小，频率响应特性越好。当 $\omega T \ll 1$ 时，$A(\omega) \approx 1$，$\varPhi(\omega) \approx 0$，表明传感器输出与输入呈线性关系，且相位差也很小，输出 $y(t)$ 比较真实地反映了输入 $x(t)$ 的变化规律。因此，减小 T 可改善传感器的频率特性。除了用时间常数 T 表示一阶传感器的动态特性外，在频率响应中也用截止频率来描述传感器的动态特性。所谓截止频率，是指幅值比下降到零频率幅值比的 $1/\sqrt{2}$ 倍时所对应的频率，截止频率反映传感器的响应速度，截止频率越高，传感器的响应越快。对一阶传感器，其截止频率为 $1/T$。

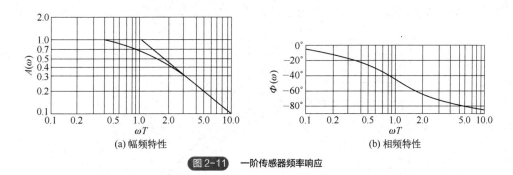

(a) 幅频特性 (b) 相频特性

图 2-11　一阶传感器频率响应

例 2-5： 用一阶传感器测量 150Hz 的正弦信号，如果要求幅值误差限制在 ±5% 以内，时间常数应取多少？如果用该传感器测量 100Hz 的正弦信号，其幅值误差和相位误差各为多少？

解： 一阶传感器幅频特性为 $A(\omega) = \dfrac{1}{\sqrt{1+(\omega T)^2}}$。

由题意有 $|A(\omega)-1| \leqslant 5\%$，即 $\left|\dfrac{1}{\sqrt{1+(\omega T)^2}} - 1\right| \leqslant 5\%$。又有 $\omega = \dfrac{2\pi}{T} = 2\pi f = 300\pi$，可得

$0 < T < 0.349\text{ms}$，取 $T = 0.349\text{ms}$，$\omega = 2\pi f = 2\pi \times 100 = 200\pi$。

此时的幅值误差为

$$\Delta A(\omega) = \frac{\dfrac{1}{\sqrt{1+(\omega T)^2}} - 1}{1} \times 100\% = -2.32\%$$

可得 $-2.32\% \leqslant \Delta A(\omega) < 0$。

此时的相位误差为

$$\Delta\Phi(\omega) = -\arctan(\omega T) = -12.37°$$

可得 $-12.37\% \leqslant \Delta\Phi(\omega) < 0$。

② 二阶传感器的频率响应。由二阶传感器的传递函数式可写出二阶传感器的频率特性表达式，即

$$H(j\omega) = \frac{\omega_n^2}{(j\omega)^2 + 2\xi\omega_n(j\omega) + \omega_n^2} = \frac{1}{1 - \left(\dfrac{\omega}{\omega_n}\right)^2 + j2\xi\dfrac{\omega}{\omega_n}} \tag{2-39}$$

其幅频特性、相频特性分别为

$$A(\omega) = |H(j\omega)| = \frac{1}{\sqrt{\left[1 - \left(\dfrac{\omega}{\omega_n}\right)^2\right]^2 + \left(2\xi\dfrac{\omega}{\omega_n}\right)^2}} \tag{2-40}$$

$$\Phi(\omega) = \angle H(j\omega) = \arctan\frac{2\xi\dfrac{\omega}{\omega_n}}{1 - \left(\dfrac{\omega}{\omega_n}\right)^2} \tag{2-41}$$

相位角负值表示相位滞后。二阶传感器的幅频特性曲线和相频特性曲线如图 2-12 所示。

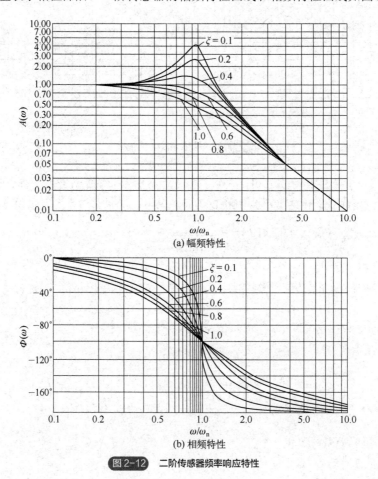

图 2-12　二阶传感器频率响应特性

输入信号确定时（ω 确定），传感器的频率响应特性好坏主要取决于传感器的固有频率 ω_n 和阻尼系数 ξ。当 $\xi<1$，$\omega_n \gg \omega$ 时（即 $\omega/\omega_n \approx 0$），$A(\omega) \approx 1$，$\Phi(\omega)$ 很小，此时，传感器的输出 $y(t)$ 再现了输入 $x(t)$ 的波形，通常固有频率 ω_n 至少应为被测信号频率 ω 的 3～5 倍，即 $\omega_n \geqslant (3 \sim 5)\omega$。

为了减小动态误差和扩大频率响应范围，一般是提高传感器固有频率 ω_n，而固有频率 ω_n 与传感器运动部件质量 m 和弹性敏感元件的刚度 k 有关，增大刚度 k 和减小质量 m 都可提高固有频率，但刚度 k 增加，会使传感器灵敏度降低。所以在实际中，应综合各种因素来确定传感器的各个特征参数。

③ 传感器的频域动态性能指标（如图 2-13 所示）。

a. 通频带 $\omega_{0.707}$：传感器在对数幅频特性曲线上幅值衰减 3dB 时所对应的频率范围。

b. 工作频带 $\omega_{0.95}$（或 $\omega_{0.90}$）：当传感器的幅值误差为 $\pm 5\%$（或 $\pm 10\%$）时其增益保持在一定值内的频率范围。

c. 时间常数 T：用时间常数 T 来表征一阶传感器的动态特性。T 越小，频带越宽。

d. 固有频率 ω_n：二阶传感器的固有频率 ω_n 表征其动态特性。

e. 相位误差：在工作频带范围内，传感器的实际输出与所希望的无失真输出间的相位差值，即为相位误差。

f. 跟随角 $\Phi_{0.707}$：当 $\omega = \omega_{0.707}$ 时，对应于相频特性上的相角，即为跟随角。

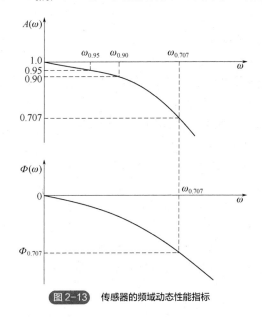

图 2-13　传感器的频域动态性能指标

2.3　传感器的标定与选用

2.3.1　传感器的检定、标定与校准

用于工程及实验检测的传感器大多属于计量设备，如要求参数的检测结果具有法律效力，则需要进行检定。检定是按法定程序审批公布的现行有效的计量检定规程在检定室利用标准器

及检定设备对传感器的计量特性进行强制性全项检测。检定具有强制性及法律效力，检定工作人员必须持有相关行政部门颁发的在有效期内的检定员证。检定包括生产厂家的出厂检定、用户的使用前检定及周期检定（对大多数传感器而言，我国规定的检定有效期为1年）。

传感器使用一段时间或经过维修处理后，为确定其性能指标，需要利用标准器对应传感器输入输出信号关系进行标度，以确定其性能是否符合要求，该过程称为传感器的标定。传感器的标定是通过实验建立传感器输入量与输出量间的关系，确定出不同使用条件下的误差关系或测量精度，使其输出的测量值更加准确和可靠。这对于确保传感器在不同环境条件下能够提供准确的数据非常重要。

在传感器的使用过程中或储存一段时间后进行性能指标的标定，称为校准。

在利用标准器对应传感器输入输出信号关系进行标度或校正时，检定、标定与校准的方法相同。

标定和校准的目的是确定与对应标准量值之间的关系，不具有强制性及法律效力。

标定和校准的内容只是评定传感器的示值误差，以确保量值准确。检定的内容则是对传感器性能指标的全面评定，除包括标定和校准的全部内容之外，还需要检定有关项目。检定可以取代标定和校准，而标定和校准不能取代检定。

（1）传感器的静态标定

静态标定指在静态条件下对传感器输入时不变信号的标定。静态标定的主要目的是提高传感器的测量准确性和适应性，确保在不同的静态条件下能够提供可靠的静态指标结果，如迟滞、线性度、分辨率、偏差、温度特性等。

在静态条件下，静态标定过程通常包括以下步骤：

① 选择标定点：首先确定传感器的工作范围，根据不同传感器使用的工况条件选择一系列标定点，如均匀分布点或典型工作点。

② 记录标定数据：在每个标定点上测量并记录传感器的输出值，同时记录标准测量设备提供的相应标准值。

③ 计算误差：比较传感器的实际输出值和标准值，计算误差。误差可以通过以下公式进行表示（详见第13章）：

$$误差=实际输出值-标准值$$

④ 调整传感器参数：根据计算的误差，调整传感器的参数或灵敏度，例如存在零点漂移，调整传感器的零点参数。零点是传感器在无输入信号时的输出值。

⑤ 验证标定：重新进行一次标定，确保调整后的传感器输出与标准值一致。如果有需要，进行进一步的微调。

⑥ 记录和提供文档：记录所有标定步骤、调整参数和最终的标定结果。提供详细的文档，以便追溯传感器性能和进行维护。

⑦ 定期重复标定：根据应用需求和环境条件，制订定期标定的计划，以确保传感器性能的长期稳定性。

（2）传感器的动态标定

动态标定是确定传感器的动态特性指标的标定，如动态非线性度、频率响应、阻尼比、时间常数等。常见的传感器有一阶传感器和二阶传感器，时间常数 T 是一阶传感器的动态特性指标参数，二阶传感器的动态特性指标参数主要是传感器本身的固有频率 ω_n 和阻尼比 ξ。

确定一阶传感器的时间常数，采用的动态标定方法通常为阶跃响应法。

当灵敏度为 K，阶跃响应为 A 时，一阶传感器的响应函数为

$$y(t) = KA\left(1 - e^{-\frac{t}{T}}\right) \tag{2-42}$$

令 $z = -\dfrac{t}{T}$，则 z 为

$$z = -\frac{t}{T} = \ln\left[1 - y(t)/KA\right] \tag{2-43}$$

由上式可知 z 和 t 呈线性关系，因此只需测出 $t - y(t)$ 的对应关系，便可以通过数据确定一阶传感器的时间常数。

当 $K=1$ 时，单位阶跃（$A=1$）响应为

$$y(t) = 1 - e^{-\frac{t}{T}}$$

$$z = -\frac{t}{T} = \ln\left[1 - y(t)\right] \tag{2-44}$$

要确定二阶传感器的动态标定，主要涉及传感器本身的固有频率 ω_n 和阻尼比 ξ 的确定。假设灵敏度 $K=1$，在单位阶跃输入下其超调量为

$$\sigma = e^{-\frac{\xi\pi}{\sqrt{1-\xi^2}}} \tag{2-45}$$

可得

$$\xi = \frac{1}{\sqrt{\left(\dfrac{\pi}{\ln\sigma}\right)^2 + 1}} \tag{2-46}$$

当存在阻尼时，其振荡频率为

$$\omega_d = \frac{2\pi}{T} \tag{2-47}$$

当无阻尼时，固有频率为

$$\omega_n = \frac{\omega_d}{\sqrt{1-\xi^2}} \tag{2-48}$$

2.3.2　传感器的选用

选择合适的传感器对于确保系统或设备的性能和功能起着关键作用。传感器选择需要从不同的侧重点去考虑，可以优先考虑重要的指标，并非满足所有要求。选用传感器主要考虑传感器的使用环境、使用目的、稳定性、性能指标、成本效益等。

（1）使用环境的选择

不同的环境条件可能对传感器的性能和稳定性产生不同影响。在选择适用于特定温度环境

的传感器时，需要确定传感器所需的工作温度范围。如果应用中存在高温环境，选择能够耐受高温的传感器，如热电偶、红外温度传感器等，适用于高温测量。对于低温环境，则选择能够在低温条件下工作的传感器。例如，某些温度传感器是专门研发适用于极低温度测量的。在存在化学腐蚀物质的环境中，选择耐腐蚀的传感器，以确保其长期稳定运行；在电腐蚀性环境中，选择对电腐蚀具有良好抗性的传感器。在需要耐受振动的环境中，选择具有良好抗振性的传感器，以确保在振动条件下测量结果的稳定性。此外，根据传感器的工作环境不同需考虑多种环境因素，如湿度、振动和冲击、辐射、尘埃和颗粒物质等。

（2）性能指标的选择

① 灵敏度。传感器的灵敏度是指传感器输出相对于输入信号变化的响应程度。高灵敏度的传感器意味着它对于输入变化能够提供更大的输出变化，从而更容易检测微小的变化。在某些应用中，高灵敏度是关键要素，特别是当需要检测非常小的信号或变化时。但是高灵敏度的传感器易受到干扰信号的影响，为了减小干扰信号的影响又不影响传感器检测微小的信号，要求传感器能过滤噪声。

② 稳定性。传感器的稳定性是指传感器在一段时间内能够保持一致的性能和输出，即使在面对环境变化、使用周期延长或其他因素影响的情况下也能够保持准确性。稳定性是传感器可靠性和持续性的关键特征之一。传感器所处的环境条件，如温度、湿度、振动等，会影响其稳定性。一些传感器对环境条件的变化更为敏感，因此需要在选择时考虑这些因素。

③ 精确度。在选择传感器时，了解和考虑其精确度是至关重要的。高精确度的传感器通常在需要高度准确性的应用中更为适用，例如实验室测量、工业自动化和医疗检测。但是并非精确度越高越好，在选择时还需考虑使用的目的以及使用和维护成本。

除上述需要考虑的性能指标外，还需兼顾传感器的线性范围、结构以及是否易于更换、维修等条件。

 思考题与习题

（1）什么是传感器的静态特性？主要指标有哪些？

（2）怎样判别阶跃幅值？怎样判别响应时间？

（3）一组输入输出数据如表 2-1 所示，使用最小二乘法拟合直线并求出非线性误差。

表 2-1　输入输出数据

x	100	110	120	130	140	150	160
y	138.50	142.29	146.06	149.82	153.58	157.31	161.04

（4）什么是传感器的动态特性？主要指标有哪些？

（5）一温度传感器（仪表）的微分方程为 $8\mathrm{d}y/\mathrm{d}t+3y=6x$，$x$ 为输入的温度（℃）。

① 求此温度传感器的时间常数与灵敏度。

② 将此传感器从冰水混合物中取出，开始测量 26℃ 的室温，写出其输出 y 的阶跃响应表达式。

（6）一温度传感器是一阶传感器，时间常数是 3s，从恒定室温 20℃ 环境中取出，去测量

100℃的沸水，试求：

① 当开始测量 0s 时，温度指示是多少℃？

② 列出传感器输出解析式，计算当开始测量 9s 时的温度测量误差是多少？

③ 若有 2s 响应滞后，开始测量 8s 时的温度指示是多少？

（7）试分析计算一阶传感器的阶跃响应的动态误差和稳定时间。

（8）用某一阶传感器测量 150Hz 的正弦信号，如要求幅值误差限制在±3%以内，时间常数应取多少？如果用该传感器测量 100Hz 的正弦信号，其幅值误差和相位误差各为多少？

（9）在什么条件下，一阶传感器和二阶传感器的输出 $y(t)$ 再现输入 $x(t)$ 的波形？

第 3 章

电阻应变式传感器

 本章思维导图

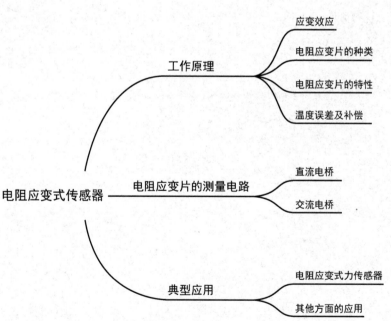

本书配套资源

本章学习目标

> （1）掌握应变、应变效应的基本概念；
>
> （2）掌握电阻应变式传感器的工作原理、直流电桥与交流电桥的平衡条件与电压灵敏度特性；
>
> （3）掌握产生电阻应变片温度误差的主要原因及补偿方法；
>
> （4）掌握差动半桥、差动全桥对非线性误差和电压灵敏度的改善与计算；
>
> （5）了解应变片的分类，掌握电阻应变式传感器的典型应用及其分析计算。

在工程应用中，常需要进行力的测量，这需要通过力敏传感器来完成。力敏传感器是将各种力学量转换为电信号的器件，是使用广泛的传感器之一，是生产过程自动化的重要部件。它的种类很多，而本章要讲解的是力敏传感器中最常见的一种，即电阻应变式传感器。在生活中，称重的秤、汽车衡等都是此类传感器的典型应用。

电阻式传感器的工作原理是将被测的非电量转换成电阻值的变化，通过测量电阻值变化达到测量非电量的目的。构成电阻式传感器的材料种类很多，导体、半导体等均可做成电阻式传感器。电阻式传感器可以测量力、位移、应变、加速度、温度等非电量参数。根据电位器的基本原理制作的电位器式传感器就是一种普遍使用的电阻式传感器产品，本章主要介绍电阻应变式传感器。

电阻应变式传感器历史悠久，其结构简单、体积小、使用方便、性能稳定、可靠、灵敏度高、动态响应较快，适合静态及较低频率的动态测量，测量精度较高，因此目前应用很广泛。电阻应变式传感器主要由弹性元件和电阻应变片构成。当弹性元件感受被测物理量时，其表面产生应变，粘贴在弹性元件表面的电阻应变片的电阻值将随着弹性元件的应变而产生相应变化，达到测量的目的。

3.1 电阻应变式传感器的工作原理

电阻应变式传感器的敏感元件有金属应变片、半导体应变片，由它们分别制成了应变式传感器、压阻式传感器。本节介绍金属电阻应变式传感器的原理及应用。

3.1.1 应变效应

在力学领域，应变是物体在外部压力或拉力作用下发生形变的现象。当外力去除后物体又能完全恢复其原来的尺寸和形状的应变称为弹性应变，本章只涉及弹性应变。具有弹性应变特性的物体称为弹性元件。在传感器领域，电阻应变片的应变效应是导体或半导体材料在力作用下产生机械变形、电阻值发生变化的现象，金属电阻应变片通过应变效应实现测量，半导体电阻应变片的测量机理是压阻效应。

电阻应变式传感器是利用电阻应变片将应变转换为电阻值变化的传感器。电阻应变式传感器由弹性元件及在弹性元件上粘贴的电阻应变片构成。弹性元件作为敏感元件感知与力相关的量并产生应变，应变片作为转换元件将同样的应变转换为电阻值变化。电阻应变式传感器工作时引起的电阻值变化很小，但其测量灵敏度较高。它在力、力矩、压力、加速度、重量等参数的测量中具有广泛的应用。

电阻应变片的工作原理是基于金属的应变效应，下面通过一根金属丝来说明。如图 3-1 所示，金属丝电阻（电阻丝）随着它所受的机械形变（拉伸或压缩）而发生相应变化，其初始阻值为

$$R = \frac{\rho L}{S} \tag{3-1}$$

式中　R、ρ、S、L——电阻丝的阻值、电阻率、截面积、长度。

当电阻丝受到拉力作用时将沿轴线伸长，伸长量设为 ΔL，横截面积相应减小 ΔS，电阻率的变化设为 $\Delta \rho$，则电阻的相对变化量 ΔR 以全微分表示为

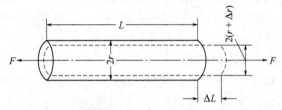

图 3-1　电阻丝的应变效应

$$\mathrm{d}R = \frac{\partial R}{\partial L}\mathrm{d}L - \frac{\partial R}{\partial S}\mathrm{d}S + \frac{\partial R}{\partial \rho}\mathrm{d}\rho = \frac{\rho}{S}\mathrm{d}L - \frac{R}{S}\mathrm{d}S + \frac{L}{S}\mathrm{d}\rho \tag{3-2}$$

两边除以 R，得

$$\frac{\mathrm{d}R}{R} = \frac{\mathrm{d}\rho}{\rho} + \frac{\mathrm{d}L}{L} - \frac{\mathrm{d}S}{S} = \frac{\mathrm{d}\rho}{\rho} + \frac{\mathrm{d}L}{L} - 2\frac{\mathrm{d}r}{r} \tag{3-3}$$

也可写作

$$\frac{\Delta R}{R} = \frac{\Delta \rho}{\rho} + \frac{\Delta L}{L} - \frac{\Delta S}{S} = \frac{\Delta \rho}{\rho} + \frac{\Delta L}{L} - 2\frac{\Delta r}{r} \tag{3-4}$$

$$\varepsilon = \varepsilon_L = \Delta L / L \tag{3-5}$$

式中　ε——电阻丝的相对变化量，即应变。

在材料力学中，ε_L 称为电阻丝的轴向应变，也称纵向应变（也写作 ε_x），是量纲为 1 的数。ε_L 通常很小（10^{-3} 级或者更小），常用 10^{-6} 表示，例如，当 ε_L 为 0.000001 时，在工程中常表示为 1μm/m 或 1×10^{-6}。在应变测量中，也常将之称为微应变。

而 $\varepsilon_r = \Delta r / r$ 为电阻丝半径的相对变化，即径向应变，由材料力学知识，径向应变与轴向应变的关系为

$$\varepsilon_r = \frac{\Delta r}{r} = -\frac{\mu \Delta L}{L} = -\mu \varepsilon_L = -\mu \varepsilon \tag{3-6}$$

式中　μ——电阻丝材料的泊松比。

μ 取值在 0～0.5，通常为 0.3 左右。负号表示径向应变与轴向应变方向相反，即金属丝受拉力时，沿轴向伸长，沿径向缩小，反之亦然。

于是有

$$\frac{\mathrm{d}R}{R} = \frac{\mathrm{d}\rho}{\rho} + (1+2\mu)\frac{\mathrm{d}L}{L} = \frac{\mathrm{d}\rho}{\rho} + (1+2\mu)\varepsilon \qquad (3\text{-}7)$$

即

$$\frac{\Delta R}{R} = \left(1+2\mu + \frac{\Delta\rho/\rho}{\Delta L/L}\right)\frac{\Delta L}{L} = K\varepsilon \qquad (3\text{-}8)$$

比例系数 K 称为金属丝（应变片）的应变灵敏系数（灵敏度）。即

$$K = (1+2\mu) + \frac{\Delta\rho/\rho}{\Delta L/L} = (1+2\mu) + \frac{\Delta\rho}{\rho\varepsilon} \qquad (3\text{-}9)$$

可见，金属丝的灵敏系数受两个因素的影响：一个是受力后材料几何尺寸变化，即 $1+2\mu$，对于确定的材料，此值为常数，为 $1\sim2$；另一个是受力后材料的电阻率的变化，即 $\Delta\rho/\rho\varepsilon$。理论与实践证明，不同属性的材质，这两项所占的比例相差很大。对于金属材料，$1+2\mu \gg \Delta\rho/\rho\varepsilon$，故将 $\Delta\rho/\rho\varepsilon$ 忽略。在金属丝拉伸极限内，电阻的相对变化与应变成正比，即 K 为常数。

电阻应变片受外力作用产生应变，导致其阻值发生相应变化。应力与应变的关系为

$$\varepsilon = \frac{\Delta L}{L} = \frac{\sigma}{E} \qquad (3\text{-}10)$$

式中　σ——被测试件的应力；

E——被测试件的弹性模量，也叫杨氏模量，单位为 Pa，等同于压强。

应力 σ 与力 F 和受力面积 A 的关系可表示为式（3-11），应力 σ 等同压强。

$$\sigma = \frac{F}{A} \qquad (3\text{-}11)$$

电阻应变片可以测得被测量应力值、力 F 或者应变 ε，以及能转换为 ε 的物理量，即通过弹性敏感元件，将位移、力、力矩、加速度、压力等物理量转换为应变，因此可以用电阻应变片测量上述各种物理量，从而做成各种应变式传感器。另外，也可以将电阻应变片直接粘贴在被测工件（例如钢轨、桥墩、钢架结构）上，测量工件的应变与应力等。

3.1.2　电阻应变片的种类

电阻应变片分为金属电阻应变片与半导体电阻应变片两大类。金属电阻应变片与半导体电阻应变片的工作原理有着本质的区别。金属电阻应变片是基于应变效应，受到应变后其尺寸形状发生改变，阻值产生变化。金属电阻应变片分为金属丝式应变片、箔式应变片和薄膜应变片 3 种，它们的工作原理相同，分别介绍如下。

（1）金属丝式电阻应变片（金属丝式应变片）

图 3-2 所示为金属丝式应变片的典型结构。金属丝式应变片由以下几个基本部分组成：敏感栅、基底、盖片、引线和黏结剂。

① 敏感栅。敏感栅是应变片最重要的部分，一般栅丝直径为 0.012～0.050mm，敏感栅的纵向轴线称为应变片轴线，l 为栅长，h 为基宽。根据不同用途，栅长可为 0.2～200mm。

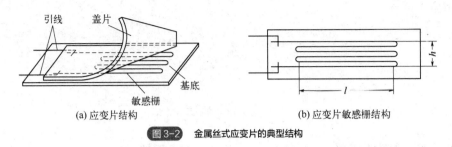

(a) 应变片结构 (b) 应变片敏感栅结构

图3-2 金属丝式应变片的典型结构

② 基底和盖片。基底用于保持敏感栅、引线的几何形状和相对位置；盖片既保持敏感栅和引线的形状和相对位置，又可保护敏感栅。基底和盖片多用专门的薄膜制成。

③ 黏结剂。黏结剂用于将敏感栅固定于基底上，并将盖片与基底粘贴在一起。使用金属应变片时也需用黏结剂将应变片基底粘贴在构件表面的某个方向和位置上，以便将构件受力后的应变传递给应变片的基底和敏感栅。

④ 引线。引线是从应变片的敏感栅中引出的细金属线，常用直径为 0.10～0.15mm 的镀锡线或扁带形的其他金属材料制成。对引线材料的性能要求为电阻率低、电阻温度系数小、抗氧化性能好、易于焊接。大多数敏感栅材料都可以作引线。

（2）箔式电阻应变片（箔式应变片）

箔式电阻应变片是利用照相制版或光刻腐蚀技术，将电阻箔材（厚为 3～10μm）做在绝缘基底上，制成各种形状的应变片，如图 3-3 所示。它具有尺寸准确、线条均匀、适应不同的测量要求、传递试件应变性能好、横向效应小、散热性能好、允许通过的电流较大、易于批量生产等诸多优点，因此得到了广泛应用，现已基本取代了金属丝式电阻应变片。

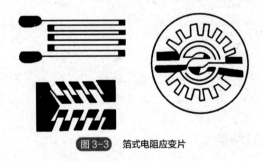

图3-3 箔式电阻应变片

（3）薄膜应变片

薄膜应变片是采用真空蒸镀、沉积或溅射的方法，将金属材料在绝缘基底上制成一定形状的厚度在 0.1μm 以下的薄膜而形成敏感栅，最后再加上保护层。它的优点是灵敏系数高、允许电流密度大、易实现工业化生产、工作范围广、用途广泛。

金属电阻应变片必须被粘贴在试件或弹性元件上才能工作。黏结剂和粘贴技术对测量结果有着直接的影响，因此，黏结剂的选择、粘贴技术、应变片的保护等必须认真做好，对于粘贴工艺、测试工作等应按照相应操作规程进行操作。

半导体电阻应变片是另一种应用广泛的电阻应变片，使用方法与金属丝式电阻应变片相同，即粘贴在被测件上，随被测件的应变，其电阻发生相应的变化。与金属电阻应变片情况刚好相反，半导体电阻应变片的灵敏系数表达式［式（3-9）］中 $1+2\mu$ 的值要比 $\Delta\rho/\rho\varepsilon$ 小得多（近百分之一），即前者可以忽略不计。实际上，半导体电阻应变片的工作原理是主要基于半导体材料的压阻效应，即单晶半导体材料沿某一轴向受到外力作用时，其电阻率发生变化的现象。对于不同类型的半导体，施加载荷的方向不同，压阻效应也不一样，目前使用最多的是单晶硅半导体。其制成的压阻式压力传感器具有较低的价格、较高的精度以及良好的线性特性，是目前应用很广泛的压力传感器之一。

半导体敏感元件产生压阻效应时其电阻率的相对变化与应力间的关系为

$$\frac{\Delta R}{R} = K\varepsilon = \frac{\Delta\rho}{\rho} = \pi\sigma = \pi E\varepsilon \tag{3-12}$$

式中　π——半导体材料的压阻系数。

因此，对半导体电阻应变片，其灵敏系数近似为

$$K = \pi E \tag{3-13}$$

式中　K——常数，一般为金属电阻应变片的 $50\sim80$ 倍，但是半导体材料的温度系数大，产生
　　　　应变时非线性系数大，其应用范围存在一定程度的限制。半导体电阻应变片如
　　　　图 3-4 所示。

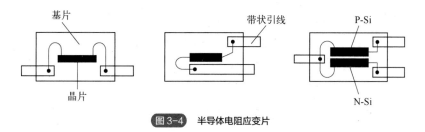

图3-4　半导体电阻应变片

3.1.3　电阻应变片的特性

在实际应用中，选用金属电阻应变片时，要考虑应变片的性能参数，主要有：应变片的电阻值、灵敏度、允许电流和应变极限等。用于动态测量时，还应当考虑应变片本身的动态响应特性。应变片在未经安装也不受外力情况下，在室温下测得的电阻值，是应变片实际应用中的一个基本的参数，金属电阻应变片产品的电阻值已趋于标准化，主要规格有 60Ω、120Ω、200Ω等。所选电阻值大，可以加大应变片的承受电压，因而输出信号增大，同时敏感栅尺寸也增大。

（1）应变片的灵敏系数

将电阻应变丝做成电阻应变片后，其电阻的应变特性与金属单丝时是不同的，因此必须通过实验重新测定。此实验必须按规定的统一标准进行。实验证明，$\Delta R/R$ 与 ε 在很大范围内仍然有很好的线性关系，即

$$\frac{\Delta R}{R} = K\varepsilon \tag{3-14}$$

式中　K——电阻应变片的灵敏系数。

实验表明，应变片的灵敏系数 K 恒小于电阻丝的灵敏系数，应变片的灵敏系数 K 是通过出厂前抽样测定得到，即标称灵敏系数，是所测定的该批产品的平均灵敏系数值。K 恒小于电阻

丝灵敏系数根源在于应变片中存在着横向效应。

（2）横向效应

粘贴在受单向拉伸力试件上的应变片，其敏感栅是由多条直线和圆弧部分组成，如图 3-5 所示。此时各直线段上的金属丝只感受沿轴向（拉伸）应变 ε_x，电阻值将增加，但在圆弧段上，沿各微段轴向（即微段圆弧切向）的应变并不是 ε_x，因此与直线段上同样长度的微段所产生的电阻变化就不同，最明显的在 $\theta = \pi/2$ 处微段上，按泊松关系，在垂直方向上产生负的（压缩）应变 ε_y，因此该段的电阻是减小的。而在圆弧的其他各段上，其轴向感受的应变由 $+\varepsilon_x$ 变化到 $-\varepsilon_y$。于是，将直的金属丝绕成敏感栅之后，虽然长度相同，但应变状态不同，其灵敏系数降低了，这种现象称横向效应。横向效应给测量带来了误差，其大小与敏感栅的构造及尺寸有关。

为了减少横向效应产生的测量误差，敏感栅的纵栅（x 方向）越窄、越长，而横栅（y 方向）越宽、越短，则横向效应的影响越小。当所采用的箔式应变片，其圆弧部分尺寸较栅丝尺寸大得多，电阻值明显减小，因而电阻变化量也就小得多。

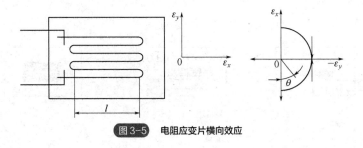

图 3-5　电阻应变片横向效应

（3）机械滞后

当应变片安装（粘贴）在试件上，在一定温度下，其 $(\Delta R / R) - \varepsilon$ 的加载特性与卸载特性不重合，如图 3-6 所示，在同一机械应变值 ε_g 下，其相对应的指示应变 ε_i（即 $\Delta R / R$ 值）不一致。加载特性曲线与卸载特性曲线的最大差值 $\Delta \varepsilon_m$，称为应变片的机械滞后。

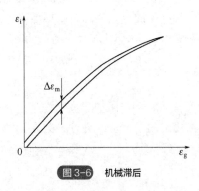

图 3-6　机械滞后

机械滞后主要是敏感栅、基底和黏结剂在承受机械应变后所留下的残余变形所造成的。为了减小滞后，除选用合适的黏结剂外，最好在新安装应变片后，做 3 次以上的加卸载循环后再正式测量。

（4）零漂和蠕变

粘贴在试件上的应变片，在温度保持恒定、不承受机械应变时，其电阻值随时间而变化的特性，称为应变片的零漂。如果在一定温度下，其承受恒定的机械应变，其电阻值随时间而变化的特性，称为应变片的蠕变。一般蠕变的方向与原应变量变化的方向相反。实际上，蠕变中包含零漂，因为零漂是不加载的情况，而蠕变是加载情况的特例。

这两项指标均用来衡量应变片的时间的稳定性，在长时间测量中其意义更加突出。应变片在制造过程中所产生的内应力和丝材、黏结剂、基底等的变化是造成应变片零漂和蠕变的因素。

（5）应变极限和疲劳寿命

如图 3-7 所示，应变片的应变极限是指在一定温度下，应变片的指示应变 ε_i 对测试值的真实应变（机械应变）ε_g 的相对误差不超过规定范围（一般为 10%）时的最大真实应变值 ε_j。为提高 ε_j 值，应选用抗剪强度较高的黏结剂和基底材料，基底和黏结剂的厚度不宜太大，并经适当的固化处理。对于已安装好的应变片，在恒定幅值的交变力作用下，可以连续工作而不产生疲劳损坏的循环次数 N 称为应变片的疲劳寿命。当出现以下三种情况之一时，都认为是疲劳损坏：

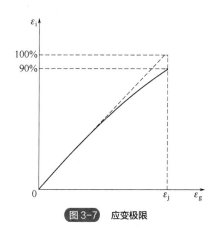

图 3-7　应变极限

① 应变片的敏感栅或引线发生断路；
② 应变片输出指示应变的幅值变化 10%；
③ 应变片输出信号波形上出现穗状尖峰。
疲劳寿命反映了应变片对动态应变测量的适应性。

（6）最大工作电流和绝缘电阻

最大工作电流是指允许通过应变片而不影响其工作的最大电流。工作电流大，应变片输出信号大，灵敏度高。但过大的工作电流会使应变片本身过热，使灵敏系数变化，零漂、蠕变增加，甚至把应变片烧毁。工作电流的选取，要根据散热条件而定，主要取决于敏感栅的几何形状和尺寸、截面的形状和大小、基底的尺寸和材料、黏结剂的材料和厚度以及试件的散热性能等。通常允许电流值在静态测量时取约 25mA，动态时可高一些，箔式应变片可取更大一些。对于导热性能差的试件，例如塑料、陶瓷、玻璃等，工作电流要取小些。

绝缘电阻是指应变片的引线与被测试件之间的电阻值，通常要求 $100\mathrm{M}\Omega$ 以上。绝缘电阻过低，会造成应变片与试件之间漏电而产生测量误差。如果应变片受潮，绝缘电阻大大降低。应变片绝缘电阻取决于黏结剂及基底材料的种类以及它们的固化工艺。基底与胶层越厚，绝缘电阻越大，但会使应变片灵敏系数减小，蠕变和滞后增加，因此基底与胶层不可太厚。

3.1.4 温度误差及补偿

作为电阻应变片，在测量时希望它只随应变而变，而不受其他因素影响。但实际上，应变片的电阻变化受温度影响很大。当应变片安装在一个可以自由膨胀的试件上时，使试件不受任何外力的作用，如果环境温度发生变化，则应变片的电阻值也随之发生变化。在应变测量中如果不排除这种影响，则势必给测量带来很大误差。由于环境温度带来的误差称为应变片的温度误差，又称热输出。

下面讨论造成电阻应变片温度误差的主要原因。

首先是电阻的热效应，即敏感栅金属丝电阻自身随温度产生的变化。电阻与温度的关系可以写为

$$R_t = R_0\left(1 + \alpha\Delta t\right) = R_0 + \Delta R_{t\alpha} \tag{3-15}$$

$$\Delta R_{t\alpha} = R_0\alpha\Delta t \tag{3-16}$$

式中　R_t——温度 t 时的电阻值；

　　　R_0——温度 t_0（一般为 $0℃$）时的电阻值；

　　　Δt——温度的变化值；

　　$\Delta R_{t\alpha}$——温度改变 Δt 时的电阻变化值；

　　　α——应变丝（电阻丝）的电阻温度系数，表示单位温度变化引起的电阻相对变化，$℃^{-1}$。

第二是试件与应变丝的材料线胀系数不一致，使应变丝产生附加变形，从而造成电阻变化，如图 3-8 所示。

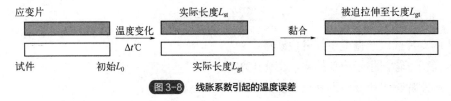

图 3-8　线胀系数引起的温度误差

若电阻应变片上的应变丝的初始长度为 L_0，当温度改变 Δt 时，应变丝受热膨胀至 L_{st}，而应变丝下的试件相应地由 L_0 伸长到 L_{gt}，则有

$$L_{\mathrm{st}} = L_0\left(1 + \beta_{\mathrm{s}}\Delta t\right) \tag{3-17}$$

$$\Delta L_{\mathrm{s}} = L_{\mathrm{st}} - L_0 = L_0\beta_{\mathrm{s}}\Delta t \tag{3-18}$$

$$L_{\mathrm{gt}} = L_0\left(1 + \beta_{\mathrm{g}}\Delta t\right) \tag{3-19}$$

$$\Delta L_{\mathrm{g}} = L_{\mathrm{gt}} - L_0 = L_0\beta_{\mathrm{g}}\Delta t \tag{3-20}$$

式中　β_{s}——应变丝的线胀系数，表示单位温度引起的相对长度变化；

　　　β_{g}——试件的线胀系数，表示单位温度引起的相对长度变化；

ΔL_s——应变丝的膨胀量；

ΔL_g——试件的膨胀量。

当 $L_s = L_g$ 时，应变丝与试件的相对长度变化一致（$\Delta L_s = \Delta L_g$），但一般二者不等，即当 $\Delta L_s \neq \Delta L_g$ 时，试件将应变丝从"L_{st}"拉伸至"L_{gt}"（应变丝与试件粘贴为一体，所以应变丝随着试件变形），从而使应变丝产生了附加的变形（ΔL_β），即

$$\Delta L_\beta = \Delta L_g - \Delta L_s = \left(\beta_g - \beta_s\right)\Delta t L_0 \tag{3-21}$$

于是引起了附加应变，即

$$\varepsilon_\beta = \frac{\Delta L_\beta}{L_{st}} = \frac{\left(\beta_g - \beta_s\right)\Delta t L_0}{L_0\left(1 + \beta_s \Delta t\right)} \approx \left(\beta_g - \beta_s\right)\Delta t \tag{3-22}$$

相应引起的电阻变化量（基于应变效应）为

$$\Delta R_{t\beta} = R_0 K \varepsilon_\beta = R_0 K \left(\beta_g - \beta_s\right)\Delta t \tag{3-23}$$

综上所述，总的电阻变化量及相对变化量为

$$\Delta R_t = \Delta R_{t\alpha} + \Delta R_{t\beta} = R_0 \alpha \Delta t + R_0 K \left(\beta_g - \beta_s\right)\Delta t \tag{3-24}$$

$$\frac{\Delta R_t}{R_0} = \alpha \Delta t + K \left(\beta_g - \beta_s\right)\Delta t \tag{3-25}$$

折合成相应的应变量为

$$\varepsilon_t = \frac{\Delta R_t / R_0}{K} = \left[\frac{\alpha}{K} + \left(\beta_g - \beta_s\right)\right]\Delta t \tag{3-26}$$

式（3-26）即为温度变化引起的附加电阻变化所带来的附加应变，它与 Δt、α、K、β_s、β_g 等有关，也与黏结剂等有关，这个附加应变称之为虚假应变，它是由温度变化引起。

通常补偿温度误差的方法有应变片线路补偿法和自补偿法。

（1）线路补偿法（电桥补偿法）

回顾一下大学物理实验的知识：怎样测量一个未知电阻？

如图 3-9 所示，通常 R_3、R_4 是标准电阻，一般 $R_3 = R_4$，R_2 是足够精密的可调电阻箱，R_1 是接入的未知电阻。接好后，调整 R_2 的旋钮，量程从大到小，同时观察输出电压表指示 U_{SC}，使之逐渐接近于 0，最后微调，直到电压表读数为 0，此时 B、D 两点电位相等，则 $R_1 = R_2$，将电阻箱 R_2 各级旋钮代表的阻值相加即可得到 R_1。这称为利用"零位法"测量未知电阻值，采用的是平衡电桥方法，即电压表读数为 0 的充要条件是相邻电阻值成比例。

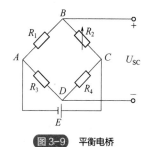

图 3-9　平衡电桥

$$R_1 R_4 = R_2 R_3 \tag{3-27}$$

$$R_1 / R_2 = R_3 / R_4 \tag{3-28}$$

在不平衡状态时，可用不平衡电桥法进行未知电阻的测量。如果 R_2、R_3、R_4 都已知且阻值相等，而 R_1 的初始阻值未知，此时 U_{SC} 不是 0，容易测得其具体值。同样可以根据电桥上 B、D 点的分压（V）公式，算出 R_1 的阻值。

$$V = \left(\frac{R_1}{R_1 + R_2} - \frac{R_3}{R_3 + R_4} \right) E \qquad (3\text{-}29)$$

因此，通过电桥测量一个应变片的阻值变化，应设置 4 个桥臂，测量前使之满足平衡电桥的条件。R_1 为应变片初始值，R_2、R_3、R_4 为标准电阻（R_1、R_2、R_3、R_4 均相等），当应变片 R_1 阻值由于受应变，而发生阻值的改变 ΔR_1，则通过不平衡电桥来测量得出 $R_1 + \Delta R_1$，就能由 ΔR_1 得出应变的大小。但是由上一节的叙述可知，ΔR_1 中既包含虚假应变的影响 ΔR_{1t}，也包含被测应变量的影响 $\Delta R_{1\varepsilon}$，即 $\Delta R_1 = \Delta R_{1\varepsilon} + \Delta R_{1t}$。则线路补偿法的核心就在于补偿由于温度变化所造成 R_1 的虚假应变，或如何在测量过程中设法抵消温度变化。

处理方法是测量应变时使用两个应变片：一片贴在被测试件的表面，如图 3-10 中 R_1 称为工作应变片；另一片 R_2 贴在与被测试件材料相同的补偿块上（只受温度影响，不受应变影响），称为补偿应变片（也称 R_B）。

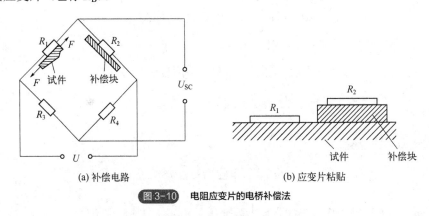

(a) 补偿电路   (b) 应变片粘贴

图 3-10　电阻应变片的电桥补偿法

在工作过程中，补偿块不承受应变，仅随温度发生变形。由于 R_1 与 R_2 接入电桥相邻臂上，因温度变化造成 ΔR_{1t} 与 ΔR_{2t} 相同，根据电桥理论可知，温度对应变片阻值 R_1 产生影响时，同时对 R_2 产生相同影响，二者在桥路中互相抵消，于是桥路输出电压 U_{SC} 与温度无关，仅仅与被测的应变量 ε 有关。也就是说，在测量过程中，尽管存在温度的影响，如果没有产生与被测参数相关联的应变，温度变化不会使电桥产生附加的虚假应变输出，这称为完全补偿。为达到完全补偿，需满足下列三个条件：

① R_1 和 R_2 必须属于同一批次的，即它们的电阻温度系数 α、线胀系数 β、应变灵敏系数 K 都相同，两应变片的初始电阻值也要求相同。

② 用于粘贴补偿应变片的构件（补偿块）和粘贴工作应变片的试件材料必须相同，即要求两者线胀系数相等；标准电阻 $R_3 = R_4$。

③ 两应变片、试件、补偿块均处于同一温度环境中。

简言之，当工作应变片 R_1 不论是否受到应变时，温度变化造成的附加的虚假应变在 R_1 和 R_2 桥臂中互相补偿（抵消）了，工作中，通过不平衡电桥的计算，被测应变 ε 造成的工作应变片 R_1 的阻值变化 $\Delta R_{1\varepsilon}$ 被准确测出，达到准确测量应变 ε 的目的。其不足是：在温度变化梯度较大时，很难做到使工作应变片与补偿应变片处于完全一致的状态，因而会影响补偿效果。

（2）自补偿法

利用式（3-25）可以得到

$$\alpha + K\left(\beta_{g} - \beta_{s}\right) = 0 \tag{3-30}$$

因此，合理选择应变片和使用试件就能使温度引起的附加应变为零。

这种方法的最大不足是：一种确定的应变片只能用于一种确定材料的试件上，局限性很大。图 3-11 给出了一种采用双金属敏感栅自补偿应变片的改进方案。它是利用电阻温度系数不同（一个为正，一个为负）的两种电阻丝材料串联组合成敏感栅。这两段敏感栅的电阻 R_1 和 R_2 由于温度变化而引起的电阻变化分别为 ΔR_{1t} 和 ΔR_{2t}，它们的大小相等，符号相反，达到了温度补偿的目的。这种方案的补偿效果比上一种好。

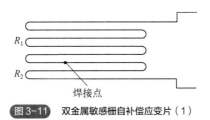

图 3-11　双金属敏感栅自补偿应变片（1）

此外，还有一种如图 3-12 所示的自补偿方案。这种应变片在结构上与双金属敏感栅自补偿应变片相同，但敏感栅是由同符号电阻温度系数的两种合金丝串联而成，而且敏感栅的两部分电阻 R_1 和 R_2 分别接入电桥的相邻两臂上。R_1 是工作臂，R_2 与外接串联电阻 R_B 组成补偿臂，另两臂接入平衡电阻 R_3、R_4。适当调节它们的比值和外接电阻 R_B 的阻值，可以使两桥臂由于温度变化而引起的电阻变化相等或接近，达到热补偿的目的，即满足

$$\frac{\Delta R_{1t}}{R_1} = \frac{\Delta R_{2t}}{R_2 + R_B} \tag{3-31}$$

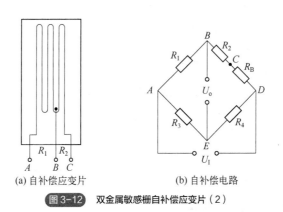

(a) 自补偿应变片　　　　　　　(b) 自补偿电路

图 3-12　双金属敏感栅自补偿应变片（2）

这种补偿法的最大优点是通过调整 R_B 的阻值，不仅可使热（温度）补偿达到最佳效果，而且还适用于不同的线胀系数的测试件；缺点是对 R_B 的精度要求高，而且，当有应变时，补偿栅同样起着抵消工作栅有效应变的作用，使应变片输出的灵敏度降低。因此，补偿栅材料通常选用电阻温度系数 α 大而电阻率低的铂或铂合金，只要较小的铂电阻就能做到温度补偿，同时使应变片的灵敏系数损失少一些。应变片必须使用电阻率大、电阻温度系数小的材料。这类应变片可以在不同线胀系数材料的试件上实现温度自补偿，所以比较通用。

此外可以采用热敏电阻进行补偿，如图 3-13 所示，热敏电阻 R_t 与应变片处在相同的温度下，当应变片的灵敏度随温度升高而下降时，热敏电阻 R_t 的阻值下降，使电桥的输入电压随温

度升高而增加，从而提高电桥输出电压。选择分流电阻 R_5 的值，可以使应变片灵敏度下降对电桥输出的影响得到很好的补偿。

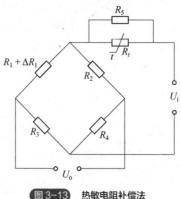

图 3-13　热敏电阻补偿法

下面通过例题说明金属电阻应变片测量应变的实际工程问题。

例 3-1： 对原长 $L = 1m$ 钢板进行测量，钢板弹性模量 $E = 2.1 \times 10^{11} Pa$，使用箔式应变片，阻值 $R = 120\Omega$，灵敏系数 $K = 2.0$，测得拉伸应变为 $250\mu m/m$。求钢板伸长 ΔL、应力 σ、$\Delta R / R$ 及 ΔR。如果要测得 $1\mu m/m$ 的应变，相应的 $\Delta R / R$ 是多少？

解： 由题意可知，钢板 $L = 1m$，应变 $\varepsilon = 250\mu m/m = 250 \times 10^{-6}$，弹性模量 $E = 2.1 \times 10^{11} Pa$，所以钢板伸长为

$$\Delta L = L\varepsilon = 1 \times 250 \times 10^{-6} = 0.25mm$$

故应力为

$$\sigma = \varepsilon E = 250 \times 10^{-6} \times 2.1 \times 10^{11} = 5.25 \times 10^{7} Pa$$

$$\frac{\Delta R}{R} = K\varepsilon = 2.0 \times 250 \times 10^{-6} = 5.0 \times 10^{-4}$$

$$\Delta R = K\varepsilon R = 2.0 \times 250 \times 10^{-6} \times 120 = 6.0 \times 10^{-2} \Omega$$

如果要测出 $1\mu m/m$ 的应变，即 $\varepsilon = 1.0 \times 10^{-6}$，则

$$\frac{\Delta R}{R} = K\varepsilon = 2.0 \times 1 \times 10^{-6} = 2.0 \times 10^{-6}$$

3.2　电阻应变片的测量电路

在电阻应变片传感器中，最常用的测量转换电路是电桥电路。其作用是将应变片电阻值的变化转换为电压的变化。按电源的性质不同，电桥电路可分为直流电桥和交流电桥两类。

3.2.1　直流电桥

直流电桥的基本形式如图 3-14（a）所示。电桥各臂的电阻值分别为 R_1、R_2、R_3 和 R_4，U 为直流电源电压（$U = E$），U_o 为输出电压。当桥臂接入应变片时，称为应变电桥。当一个臂接

入应变片时，就相应构成了单臂电桥，如图 3-14（b）所示。实际应用中采用平衡电桥，即被测应变量为零时，测量电路的输出电压也为零。

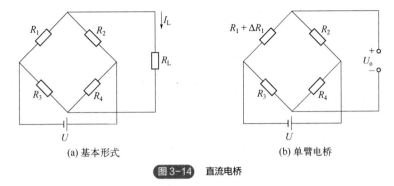

(a) 基本形式　　　　　　(b) 单臂电桥

图 3-14　直流电桥

（1）直流电桥的平衡条件及计算

U 为直流电源（$U=E$），R_1、R_2、R_3 和 R_4 为电桥的桥臂，R_L 为负载电阻，可以求出 I_o 与 E 之间的关系为

$$I_o = \frac{R_1 R_4 - R_2 R_3}{R_L(R_1+R_2)(R_3+R_4)+R_1 R_2(R_3+R_4)+R_3 R_4(R_1+R_2)}E \tag{3-32}$$

当 $I_o = 0$ 时，称为电桥平衡，平衡条件为

$$R_1 R_4 = R_2 R_3 \tag{3-33}$$

上述平衡条件可表述为电桥相邻两臂电阻的比值相等，或相对两臂电阻的乘积相等。若电桥的负载电阻 R_L 无穷大，则负载两端可视为开路，桥路输出为

$$U_o = \frac{R_1 R_4 - R_2 R_3}{(R_1+R_2)(R_3+R_4)}E \tag{3-34}$$

（2）单臂电桥与电压灵敏度

应变片工作时，电阻值变化很小，电桥相应的输出电压也很小，一般需要加入放大器进行放大。由于放大器的输入阻抗比桥路输出阻抗高很多，所以将电桥视为开路情况。

当受应变时，若应变片电阻变化为 ΔR，其他桥臂固定不变，导致电桥不平衡，那么电桥输出电压 $U_o \neq 0$。要推动后续的仪器电路工作，必须将电桥的输出电压进行放大，为此必须了解 $\Delta R/R$ 与电桥输出电压间的关系。在单臂电桥中［如图3-14（b）所示］，R_1 为工作应变片，由于应变而产生相应的电阻变化 ΔR_1，$R_2 \sim R_4$ 为标准电阻，U_o 为电桥输出电压，并设负载电阻为 ∞。当 R_1 有 ΔR_1 时，电桥输出电压为

$$U_o = E\left(\frac{R_1+\Delta R_1}{R_1+\Delta R_1+R_2} - \frac{R_3}{R_3+R_4}\right) = \frac{\Delta R_1 R_4 E}{(R_1+\Delta R_1+R_2)(R_3+R_4)}$$

$$= E\frac{R_4 \Delta R_1 / R_1 R_3}{(1+\Delta R_1/R_1+R_2/R_1)(1+R_4/R_3)} \tag{3-35}$$

设桥臂比 $n = R_2/R_1$，由于 $\Delta R_1 \ll R_1$，因此分母中 $\Delta R_1/R_1$ 可忽略，并考虑到平衡条件 $R_1/R_2 = R_3/R_4$，可知 $R_2/R_1 = R_4/R_3$，则有

$$U_o = \frac{n}{(1+n)^2} \times \frac{\Delta R_1}{R_1} E \tag{3-36}$$

电桥电压灵敏度定义为

$$K_U = \frac{U_o}{\Delta R_1 / R_1} = \frac{n}{(1+n)^2} E \tag{3-37}$$

由式（3-37）可知，可以通过适当调节电源电压 E 或调节桥臂比 n 来提高电桥的电压灵敏度；电桥电压灵敏度正比于电桥供电（电源）电压，供电电压越高，电桥电压灵敏度越高，但供电电压的提高受到应变片允许功耗的限制，所以要做适当选择；电桥电压灵敏度是桥臂电阻比值（桥臂比）n 的二次函数，通过恰当地选择桥臂比 n 的值，保证电桥具有较高的电压灵敏度。

当 E 值确定后，根据二次函数的性质可知，当 $\mathrm{d}K_U / \mathrm{d}n = 0$ ，可求得 K_U 的最大值。

$$\frac{\mathrm{d}K_U}{\mathrm{d}n} = \frac{1-n^2}{(1+n)^4} = 0 \tag{3-38}$$

求得 $n=1$ 时，K_U 为最大，当 $R_1 = R_2 = R_3 = R_4$ 时，电桥电压灵敏度最高，此时有

$$U_o = \frac{E}{4} \times \frac{\Delta R_1}{R_1} \tag{3-39}$$

$$K_U = \frac{E}{4} \tag{3-40}$$

从上述可知，当电源电压 E 和应变片电阻相对变化量 $\Delta R_1 / R_1$ 一定时，电桥的输出电压及其灵敏度也是定值。

（3）单臂电桥的非线性误差

式（3-36）中求出的输出电压忽略了分母中的 $\Delta R_1 / R_1$，是理想值。实际值按式（3-35）计算为

$$U_o' = E \frac{n\Delta R_1 / R_1}{(1 + n + \Delta R_1 / R_1)(1+n)} \tag{3-41}$$

由近似处理产生的非线性误差为（电桥为等臂电桥，即 $R_1=R_2=R_3=R_4$）

$$\gamma = \frac{U_o - U_o'}{U_o} = \frac{\Delta R_1 / R_1}{1 + n + \Delta R_1 / R_1} = \frac{\Delta R_1 / R_1}{2 + \Delta R_1 / R_1} \tag{3-42}$$

可见，γ 与 $\Delta R_1 / R_1$ 成正比。

例 3-2：测力系统电桥电路中，R_1 为电阻应变片，其灵敏系数 $K = 2.0$，未受应变时，其余电阻和 R_1 相等，$R_1 = 120\Omega$。当应变片受力 F 时，应变片承受的平均应变 $\varepsilon = 0.001$。求：

① 应变片电阻相对变化量 $\Delta R_1 / R_1$ 和电阻变化量 ΔR_1。

② 将电阻应变片 R_1 置于单臂测量电桥，电桥的电源电压为 5V 的直流电压，求受力后电桥的输出电压以及电压灵敏度、非线性误差 γ。

③ 如果采用某半导体电阻应变片（$K=160$）进行测量，重新计算 γ。

解：①电阻的相对变化量

$$\frac{\Delta R_1}{R_1} = K\varepsilon = 2.0 \times 1 \times 10^{-3} = 0.002$$

电阻变化量

$$\Delta R_1 = \frac{\Delta R_1}{R_1} \times R_1 = 0.002 \times 120 = 0.24\Omega$$

② 受力后，由式（3-39）得，电桥输出电压为

$$U_o = \frac{E}{4} \times \frac{\Delta R_1}{R_1} = \frac{5}{4} \times 0.002 = 2.5\text{mV}$$

电压灵敏度为

$$K_U = \frac{E}{4} = 1.25\text{V}$$

$$\gamma = \frac{\Delta R_1 / R_1}{2 + \Delta R_1 / R_1} = \frac{0.002}{2 + 0.002} = 0.1\%$$

③ 将 K=160 代入，有

$$\frac{\Delta R_1}{R_1} = K\varepsilon = 160 \times 1 \times 10^{-3} = 0.16$$

$$U_o = \frac{E}{4} \times \frac{\Delta R_1}{R_1} = \frac{5}{4} \times 0.16 = 0.2\text{V}$$

$$\gamma = \frac{\Delta R_1 / R_1}{2 + \Delta R_1 / R_1} = \frac{0.16}{2 + 0.16} = 7.41\%$$

可见，此时 γ 值比较显著。

未采取温度补偿作用的单臂电桥，温度对测量的影响比较显著，通过下面例题说明。

例 3-3：如图 3-14（b）所示的应变片电桥测量电路，其中，R_1 为应变片，R_2、R_3 和 R_4 为标准精密电阻。应变片在 0℃时电阻值为 120Ω，$R_2 = R_3 = R_4 = 120\Omega$，已知应变片的灵敏度为 2.0，电源电压为 10V。

① 如果将应变片 R_1 贴在弹性试件上，试件横截面积 $A = 0.4 \times 10^{-4} \text{m}^2$，弹性模量 $E = 3 \times 10^{11} \text{N}/\text{m}^2$，若受到 $6 \times 10^4 \text{N}$ 拉力的作用，求测量电路的输出电压 U_o。

② 在应变片不受力的情况下，假设该测量电路工作了 10min，且应变片 R_1 消耗的功率全转化为温升（设每焦耳能量导致应变片 0.1℃ 的温升），不考虑 R_2、R_3 和 R_4 的温升，应变片电阻温度特性为 $R_t = R_0(1 + \alpha\Delta t)$，$\alpha = 4.1 \times 10^{-3} \text{℃}^{-1}$，试求此时测量电路的输出电压 U_o，并分析减小温度误差的方法。

解：①根据题意：

应力为 $\qquad\qquad \sigma = F / A = 6 \times 10^4 / (0.4 \times 10^{-4}) \text{N}/\text{m}^2 = 1.5 \times 10^9 \text{N}/\text{m}^2$

应变为 $\qquad\qquad \varepsilon = \sigma / E = 1.5 \times 10^9 / (3 \times 10^{11}) = 0.005$

应变导致的电阻变化 $\qquad \Delta R = K\varepsilon R = 2.0 \times 0.005 \times 120 = 1.2\Omega$

因此，输出电压为

$$U_o = U_i\left(\frac{R_1 + \Delta R_1}{R_1 + \Delta R_1 + R_2} - \frac{R_3}{R_3 + R_4}\right) = 10 \times \left(\frac{121.2}{241.2} - \frac{120}{240}\right) = 0.0249\text{V}$$

② 根据题意，流过 R_1 的电流为 $I = \dfrac{U_1}{R_1 + R_2} = \dfrac{10}{120 + 120} = 0.0417\text{A}$，则

R_1 上消耗的功率 $\qquad P = I^2 R = 0.0417^2 \times 120 = 0.2087\text{W}$

R_1 上消耗的能量 $\qquad W = PI = 0.209 \times 60 \times 10 = 125.2\text{J}$

那么，温升 $\Delta t = 125.2 \times 0.1 = 12.52\,℃$，此时，电阻 R_1 将变化为

$$R_t = R_0 \left(1 + \alpha\Delta t\right) = 120 \times \left(1 + 4.1 \times 10^{-3} \times 12.52\right) = 126.16\,\Omega$$

因此，对应的测量电路输出电压如下：

方法一（无近似）：

$$U_o = U_i \left(\frac{R_t}{R_t + R_2} - \frac{R_3}{R_3 + R_4} \right) = 10 \times \left(\frac{126.16}{246.16} - \frac{120}{240} \right) = 0.1251\text{V}$$

方法二（利用单臂电桥输出电压的结论，有近似）：

$$U_o \approx \frac{U_i}{4} \times \frac{\Delta R_1}{R_1} = \frac{U_i}{4} \times \frac{\Delta R_t}{R_t} = \frac{U_i}{4} \times \frac{R_t - R_0}{R_t} = \frac{10}{4} \times \frac{126.16 - 120}{126.16} = 0.1221\text{V}$$

值得指出的是，此时的 ΔR_t 不是由被测力引起的，而是温度变化所引起的。由于此时应变片并未承受应变，由此可见，温度变化对测量结果的输出会带来较大的影响。要减小温度误差，可考虑采用的方法包括：不要长时间测量；对电阻 R_1 实施恒温措施；采用补偿应变片对电阻温度误差进行补偿。温度的影响在双臂电桥和四臂电桥中容易实现补偿，以下进行详细说明。

（4）双臂电桥（差动半桥）分析

为了减少和克服非线性误差，常用的方法是采用双臂电桥（差动半桥）。

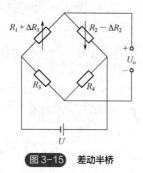

图 3-15　差动半桥

如图 3-15 所示，在双臂电桥（差动半桥）电路中，R_1、R_2 为应变片，R_3、R_4 为标准电阻。R_1、R_2 两个应变片，一个感受拉伸应变，一个感受压缩应变，接在电桥的相邻两个臂。桥臂 R_1 的阻值变化量为 ΔR_1，而桥臂 R_2 的阻值变化量为 $-\Delta R_2$，二者大小相等方向相反，且 $R_1 = R_2 = R_3 = R_4$。

即安装两个相同的电阻应变片（R_1 和 R_2），一片受拉，另一片受压，然后接入电桥相邻臂，跨接在电源两端，R_3 和 R_4 为标准电阻。未承受应变时，电桥处于平衡状态，电桥输出电压为 0。

当承受应变时，应变片 R_1 的电阻增大 ΔR_1，应变片 R_2 的电阻减小 ΔR_2，且 $\Delta R_1 = \Delta R_2$，这时电桥不再平衡，电桥输出电压 U_o 为

$$U_o = E \frac{\left(R_1 + \Delta R_1\right)R_4 - \left(R_2 - \Delta R_2\right)R_3}{\left(R_1 + \Delta R_1 + R_2 - \Delta R_2\right)\left(R_3 + R_4\right)} = \frac{E}{2} \times \frac{\Delta R_1}{R_1} \tag{3-43}$$

其中，$E=U$。可见，与单臂电桥相比，电桥输出电压灵敏度提高一倍，这时输出电压 U_o 与 $\Delta R_1 / R_1$ 呈严格的线性关系，没有非线性误差。此外，还可以通过应变片的贴装方式使电桥系统具有温度补偿作用，说明如下。

如图 3-16 所示，测量梁的弯曲应变时，图中所示贴装方式不需温度补偿件并可获得灵敏度的提高。即将两个应变片分贴于上下两面对称位置，R_1 与 R_2 特性相同，两电阻变化值相同而符号相反，因而电桥输出电压比单臂时增加一倍。当梁上下面温度一致，R_1 与 R_2 可起温度补偿作用。此电桥补偿法简易可行，使用普遍，应变片可对各种试件材料在较大温度范围内进行补偿，因而最为常用。

图 3-16　测量梁的弯曲应变

（5）四臂电桥（差动全桥）分析

若 4 个桥臂上全为电阻应变片，则构成全桥工作电路，如图 3-17 所示。R_1、R_2、R_3 和 R_4 全为电阻应变片，未承受应变时，电桥处于平衡状态，即满足 $R_1 R_4 = R_2 R_3$。

当承受应变时，应变片 R_1 的电阻增大 ΔR_1，应变片 R_2 的电阻减小 ΔR_2，R_3 的电阻减小 ΔR_3，R_4 的电阻增大 ΔR_4，且有 $\Delta R_1 = \Delta R_2 = \Delta R_3 = \Delta R_4$。这时电桥输出电压为

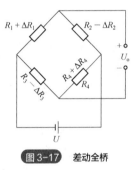

图 3-17　差动全桥

$$U_o = E\frac{(R_1 + \Delta R_1)(R_4 + \Delta R_4) - (R_2 - \Delta R_2)(R_3 - \Delta R_3)}{(R_1 + \Delta R_1 + R_2 - \Delta R_2)(R_3 - \Delta R_3 + R_4 + \Delta R_4)} = E\frac{\Delta R_1}{R_1} \tag{3-44}$$

由式（3-39）可见，差动全桥的电压输出是线性的，没有非线性误差问题。与式（3-39）和式（3-43）相比，差动全桥的灵敏度是单臂电桥的 4 倍，是差动半桥的 2 倍。

与差动半桥类似，可以比较巧妙地安装应变片形成差动全桥，而不需温度补偿并实现灵敏度的提高。

（6）电桥电路应变的计算

假设电桥各臂均有相应的电阻值变化 ΔR_1、ΔR_2、ΔR_3、ΔR_4 时，从应变的角度实现对电桥输出电压 U_o 的表达，由式（3-34）得输出电压为

$$U_o = E\frac{(R_1 + \Delta R_1)(R_4 + \Delta R_4) - (R_2 + \Delta R_2)(R_3 + \Delta R_3)}{(R_1 + \Delta R_1 + R_2 + \Delta R_2)(R_3 + \Delta R_3 + R_4 + \Delta R_4)} \tag{3-45}$$

在实际应用中往往采用等臂电桥，即 $R_1 = R_2 = R_3 = R_4 = R$，则将式（3-45）展开为

$$U_o = E\frac{R(\Delta R_1 - \Delta R_2 - \Delta R_3 + \Delta R_4) + \Delta R_1 \Delta R_4 - \Delta R_2 \Delta R_3}{(2R + \Delta R_1 + \Delta R_2)(2R + \Delta R_3 + \Delta R_4)} \tag{3-46}$$

当 $\Delta R \ll R_i (i = 1, 2, 3, 4)$ 时，略去上式中的高阶微小量，则

$$U_o = \frac{E}{4}\left(\frac{\Delta R_1}{R_1} - \frac{\Delta R_2}{R_2} - \frac{\Delta R_3}{R_3} + \frac{\Delta R_4}{R_4}\right) \tag{3-47}$$

考虑到

$$\frac{\Delta R}{R} = K\frac{\Delta L}{L} = K\varepsilon \tag{3-48}$$

且各个电阻应变片的灵敏度相同，则式（3-47）可写成

$$U_o = \frac{E}{4}K(\varepsilon_1 - \varepsilon_2 - \varepsilon_3 + \varepsilon_4) \tag{3-49}$$

式（3-49）表明：

① 若相邻两桥臂的应变极性相同，即同为拉应变或压应变，输出电压为两者之差；若相邻两桥臂的应变极性相反，则输出电压为两者之和。同理，若相对两桥臂应变的极性相同，输出电压为两者之和，反之则为两者之差。

② 电桥供电电压 U 越高，输出电压 U_o 越大。但是，当 U 大时，应变片通过的电流也大，若超过应变片所允许通过的最大工作电流，传感器就会出现蠕变和零漂。

③ 增大应变片的灵敏系数 K，可提高电桥的输出电压。

合理地利用上述特性，可以进行温度补偿和提高传感器的测量灵敏度。如安装敏感元件及连接电桥时，应当使得应变 ε_1、ε_4 与 ε_2、ε_3 的符号相反，这样便可增大电桥的输出电压。

④ $\Delta R_i \ll R_i$ 时，电桥的输出电压与应变成线性叠加的关系。容易推知，针对单臂电桥，$U_o = (E/4)K\varepsilon_1$，其中 ε_2、ε_3、ε_4 均为 0。

差动半桥中，$U_o = (E/2)K\varepsilon$，其中 $\varepsilon_1 = -\varepsilon_2 = \varepsilon$，$\varepsilon_3 = \varepsilon_4 = 0$。

差动全桥中，$U_o = K\varepsilon E$，其中 $\varepsilon_1 = \varepsilon_4 = \varepsilon$，$\varepsilon_2 = \varepsilon_3 = -\varepsilon$。

例 3-4：电阻应变片差动半桥中，R_1、R_2 为电阻应变片，灵敏系数为 K，其中 R_1 受拉应变，应变为 ε_1，R_2 受压应变，应变为 ε_2，$R_1 = R_2 = R_3 = R_4$，R_3、R_4 是标准电阻。若 $\varepsilon_1 = \varepsilon_2 = 0.0003$，应变灵敏系数 $K = 2.0$，应变片的阻值为 120Ω，电源电压为 5V，计算双臂电桥的输出电压 U_o。

解：如图 3-15 所示工作方式为双臂电桥（差动半桥），可得输出电压 U_o 为

$$U_o = \frac{E}{4}K(\varepsilon_1 + \varepsilon_2) = \frac{E}{2}K\varepsilon = \frac{5}{2}\times 2\times 0.0003 = 1.5\text{mV}$$

例 3-5：如图 3-18 所示，矩形金属工件受水平拉力作用产生应变 ε，工件表面粘贴灵敏系数为 K、泊松比为 μ 的金属电阻应变片 R_1、R_2，当将 R_1、R_2 分别接入单臂电桥，以及将 R_1、R_2 接入差动半桥后，电桥的输出分别为多少？差动半桥是否有温度补偿的作用？

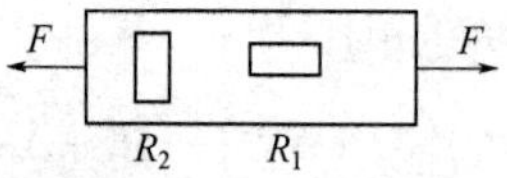

图 3-18 矩形金属工件受力

解：当将 R_1 接入电桥时（R_2 闲置），其输出为

$$U_o = \frac{E}{4}\times\frac{\Delta R_1}{R_1} = \frac{E}{4}K\varepsilon$$

当将 R_2 接入电桥时（R_1 闲置），根据泊松比的定义，因为

$$\frac{\Delta R_2}{R_2} = -\mu \frac{\Delta R_1}{R_1} = -\mu\varepsilon$$

其输出为

$$U_{\mathrm{o}} = \frac{E}{4} \times \frac{\Delta R_2}{R_2} = -\frac{E}{4}\mu K\varepsilon$$

当将 R_1、R_2 接入差动半桥后

$$U_{\mathrm{o}} = \frac{E}{4}\left(\frac{\Delta R_1}{R_1} - \frac{\Delta R_2}{R_2}\right) = \frac{EK}{4}(\varepsilon + \mu\varepsilon) = \frac{(1+\mu)E}{4}K\varepsilon$$

差动半桥具有温度补偿作用。

直流电桥的优点有：高稳定度直流电源易获得、电桥调节平衡电路简单、传感器至测量仪表的连接导线分布参数影响小等。但是，后续要采用直流放大器，容易产生零点漂移，线路也较复杂。因此，一些场合也采用交流电桥，交流电桥载波放大器具有灵敏度高、稳定性好、外界干扰和电源影响小及造价低等优点，但也存在工作频率低、长导线分布电容大等缺点。

3.2.2　交流电桥

根据直流电桥分析可知，由于应变电桥输出电压很小，一般都要加放大器，而直流放大器易产生零漂，因此应变电桥多采用交流电桥。交流电桥的一般形式，如图 3-19（a）所示。交流电桥很适合电容式、电感式传感器的测量需要，应用场合较多。交流电桥常采用正弦电压供电，在频率较高的情况下需要考虑分布电感和分布电容的影响。

交流电桥的 4 个桥臂分别用阻抗 Z_1、Z_2、Z_3 和 Z_4 表示，它们可以为电阻值、电容值或电感值，其输出电压也是交流。设交流电桥的电源电压为

$$U = U_{\mathrm{m}}\sin\omega t \tag{3-50}$$

式中　U_{m}——电源电压的幅值；

ω——电源电压的角频率。

此时交流电桥的输出电压为

$$\dot{U}_{\mathrm{o}} = \frac{Z_1 Z_3 - Z_2 Z_4}{(Z_1 + Z_2)(Z_3 + Z_4)}\dot{U} \tag{3-51}$$

当电桥平衡时，有 $Z_1 Z_3 = Z_2 Z_4$，$\dot{U}_{\mathrm{o}} = 0$。

对于图 3-19（a）所示的应变电桥，由于采用交流电源供电，引线分布电容等使桥臂应变片呈现复阻抗特性，相当于两只应变片各并联了一只电容，如图 3-19（b）所示，每个桥臂上的复阻抗分别为

$$Z_1 = \frac{R_1}{1 + \mathrm{j}\omega R_1 C_1}, \ Z_2 = \frac{R_2}{1 + \mathrm{j}\omega R_2 C_2}, \ Z_3 = R_3, \ Z_4 = R_4 \tag{3-52}$$

其中，C_1 和 C_2 表示应变片引线分布电容，电桥平衡时有

$$\frac{R_1}{1 + \mathrm{j}\omega R_1 C_1}R_4 = \frac{R_2}{1 + \mathrm{j}\omega R_2 C_2}R_3 \tag{3-53}$$

进而可知交流应变电桥平衡的条件为

$$\frac{R_1}{R_2} = \frac{R_3}{R_4} = \frac{C_2}{C_1} \tag{3-54}$$

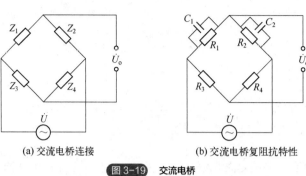

(a) 交流电桥连接　　　　　　　(b) 交流电桥复阻抗特性

图 3-19　交流电桥

如果供电电源为交流电压，就构成了交流电阻电桥。参照以上分析，可以得到单臂交流电阻电桥的输出电压为

$$\dot{U}_o = \frac{\dot{U}}{4} \times \frac{\Delta Z_1}{Z_1} \tag{3-55}$$

同样，差动双臂交流电阻电桥的输出电压为

$$\dot{U}_o = \frac{\dot{U}}{2} \times \frac{\Delta Z_1}{Z_1} \tag{3-56}$$

可见，对于交流电桥，除要满足电阻平衡条件外，还必须满足电容平衡条件。因此，在桥路上除设有电阻平衡调节（调平）外，还设有电容平衡调节。对于电阻调平，常见的有串联电阻调平法、并联电阻调平法；对于电容调平，常见的有差动电容调平法、阻容调平法等方法，如图 3-20 所示。

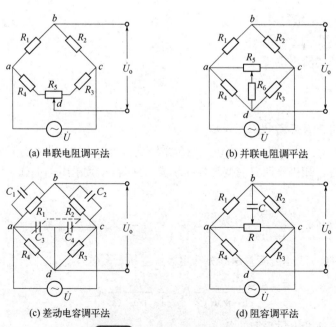

(a) 串联电阻调平法　　　　　　　(b) 并联电阻调平法

(c) 差动电容调平法　　　　　　　(d) 阻容调平法

图 3-20　交流电桥平衡调节电路

3.3 应变式传感器的典型应用

前面介绍了电阻应变片的工作原理和测量电路，了解到电阻应变片能将应变直接转换成电阻的变化。在测量试件的应变时，可直接将电阻应变片粘贴在试件上进行测量。但如果要测量其他物理量（如力、压力、加速度等），就需要先将这些物理量转换成应变，然后再通过电阻应变片采用前面介绍的方法进行测量。此时多了一个转换过程，完成这种转换的元件称为弹性元件。

电阻应变式传感器是由弹性元件、电阻应变片以及一些附件（如补偿元件、保护罩等）组成的测量装置。

3.3.1 电阻应变式力传感器

被测物理量为载荷或力的电阻式传感器统称为电阻式力传感器。对载荷和力的测量在工业测量中用得较多，其中采用电阻应变片测量的电阻应变式力传感器占有主导地位，传感器的量程一般从几克到几百吨，如我国 BLR-1 型电阻应变式力传感器的量程在 0.1～100t 之间。

电阻应变式力传感器的弹性元件有柱（筒）式、环式、悬臂梁式等。柱式弹性元件的特点是结构简单、紧凑，可承受很大载荷，根据弹性元件截面形状可分为方形截面、圆形截面、空心截面等。如在火箭发动机实验时，台架承受的载荷可达数千吨，因此常用实心结构的传感器；当载荷较小时，为增大柱的曲率半径，便于粘贴电阻应变片等，往往使用空心筒式结构的传感器。环式力传感器多用于测量较大载荷，与柱式力传感器相比，它的应力分布有正有负，很容易接成差动电桥。悬臂梁式弹性元件结构简单，加工容易，电阻应变片容易粘贴，灵敏度较高，适用于测量小载荷。

（1）柱（筒）式力传感器

柱式力传感器为实心的，筒式力传感器为空心的，如图 3-21 所示。在轴向布置一个或多个应变片，在圆周方向布置同样数目的应变片，后者取相反的横向应变，从而构成了差动对。由于应变片沿圆周方向分布，所以非轴向载荷分量被补偿，在与轴线任意夹角的 α 方向，其应变为

$$\varepsilon_\alpha = \frac{\varepsilon_1}{2}\big[(1-\mu)+(1+\mu)\cos2\alpha\big] \tag{3-57}$$

式中　ε_1 ——沿轴向的应变；

　　　μ ——弹性元件的泊松比。

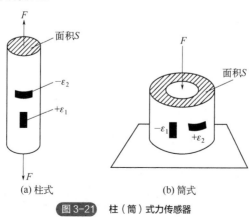

(a) 柱式　　　　　　　　　(b) 筒式

图 3-21　柱（筒）式力传感器

轴向粘贴的应变片所感受到的应变为

$$\varepsilon_1 = \frac{F}{SE}(\alpha = 0) \tag{3-58}$$

圆周方向粘贴的应变片所感受到的应变为

$$\varepsilon_2 = -\mu\varepsilon_1 = -\mu\frac{F}{SE}(\alpha = 90°) \tag{3-59}$$

式中 F——载荷；

   E——弹性元件的弹性模量；

   S——弹性元件的截面积。

例3-6：筒式力传感器量程为10kN，其弹性元件为薄壁圆筒，轴向受力，外径24mm，内径20mm，在其表面粘贴8只应变片，4个沿周向，4个沿轴向粘贴，应变片的初始电阻值均为150Ω，灵敏度为2.0，泊松比为0.3，材料弹性模量 $E=2.0\times10^{11}$Pa。

① 绘出弹性元件贴片位置及全桥电路；

② 计算传感器在满量程时，各应变片电阻变化；

③ 当桥路的供电电压为12V时，计算传感器的输出电压。

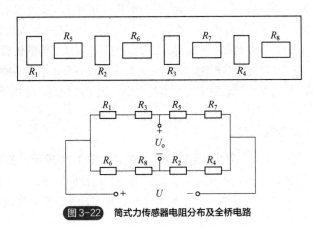

图3-22 筒式力传感器电阻分布及全桥电路

解：其弹性元件贴片位置及全桥电路如图3-22所示。

圆筒截面积：

$$A = \pi(R^2 - r^2) = \pi(12^2 - 10^2)\times10^{-6} = 138.23\times10^{-6}\,\text{m}^2$$

应变片1、2、3、4感受纵向应变，$\varepsilon_1 = \varepsilon_2 = \varepsilon_3 = \varepsilon_4 = \varepsilon_x$。

应变片5、6、7、8感受周向（横向）应变，$\varepsilon_5 = \varepsilon_6 = \varepsilon_7 = \varepsilon_8 = \varepsilon_y$。

根据泊松比的定义，有 $\varepsilon_y = -\mu\varepsilon_x$。

满量程时：

由电阻应变片灵敏度公式 $K = \dfrac{\Delta R/R}{\varepsilon}$ 得 $\Delta R = K\varepsilon R$，由应力与应变的关系 $\sigma = E\varepsilon$，及应力与受力面积的关系 $\sigma = \dfrac{F}{A}$，得 $\varepsilon = \dfrac{F}{AE}$。

$$\Delta R_1 = R_2 = R_3 = \Delta R_4 = K\frac{F}{AE}R = 2.0\times\frac{10\times10^3}{138.23\times10^{-6}\times2.0\times10^{11}}\times150 = 0.1085\Omega$$

$$\Delta R_5 = \Delta R_6 = \Delta R_7 = \Delta R_8 = -\mu \Delta R_1 = -0.3 \times 0.1085 = -0.0326\Omega$$

$$\Delta U = \frac{U}{2}K(1+\mu)\frac{F}{AE} = \frac{12}{2} \times 2.0 \times (1+0.3) \times \frac{10 \times 10^3}{138.23 \times 10^{-6} \times 2.0 \times 10^{11}} = 0.00564V$$

（2）悬臂梁式力传感器

悬臂梁是一端固定另一端自由的弹性元件，其特点是结构简单、加工方便、应变片容易粘贴、灵敏度高等，在较小力的测量中应用普遍(悬臂梁式弹性元件制作的力传感器适用于测 500N 以下的载荷，最小可测零点几牛顿的力)。根据梁的截面形状不同可分为变截面梁（等强度梁）和等截面梁［图 3-23（a）］。

图 3-23（b）所示为一种等强度梁，图中 R 为电阻应变片，将其粘贴在一端固定的悬臂梁上，另一端的三角形顶点上（保证等应变性）如果受到载荷 F 的作用，梁内各断面产生的应力是相等的，表面上的应变也是相等的，与水平方向的贴片位置无关。载荷将导致悬臂梁发生形变，该形变将传递给与之相连的电阻应变片，导致电阻应变片产生相同的形变，从而使得其电阻值发生变化。将该电阻应变片接入测量电桥，根据电桥输出电压的变化即可实现对载荷 F 的测量。

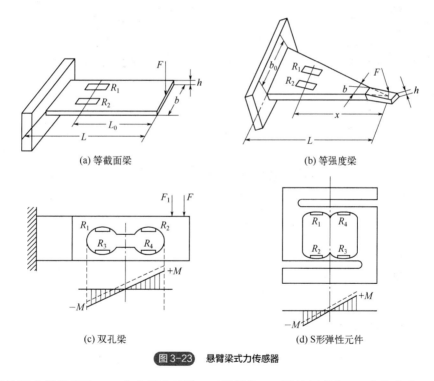

(a) 等截面梁　　　　　　　　　　(b) 等强度梁

(c) 双孔梁　　　　　　　　　　(d) S形弹性元件

图 3-23　悬臂梁式力传感器

设梁的固定端宽度为 b_0，自由端宽度为 b，梁长为 L，梁的厚度为 h。当集中力 F 作用在自由端时，距作用力任何距离的截面应力相等。因此，沿着这种梁的长度方向上的截面抗弯模量 W 的变化与弯矩 M 的变化成正比，即

$$\sigma = \frac{M}{W} = \frac{6FL}{b_0 h^2} = 常数 \qquad (3-60)$$

等强度梁各点的应变值为

$$\varepsilon = \frac{6FL}{b_0 h^2 E} \tag{3-61}$$

式中　E——悬臂梁材料的弹性模量。

　　图 3-23（c）为双孔梁，多用于小量程工业电子秤和商业电子秤；图 3-23（d）为 S 形弹性元件，适用于较小载荷。

　　等强度梁应变片差动全桥贴装方式如图 3-24 所示。

　　薄臂环式弹性梁同样属于梁式弹性元件，应变片在薄臂环式弹性梁上的粘贴位置如图 3-25 所示。

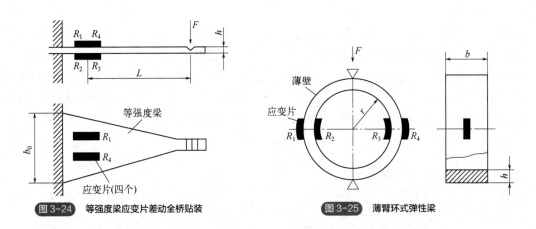

图 3-24　等强度梁应变片差动全桥贴装　　　　　图 3-25　薄臂环式弹性梁

　　薄臂环式弹性梁的应变公式为

$$\varepsilon_n = \frac{4.35Fr}{bh^2 E} \tag{3-62}$$

式中　ε_n——薄壁环式弹性梁受外力作用时电桥输出的应变值；

　　　r——薄壁环内圆半径，mm；

　　　b——薄壁环的宽度，mm；

　　　h——薄壁环的厚度，mm。

3.3.2　其他方面的应用

（1）应变式压力传感器

　　测量流体压力的应变式压力传感器有膜片式、筒式、结合式等结构，下面以膜片式结构为例进行说明，如图 3-26 所示。当气体或液体压力作用在膜片承压面上时，膜片变形，粘贴在另一面的电阻应变片随之变形，并改变阻值。这时测量电路中电桥平衡被破坏，产生输出电压。

　　如图 3-26（a）所示，应变片贴在膜片内壁，在外压力 P 的作用下，膜片产生径向应变和切向应变，其应力分布如图 3-26（b）所示。根据应变分布安排贴片，一般在中心贴片，并在边缘沿径向贴片，接成半桥或全桥。现已制出适应膜片应变分布的专用箔式应变花，如图 3-26（c）所示。

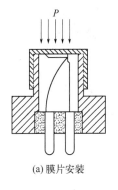
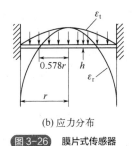

(a) 膜片安装　　　　　　　(b) 应力分布　　　　　　(c) 专用箔式应变花

图 3-26　膜片式传感器

（2）应变式扭矩传感器

测量扭矩可以直接将应变片粘贴在被测轴上或专门设计的扭矩传感轴上，其原理如图 3-27 （a）所示。当被测轴受到纯扭力时，其最大剪应力不便于直接测量，但轴表面主应力方向与母线成 45°，而且在数值上等于最大剪应力。因而应变片沿与母线成 45° 方向粘贴，连接成桥路，如图 3-27（b）所示。4 只应变片粘贴方式为：R_1 与 R_2 粘贴在被测轴的前侧，二者极性相反；R_3 与 R_4 粘贴在被测轴的后侧，二者极性相反，故 R_1 与 R_4 极性相同，R_2 与 R_3 的极性相同。如果被测轴需要连续工作（转动），则需在轴上安装滑环，与外部电刷进行良好接触，保证应变片全电桥的供电与输出电压信号的传送。

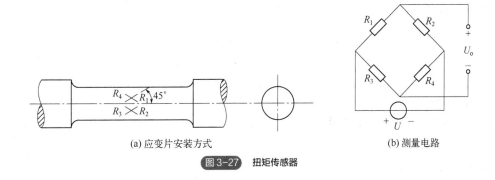

(a) 应变片安装方式　　　　　　　　　　　　(b) 测量电路

图 3-27　扭矩传感器

（3）应变式加速度传感器

应变式加速度传感器的基本原理如图 3-28 所示。通常由惯性质量、弹性元件、壳体和基座、应变片等组成。当物体和加速度传感器一起以加速度 a 沿箭头方向运动时，质量 m 感受惯性力 $F = ma$，引起悬梁（弹性元件），朝向加速度 a 相反的方向弯曲，其上粘贴的应变片则可测出受力的大小和方向，从而确定物体运动加速度大小和方向。

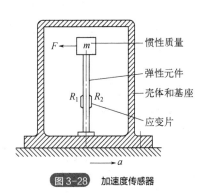

图 3-28　加速度传感器

（4）电子带式秤

电阻应变式传感器在电子自动秤上的应用很普遍，如电子汽车秤、电子轨道秤、电子吊车秤、电子配料秤、电子带式秤、自动定量灌装秤等。如

图 3-29 所示的电子带式秤是一种能连续称量散装材料质量的装置，用以在线测量如矿石、煤、水泥、粮食等的质量。它不但可以称出某一瞬间在输送带上输出的物料的质量，而且还可以称出某一段时间内输出的物料质量总和。

测力传感器通过秤架感受到称重段 L 的物料量，即单位长度上的物料量 $A(t)$（单位：kg/m），测力传感器的输出信号为电压值 U_1，测速传感器将输送带的传送速度 $v(t)$（单位：m/h）转换成电压 U_2，再经乘法器将 U_1 与 U_2 相乘后即可得到输送带在单位时间内的输运量 $X(t)$（单位：kg/h）

$$X(t) = A(t)v(t) \tag{3-63}$$

$X(t)$ 值再经积分器积分处理后，即可得到 $0 \sim t$ 段时间内运送物料的总质量。

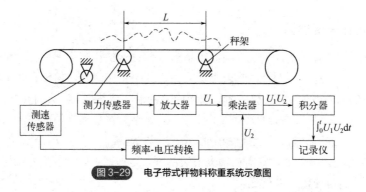

图 3-29　电子带式秤物料称重系统示意图

（5）压阻式压力传感器

此例为半导体应变片的应用，压阻式压力传感器如图 3-30 所示，测量部分安装在不锈钢壳体内，并由不锈钢支架固定放置于液罐底部。传感器的高压侧测压端面用不锈钢隔离膜片及硅油隔离被测介质，同时压力传递不受影响。液罐下方安装高度 h_0 处的液体压为 $P_1 = \rho g h_1$，其中，ρ 为被测液体密度，g 为重力加速度。

传感器的低压侧通过背压管与外部的压力仪表相连，背压管作用使 $P_1 = P_2$，由仪表测得 P_2 值，被测液位表示为

$$\rho g H = \rho g h_0 + \rho g h_1 = \rho g h_0 + P_2 \tag{3-64}$$

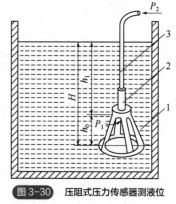

图 3-30　压阻式压力传感器测液位

1—支架；2—压力传感器；3—背压管

式中　P_1——半导体应变片检测到的压力；

　　　P_2——仪表系统显示的压力，大小与 P_1 相等；

　　　H——被测液位（罐底到液体表面）；

　h_0、h_1——罐底到传感器、传感器到液位距离，二者之和为 H。

此投入式传感器安装方便，适用于几米到几十米混有大量污物、杂质的水或其他液体的液位测量。

电阻应变片的应用场景非常广泛，几乎所有涉及机械运动、动力学方面相关的参数指标测量，都可采用电阻应变片实现，诸如：自动化生产线上的称重、供料、包装等环节；机械臂、机器人握力与转矩测量等；车辆与飞行器等的风洞模拟测试；空间多维力与力矩的测量；军工领域及航空航天设备的试制与应用；建筑结构中桥梁、钢架、大型结构件（桥墩、路基、砼构

件）的结构健康监测与振动测试；生物医学工程领域、农业林业设备应用、各种相关的科研实验；等等。

 思考题与习题

（1）电阻应变式传感器的工作原理是什么？电阻应变片的种类有哪些？各有何特点？

（2）试分析差动测量电路在电阻应变式传感器测量中的优点。简述电阻应变片温度误差的引发原因及温度补偿方法。

（3）将 200Ω 电阻应变片贴在弹性试件上，试件截面积 $A=0.4\times10^{-4}\text{m}^2$，弹性模量 $E=2.5\times10^{11}\text{N/m}^2$，若由 $5\times10^4\text{N}$ 的拉力引起电阻变化为 2Ω，求该电阻应变片的灵敏系数。

（4）一个量程为 20kN 的筒式力传感器，其弹性元件为薄壁圆筒，轴向受力，外径 25mm，内径 20mm，在其表面粘贴 8 个电阻应变片，4 个沿轴向粘贴，4 个沿周向（径向）粘贴，电阻应变片的电阻值均为 200Ω，灵敏度为 2.0，泊松比为 0.3，材料弹性模量为 $2.5\times10^{11}\text{N/m}^2$。

① 绘出弹性元件贴片位置及全桥电路；

② 当桥路的供电电压为 12V 时，计算桥路的输出电压；

③ 在满量程时，计算传感器各电阻应变片的阻值变化。

（5）某测重力的等强度悬臂梁，受到重力（向下的拉力）$1\times10^5\text{N}$，力的作用面积为 $A=0.5\times10^{-4}\text{m}^2$，$E=4\times10^{11}\text{N/m}^2$。将金属电阻应变片（灵敏系数 $K=4$）贴装在梁上，连接成电桥电路，电源电压 $U=10\text{V}$。问：

① 单臂电桥输出电压值（不需要考虑温度影响）是多少？是否存在非线性误差？

② 如果应变片贴装为差动半桥输出，输出电压、非线性误差又是多少？

（6）设电阻应变片 R_1 的灵敏系数 $K=2.0$，未受应变时，$R_1=150\Omega$。当试件受力 F 时，电阻应变片承受平均应变值 $\varepsilon=500\mu\text{m/m}$。

① 求电阻应变片的电阻变化量 ΔR_1 和电阻相对变化量 $\Delta R_1/R_1$；

② 将电阻应变片 R_1 置于单臂测量电桥，电桥电源电压为直流 3V，求电桥输出电压及其非线性误差；

③ 如果要减小非线性误差，应采取何种措施？分析其电桥输出电压及非线性误差的大小。

（7）电阻式传感器电桥中，负载电阻为无穷大，$E=8\text{V}$，$R_1=R_2=R_3=R_4=120\Omega$。计算分析：

① 若 R_1 为应变片，灵敏度 1.5，其余为外接电阻。R_1 贴在弹性试件上，试件横截面积 $A=5\times10^{-5}\text{m}^2$，弹性模量 $E=8\times10^{10}\text{N/m}^2$，若受到 $1.2\times10^5\text{N}$ 拉力的作用，电桥输出电压 U_o 是多少？

② 假定此为 4 只规格型号相同且属于同一批次的应变片，用于等强度梁式传感器测力系统中，要求用 2 只电阻应变片来测量被测参数，另 2 只实现温度补偿但不产生应变，画出 4 只应变片在悬臂梁上的粘贴位置及测量电桥。

第 4 章

电容式传感器

 本章思维导图

本书配套资源

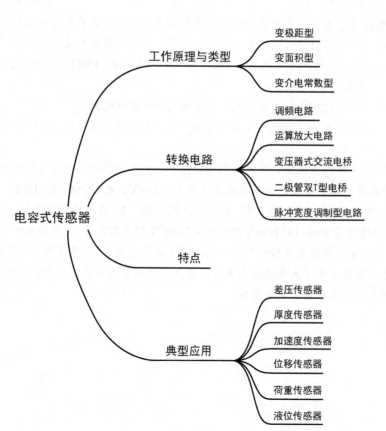

📚 **本章学习目标**

> （1）掌握电容式传感器的分类；
> （2）掌握平板形与圆筒形电容式传感器的电容量计算；
> （3）掌握变面积型、变介电常数型、变极距型电容式传感器的测量原理；
> （4）掌握变极距型电容式传感器的灵敏度及非线性误差分析方法；
> （5）掌握电容式传感器的转换电路；
> （6）了解电容式传感器的典型应用。

　　工程中对各种各样信号进行检测的仪表，其核心都是传感器，电阻、电容、电感是常见的三种基本电学元件，而电阻式传感器、电容式传感器、电感式传感器是三大类传感器。

　　本章介绍的电容式传感器是将被测量的变化转换为电容量变化的一种装置，实质上就是一个具有可变参数的电容器。电容式传感器在社会生活领域也有广泛的应用，如手机触摸屏等。

　　电容式传感器具有结构简单、动态响应快、易实现非接触测量等优点，但它存在着易受干扰和分布电容影响等缺点。随着电子技术的发展，这些缺点得以克服，并开发出集成电容式传感器等，在压力、位移、加速度、液位、成分含量等测量中应用广泛。

4.1　工作原理与类型

　　电容式传感器的基本原理以图 4-1 所示平板电容式传感器来说明。当忽略边缘效应时，其电容 C 为

$$C = \frac{\varepsilon A}{d} = \frac{\varepsilon_r \varepsilon_0 A}{d} \tag{4-1}$$

式中　A——极板相对覆盖面积，m^2；

　　　d——极板间距离，m；

　　　ε_r——相对介电常数；

　　　ε_0——真空介电常数，其值为 8.85×10^{-12} F/m；

　　　ε——电容极间介质的介电常数，F/m，有 $\varepsilon = \varepsilon_r \varepsilon_0$。

　　式（4-1）中，A、d 和 ε_r 中的某一项或几项有变化时，就造成了电容 C 变化，这可以反映线位移或角位移的变化，也可以间接反映压力、加速度等的变化；ε_r 的变化则可反映液面高度、材料厚度、位置等的变化，还可以测量湿度、辨别材料等。

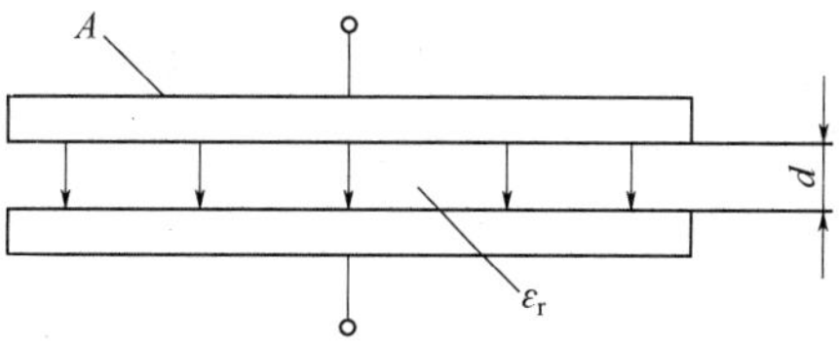

图 4-1　平板电容式传感器的结构

　　实际应用时，常常仅改变 d、A 和 ε_r 中的一个参数来使 C 发生变化。所以电容式传感器可分为 3 种基本类型：变极距（变间隙）型、变面积型和变介电常数型。

4.1.1　变极距型电容式传感器

变极距型电容式传感器结构如图 4-2 所示，特性曲线（非线性关系）如图 4-3 所示。当动极板受被测物体作用而上下位移时，改变了两极板之间的距离 d_0，从而使电容量发生变化。其电容变化量 ΔC 为

$$\Delta C = C - C_0 = \frac{\varepsilon A}{d_0 - \Delta d} - \frac{\varepsilon A}{d_0} = \frac{\varepsilon A}{d_0} \times \frac{\Delta d}{d_0 - \Delta d} = C_0 \frac{\Delta d}{d_0 - \Delta d} \qquad （4\text{-}2）$$

式中　Δd——改变的距离。

由式（4-2）可知，ΔC 与 Δd 不是线性关系。但是，若 $\Delta d/d_0 \ll 1$ 时，式（4-2）可简化为

$$\Delta C = C_0 \frac{\Delta d}{d_0} \qquad （4\text{-}3）$$

如图 4-3 中，即使相同的极板间距离改变（$\Delta d_1 = \Delta d_2$），电容变化量也不同（$\Delta C_1 > \Delta C_2$），说明平板式变极距型电容式传感器在不同位置的灵敏度不同（$K_1 > K_2$）。此时，ΔC 与 Δd 为非线性关系，所以变极距型电容式传感器只有在 $\Delta d/d_0$ 很小时，才有近似的线性关系。

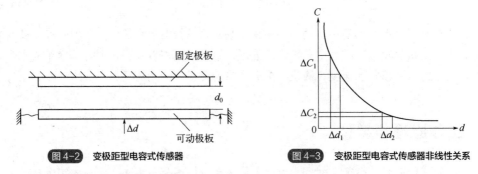

图 4-2　变极距型电容式传感器　　　　图 4-3　变极距型电容式传感器非线性关系

一般变极距型电容式传感器的起始电容在 20～100pF，极板间距离在 25～200μm，最大位移应小于间距的 1/10，故在微位移测量中应用较广。

此外，在 d_0 较小时，同样的 Δd 变化引起的 ΔC 比较大，从而使传感器灵敏度提高。但 d_0 过小，容易引起电容器击穿或短路。因此，极板间可采用高介电常数的材料（云母片、塑料膜等）作介质，云母片的相对介电常数是空气的 5～8 倍，其击穿电压不小于 1000kV/mm，而空气的击穿电压仅为 3kV/mm。因此有了云母片，极板间初始距离可大大减小。

例 4-1：电容式传感器初始极板间隙（距离）$d_0 = 1.2\text{mm}$，初始电容量为 118pF，外力作用使极板间隙减少 0.02mm。求：

① 该测微传感器测得的电容量为多少？

② 若原初始电容式传感器在外力作用下，引起间隙变化，测得电容量为 108pF，则极板间隙变化了多少？变化方向又是如何？

解：①根据题意，由式（4-2）可得

$$C = C_0 + \Delta C = \frac{\varepsilon A}{d_0 - \Delta d} = \frac{\varepsilon A}{d_0} \times \frac{d_0}{d_0 - \Delta d}$$

$$= C_0 \frac{d_0}{d_0 - \Delta d} = 118 \times \frac{1.20}{1.20 - 0.02} = 120\text{pF}$$

② 由电容值从 118pF 减小为 108pF，可知极距由 d_0 增加至 $d_0+\Delta d$。

$$C = C_0 - \Delta C = \frac{\varepsilon A}{d_0 + \Delta d} = \frac{\varepsilon A}{d_0} \times \frac{d_0}{d_0 + \Delta d}$$

$$= C_0 \frac{d_0}{d_0 + \Delta d} = 118 \times \frac{1.20}{1.20 + \Delta d} = 108\text{pF}$$

$$\Delta d = 0.111\text{mm}$$

即间隙增加了 0.111mm。

针对灵敏度指标，考虑单位距离改变引起的电容量的相对变化，定义变极距型电容式传感器的灵敏度为

$$K = \frac{\Delta C / C}{\Delta d} \tag{4-4}$$

下面推导灵敏度与非线性指标。

变极距型电容式传感器在测量前，其值为 C_0，当测量某位移量，其极距由 d_0 变化为 $d_0-\Delta d$（二极板接近），于是

$$C = \frac{\varepsilon A}{d} = \frac{\varepsilon A}{d_0 - \Delta d} \tag{4-5}$$

则有

$$C = C_0 + \Delta C = \frac{\varepsilon A}{d_0 - \Delta d} = \frac{\varepsilon A}{d_0} \times \frac{d_0}{d_0 - \Delta d} = C_0 \frac{1}{1 - \Delta d / d_0} \tag{4-6}$$

$$C = C_0 \left[1 + \frac{\Delta d}{d_0} + \left(\frac{\Delta d}{d_0} \right)^2 + \left(\frac{\Delta d}{d_0} \right)^3 + \cdots \right] \tag{4-7}$$

$$\Delta C = C_0 \left[\frac{\Delta d}{d_0} + \left(\frac{\Delta d}{d_0} \right)^2 + \left(\frac{\Delta d}{d_0} \right)^3 + \cdots \right] \tag{4-8}$$

类似的，当测量中两极板远离时有

$$C = \frac{\varepsilon A}{d} = \frac{\varepsilon A}{d_0 + \Delta d} \tag{4-9}$$

则有

$$C = C_0 - \Delta C = \frac{\varepsilon A}{d_0 + \Delta d} = \frac{\varepsilon A}{d_0} \times \frac{d_0}{d_0 + \Delta d} = C_0 \frac{1}{1 + \Delta d / d_0} \tag{4-10}$$

$$C = C_0 \left[1 - \frac{\Delta d}{d_0} + \left(\frac{\Delta d}{d_0} \right)^2 - \left(\frac{\Delta d}{d_0} \right)^3 + \cdots \right] \tag{4-11}$$

$$\Delta C = C_0 \left[\frac{\Delta d}{d_0} - \left(\frac{\Delta d}{d_0} \right)^2 + \left(\frac{\Delta d}{d_0} \right)^3 - \cdots \right] \tag{4-12}$$

综合上面两种情况：

$$\Delta C = C_0 \frac{\Delta d}{d_0} \left[1 \pm \frac{\Delta d}{d_0} + \left(\frac{\Delta d}{d_0}\right)^2 \pm \left(\frac{\Delta d}{d_0}\right)^3 + \cdots \right] \tag{4-13}$$

所以，变极距型电容式传感器，当 $\Delta d/d_0 \ll 1$，灵敏度为

$$K = \frac{\Delta C / C_0}{\Delta d} \left[1 \pm \frac{\Delta d}{d_0} + \left(\frac{\Delta d}{d_0}\right)^2 \pm \left(\frac{\Delta d}{d_0}\right)^3 + \cdots \right] \tag{4-14}$$

忽略高次项，有

$$K = \frac{\Delta C / C_0}{\Delta d} = \frac{1}{d_0} \tag{4-15}$$

在式（4-14）中，$\Delta d/d_0$ 为线性项，$(\Delta d/d_0)^2$ 为二次项，是第一个，也是最大的非线性项，即

$$\frac{\Delta C}{C_0} = \frac{\Delta d}{d_0} \left(1 + \frac{\Delta d}{d_0} \right) = \frac{\Delta d}{d_0} + \left(\frac{\Delta d}{d_0}\right)^2 \tag{4-16}$$

式（4-16）中的二次项是线性化处理时的误差项，即传感器的非线性误差为

$$\gamma = \frac{\left| \left(\dfrac{\Delta d}{d_0}\right)^2 \right|}{\left| \dfrac{\Delta d}{d_0} \right|} \times 100\% = \left| \frac{\Delta d}{d_0} \right| \times 100\% \tag{4-17}$$

讨论：

① 欲提高灵敏度，应减小间隙 d_0，但受电容器击穿电压的限制；

② 非线性随相对位移的增加而增加，为保证一定的线性度，应限制动极板的相对位移量 $\Delta d/d_0 = 0.02 \sim 0.1$。

变极距型电容式传感器存在着非线性，所以实际应用中，为了改善非线性、提高灵敏度和减小外界因素（如电源电压、环境温度）的影响，常常做成差动结构或采用适当的测量电路来改善其非线性。

差动变极距型电容式传感器如图 4-4 所示，中间的极板为动极板，在动极板上下移动的过程中，电容 C_1、C_2 一个变大，另一个变小，形成差动形式，采用差动结构（$\Delta d/d_0 \ll 1$）的电容式传感器，灵敏度推导如下：

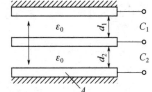

图 4-4　变极距型电容式传感器的差动结构

$$C_1 = \frac{C_0}{1 - \Delta d / d_0} = C_0 \left[1 + \frac{\Delta d}{d_0} + \left(\frac{\Delta d}{d_0}\right)^2 + \left(\frac{\Delta d}{d_0}\right)^3 + \cdots \right] \tag{4-18}$$

$$C_2 = \frac{C_0}{1 + \Delta d / d_0} = C_0 \left[1 - \frac{\Delta d}{d_0} + \left(\frac{\Delta d}{d_0}\right)^2 - \left(\frac{\Delta d}{d_0}\right)^3 + \cdots \right] \tag{4-19}$$

$$\Delta C = C_1 - C_2 = \Delta C_1 + \Delta C_2 = 2 C_0 \frac{\Delta d}{d_0} \left[1 + \left(\frac{\Delta d}{d_0}\right)^2 + \left(\frac{\Delta d}{d_0}\right)^4 + \cdots \right] \tag{4-20}$$

$$K = \frac{\Delta C / C_0}{\Delta d} = 2\frac{1}{d_0}\left[1+\left(\frac{\Delta d}{d_0}\right)^2+\left(\frac{\Delta d}{d_0}\right)^4+\cdots\right] \tag{4-21}$$

忽略高次项，有

$$K = \frac{\Delta C / C_0}{\Delta d} = \frac{2}{d_0} \tag{4-22}$$

可见采用差动结构后，传感器的灵敏度增加为原来的 2 倍。

同时，采用差动处理后，电容式传感器的非线性误差，由式（4-21）可知：

$$\frac{\Delta C}{C_0} = \frac{2\Delta d}{d_0}\left[1+\left(\frac{\Delta d}{d_0}\right)^2+\left(\frac{\Delta d}{d_0}\right)^4+\cdots\right] \tag{4-23}$$

只考虑其前两项，即线性项和三次项，将三次项作为误差项，忽略更高次的非线性项，则此时的相对非线性误差为

$$\gamma = \frac{\left|2\left(\Delta d / d_0\right)^3\right|}{\left|2\left(\Delta d / d_0\right)\right|}\times 100\% = \left|\frac{\Delta d}{d_0}\right|^2\times 100\% \tag{4-24}$$

可见，与基本变极距型电容式传感器相比，采用差动结构前后，电容式传感器的非线性误差也得到明显改善，非线性误差转化为 $\Delta d/d_0$ 的二次方关系，于是大为降低，非线性指标明显改善。差动式传感器实际应用较多，通常用于微小位移的测量。

4.1.2　变面积型电容式传感器

（1）平板形直线位移式

图 4-5 所示为变面积型电容式传感器原理图。被测量变化导致动极板移动，引起两极板间有效覆盖面积 S 的变化，从而得到电容量的变化。当动极板相对于定极板沿着长度方向平移 Δx 时，其电容变化量为

$$\Delta C = \frac{\varepsilon A}{d} - \frac{\varepsilon A_1}{d} = \frac{\varepsilon\left(A - A_1\right)}{d} = \frac{\varepsilon\Delta A}{d} = \frac{\varepsilon_0\varepsilon_{\mathrm{r}}b\Delta x}{d} \tag{4-25}$$

式中　A——矩形极板面积，$A=ab$，a 为极板长度，b 为极板宽度；

　　　d——两片极板之间的距离；

　　　A_1——极板移动后两片极板交叠形成的理想电容的面积；

　　　ΔA——电容面积改变量，$\Delta A = A - A_1$；

　　　Δx——极板水平位移。

由式（4-25）可见，ΔC 与 Δx 间呈线性关系。

此时的电容量 C 为

$$C = \frac{\varepsilon b\left(a - \Delta x\right)}{d} = C_0 - \frac{\varepsilon b}{d}\Delta x \tag{4-26}$$

电容的变化量为

$$\Delta C = C - C_0 = -\frac{\varepsilon b}{d}\Delta x \tag{4-27}$$

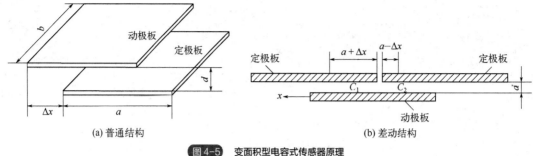

(a) 普通结构　　　　　　　　　　　　　　　(b) 差动结构

图 4-5　变面积型电容式传感器原理

电容式传感器的灵敏度为

$$K = \frac{\Delta C / C_0}{\Delta x} = -\frac{1}{a} \tag{4-28}$$

如图 4-5（b）所示，动极板向左位移了 Δx 时，动极板与两块定极板的极距 d 保持不变，但与左边定极板的投影长度增加到 $a+\Delta x$，两者之间的投影面积增大，电容 C_1 也随之增大。与此同时，动极板与右边定极板之间的投影长度减小到 $a-\Delta x$，电容 C_2 减小，构成差动关系。同样，差动结构的灵敏度是普通结构的 2 倍，为 $-2/a$，但是差动结构中非线性指标没有变化，始终为线性输出。

（2）半圆形角位移式

图 4-6 为半圆形角位移式变面积型电容式传感器，动极板可旋转形成角位移。设两极板初始重叠角度为 π，初始重叠面积为 A_0，动极板随被测物体带动产生一个角位移 θ，两个极板的重叠面积 A 为

$$A = A_0 \left(1 - \frac{\theta}{\pi}\right) \tag{4-29}$$

因而电容量随之减小。此时的电容量 C 为

$$C = \frac{\varepsilon A_0}{d} \left(1 - \frac{\theta}{\pi}\right) \tag{4-30}$$

由上面的分析可知，变面积型电容式传感器的电容改变与角位移量的变化呈线性关系。与变极距型相比，适用于较大角位移及直线位移（转换为角位移）的测量。

在实际应用中，角位移测量用的差动结构如图 4-6（c）所示。此时采用差动结构可以提高灵敏度，但非线性指标没有变化，始终为线性输出。

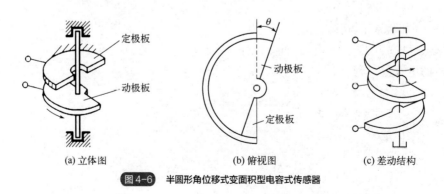

(a) 立体图　　　　　　　　　(b) 俯视图　　　　　　　　　(c) 差动结构

图 4-6　半圆形角位移式变面积型电容式传感器

例 4-2: 如图 4-6 所示，变面积型电容式传感器，用于测量旋转轴的角位移。

① 写出传感器输出 C_1 随角度 θ 变化的表达式，以及传感器输出的灵敏度 K_1（$=\mathrm{d}C_1/\mathrm{d}\theta$）。

② 将此传感器改进为差动结构，推导此时传感器输出的灵敏度 $K_{差动}$（$=\mathrm{d}\Delta C/\mathrm{d}\theta$）。

③ 说明改进为差动结构后的优点，在改进后非线性误差指标是否有改善，并分析原因。

解： ①分析工作原理：$\theta=0$ 时是初始位置，令 $C_1=\dfrac{\varepsilon_0 S_0}{d}=C_0$（$C_0$ 为常数，S_0 是半圆平板面积）。

轴产生转动，角位移为 θ，在 $0\leqslant\theta\leqslant\pi$ 时，有

$$C_1=\frac{\pi-\theta}{\pi}\times\frac{\varepsilon_0 S_0}{d}=\frac{\pi-\theta}{\pi}C_0$$

此时灵敏度为

$$K_1=\frac{\mathrm{d}C_1}{\mathrm{d}\theta}=\frac{\mathrm{d}\left[C_0\left(\pi-\theta\right)/\pi\right]}{\mathrm{d}\theta}=-\frac{C_0}{\pi}$$

② 根据上一步 $C_1=\dfrac{\pi-\theta}{\pi}\times\dfrac{\varepsilon_0 S_0}{d}=\dfrac{\pi-\theta}{\pi}C_0$，且 $C_2=\dfrac{\theta}{\pi}\times\dfrac{\varepsilon_0 S_0}{d}=\dfrac{\theta}{\pi}C_0$，差动电容为

$$\Delta C=C_1-C_2=\frac{\pi-2\theta}{\pi}\times\frac{\varepsilon_0 S_0}{d}=\frac{\pi-2\theta}{\pi}C_0$$

此时灵敏度为

$$K_{差动}=\frac{\mathrm{d}\Delta C}{\mathrm{d}\theta}=\frac{\mathrm{d}\left[C_0\left(\pi-2\theta\right)/\pi\right]}{\mathrm{d}\theta}=-\frac{2C_0}{\pi}$$

③ 改进为差动结构后，优点是：传感器输出灵敏度变为 2 倍，$|K_{差动}|=2|K_1|$。

因为从前面 C_1 与 ΔC 的表达式中，发现电容式传感器输出值与角位移 θ 是严格的线性关系。两种情况下，非线性误差均为 0，所以差动结构中，非线性误差指标未改进。

（3）圆筒形直线位移式

图 4-7 是同心圆筒形直线位移式变面积型电容式传感器，外圆筒不动，内圆筒在外圆筒内做上、下直线运动。设内、外圆筒的半径分别为 R、r，内、外圆筒原来的重叠长度为 h_0。该传感器的初始电容 C_0 为

$$C_0=\frac{2\pi\varepsilon h_0}{\ln\left(R/r\right)} \tag{4-31}$$

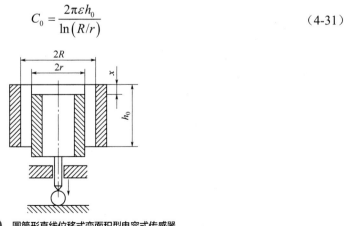

图 4-7　圆筒形直线位移式变面积型电容式传感器

当内筒向下产生位移 x 后，两个同心圆筒的重叠面积减小，引起电容量随之减小。此时的

电容量 C_x 为

$$C_x = \frac{2\pi\varepsilon(h_0 - x)}{\ln(R/r)} = C_0\left(1 - \frac{x}{h_0}\right) \tag{4-32}$$

虽然变面积型电容式传感器具有良好的线性关系，但平板形结构对极距变化特别敏感，测量准确度易受到影响，而圆柱形结构受极板径向变化的影响很小，成为实际中较常采用的结构。

4.1.3 变介电常数型电容式传感器

因为各种介质的相对介电常数不同，所以在电容器两极板间插入不同介质时，电容器的电容量也就不同。利用这种原理制作的电容式传感器称为变介电常数型电容式传感器，它们常用来检测片状材料的厚度和性质、颗粒状物体的含水量以及测量液体的液位等。表 4-1 列出了几种常用气体、液体、固体介质的相对介电常数。

表 4-1 几种介质的相对介电常数

介质名称	相对介电常数	介质名称	相对介电常数
真空	1	玻璃釉	3～5
空气	略大于1	SiO_2	3～8
其他气体	1～1.2	云母	5～8
变压器油	2～4	干的纸	2～4
硅油	2～3.5	干的谷物	3～5
聚丙烯	2～2.2	环氧树脂	3～10
聚苯乙烯	2.4～2.6	高频陶瓷	10～160
聚四氟乙烯	2.0	低频陶瓷、压电陶瓷	1000～10000
聚偏二氟乙烯	3～5	纯净的水	80

变介电常数型电容式传感器样式有平板结构与圆筒结构。这种传感器大多用来测量电介质的厚度、位移、液位、液量，还可根据极间介质的介电常数随温度、湿度、容量改变而改变来测量温度、湿度、容量等，详述如下。

（1）平板结构

平板结构变介电常数型电容式传感器如图 4-8 所示，由于在两极板之间所加介质的分布位置不同，可分为串联、并联和复杂结构。

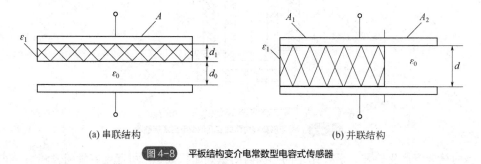

(a) 串联结构　　　　　　　　　　　　(b) 并联结构

图 4-8 平板结构变介电常数型电容式传感器

①　串联结构。对于串联结构，可认为是上下两个不同介质的电容式传感器的串联（ε_1 为介质的相对介电常数），此时

$$C_1 = \frac{\varepsilon_0 \varepsilon_1 A}{d_1} \tag{4-33}$$

$$C_2 = \frac{\varepsilon_0 A}{d_0} \tag{4-34}$$

总的电容值为

$$C = \frac{C_1 C_2}{C_1 + C_2} = \frac{\varepsilon_0 \varepsilon_1 A}{\varepsilon_1 d_0 + d_1} \tag{4-35}$$

当未加入介质 ε_1 时的初始电容为

$$C_0 = \frac{\varepsilon_0 A}{d_0 + d_1} \tag{4-36}$$

介质改变后的电容增量为

$$\Delta C = C - C_0 = C_0 \frac{\varepsilon_1 - 1}{\varepsilon_1 \dfrac{d_0}{d_1} + 1} \tag{4-37}$$

可见，介质改变后的电容增量与所加介质的相对介电常数 ε_1 呈非线性关系。

②　并联结构。对于并联结构，可认为是左右两个不同介质 ε_1 与 ε_0 的电容式传感器的并联，此时

$$C_1 = \frac{\varepsilon_0 \varepsilon_1 A_1}{d} \tag{4-38}$$

$$C_2 = \frac{\varepsilon_0 A_2}{d} \tag{4-39}$$

总的电容值为

$$C = C_1 + C_2 = \frac{\varepsilon_0 \varepsilon_1 A_1 + \varepsilon_0 A_2}{d} \tag{4-40}$$

当未加入介质 ε_1 时的初始电容为

$$C_0 = \frac{\varepsilon_0 (A_1 + A_2)}{d} \tag{4-41}$$

介质改变后的电容增量为

$$\Delta C = C - C_0 = \frac{\varepsilon_0 A_1 (\varepsilon_1 - 1)}{d} \tag{4-42}$$

可见，介质改变后的电容增量与所加介质的相对介电常数 ε_1 呈线性关系。

例 4-3：一个用于位移测量的电容式传感器，如图 4-8（b）所示，两个极板是边长为 5cm 的正方形，间距为 1mm，气隙中恰好放置一个边长为 5cm、厚度为 1mm、相对介电常数 ε_1 为 4 的正方形介质板，该介质板可在气隙中自由滑动。试计算当输入位移（即介质板向某一方向移出极板相互覆盖部分的距离）分别为 0cm、2.5cm、5.0cm 时，该传感器的输出电容值各为多少。

解： 由题意可知，两个电容式传感器并联，其中，真空介电常数 $\varepsilon_0 = 8.85 \times 10^{-12} \text{F/m}$。

① 输入位移为 0cm，两极板之间有介质，其介电常数为 $\varepsilon_1\varepsilon_0$，由式（4-1）可得此时的电容 C 值为

$$C = \frac{\varepsilon_0\varepsilon_1 A}{d} = \frac{8.85 \times 10^{-12} \times 4 \times 5^2 \times 10^{-4}}{1 \times 10^{-3}} = 88.4\text{pF}$$

② 输入位移为 2.5cm 时，此时电容量可以看成两个电容式传感器并联，由式（4-40）可得

$$C = C_1 + C_2 = \frac{\varepsilon_0\varepsilon_1 A_1}{d} + \frac{\varepsilon_0 A_2}{d} = \frac{8.85 \times 10^{-12} \times 4 \times (2.5 \times 5) \times 10^{-4}}{1 \times 10^{-3}} + \frac{8.85 \times 10^{-12} \times (2.5 \times 5) \times 10^{-4}}{1 \times 10^{-3}}$$

$$= 44.3 + 11.1 = 55.4\text{pF}$$

③ 输入位移为 5cm 时，介质板完全离开电容式传感器的两个极板，此时两极板之间的介电常数为 ε_0，电容量为

$$C_1 = \frac{\varepsilon_0 A}{d} = \frac{8.85 \times 10^{-12} \times 5^2 \times 10^{-4}}{1 \times 10^{-3}} = 22.1\text{pF}$$

③ 复杂结构。一种更为复杂的结构如图 4-9 所示，即平板形线位移传感器，被测线位移部分是左右平动的电介质板状材料（介电常数 ε），其位移大小为 l_x，传感器的电容量与被测位移的关系为

$$C = \frac{b(a - l_x)}{d/\varepsilon_0} + \frac{bl_x}{(d - d_x)/\varepsilon_0 + d_x/\varepsilon} \tag{4-43}$$

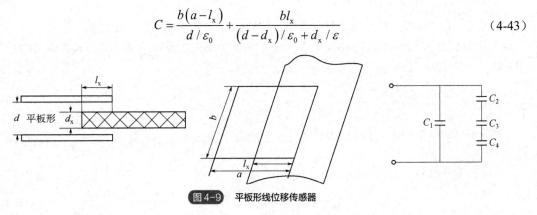

图 4-9　平板形线位移传感器

例 4-4： 如图 4-9 所示，固定极板长度 $a=10\text{mm}$，宽度 $b=10\text{mm}$，被测物进入两极板间的长度 $l_x=5\text{mm}$，两固定极板间的距离 $d=6\text{mm}$，被测物的厚度 $d_x=2\text{mm}$，被测物相对介电常数 ε_r 为 2，空气的介电常数视为真空介电常数 $\varepsilon_0=8.85 \times 10^{-12} \text{F/m}$。求传感器电容量是多少？

解：

$$C_1 = \frac{\varepsilon_0(a - l_x)b}{d} = \frac{8.85 \times 10^{-12} \times 5 \times 10^{-3} \times 10 \times 10^{-3}}{6 \times 10^{-3}} = 7.38 \times 10^{-14}\text{F}$$

$$C_2 = C_4 = \frac{\varepsilon_0 l_x b}{(d - d_x)/2} = \frac{8.85 \times 10^{-12} \times 5 \times 10^{-3} \times 10 \times 10^{-3}}{2 \times 10^{-3}} = 2.21 \times 10^{-13}\text{F}$$

$$C_3 = \frac{\varepsilon_r\varepsilon_0 l_x b}{d_x} = \frac{2 \times 8.85 \times 10^{-12} \times 5 \times 10^{-3} \times 10 \times 10^{-3}}{2 \times 10^{-3}} = 4.42 \times 10^{-13}\text{F}$$

$$\frac{1}{C_{\text{右}}} = \frac{1}{C_2} + \frac{1}{C_3} + \frac{1}{C_4}, \quad C_{\text{右}} = 8.84 \times 10^{-14}\text{F}$$

$$C = C_{\text{右}} + C_1 = 7.38 \times 10^{-14} + 8.84 \times 10^{-14} = 1.622 \times 10^{-13}\text{F}$$

（2）圆筒结构

图 4-10 为圆筒结构变介电常数型电容式传感器用于测量液位高低的结构原理图。设被测介质的介电常数为 ε_1，液面高度为 h，变换器总高度为 H，内筒外径为 d，外筒内径为 D（d 与 D 半径为 r_1 与 r_2），此时相当于两个电容器的并联，对于筒式电容器，如果不考虑端部的边缘效应，当未注入液体时的初始电容为

$$C_0 = \frac{2\pi\varepsilon_0 H}{\ln(D/d)} \tag{4-44}$$

总电容量为

$$C = \frac{2\pi\varepsilon_0(H-h)}{\ln(D/d)} + \frac{2\pi\varepsilon_1 h}{\ln(D/d)} = \frac{2\pi\varepsilon_0 H}{\ln(D/d)} + \frac{2\pi(\varepsilon_1-\varepsilon_0)h}{\ln(D/d)} = C_0 + kh \tag{4-45}$$

在这种情况下，形成电容式传感器的两极是外圆筒的内侧与内圆筒的外侧。可见，电容改变量 ΔC 与被测液位高度 h 呈线性关系。

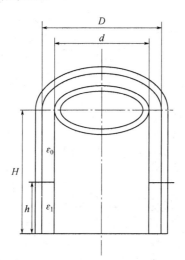

图 4-10 圆筒结构变介电常数型电容式传感器

例 4-5： 某电容式传感器由直径为 40mm 和 8mm 的两个同心圆柱体组成。储存罐也是圆柱形，直径为 50cm，高为 1.2m。被储存液体的 ε_r=2.1。计算传感器的最小电容和最大电容以及当用在储存罐内时传感器的灵敏度（pF/L）。

解：

$$C_{\min} = \frac{2\pi\varepsilon_0 H}{\ln(r_2/r_1)} = \frac{2\times\pi\times 8.85\times 1.2}{\ln 5} = 41.46\text{pF}$$

$$C_{\max} = \frac{2\pi\varepsilon_r\varepsilon_0 H}{\ln(r_2/r_1)} = \frac{2\times\pi\times 2.1\times 8.85\times 1.2}{\ln 5} = 87.07\text{pF}$$

$$V = \frac{\pi d^2}{4}H = \frac{\pi\times 0.5^2}{4}\times 1.2 = 235.6\text{L}$$

$$K = \frac{C_{\max}-C_{\min}}{V} = \frac{87.07-41.46}{235.6} = 0.19\text{pF/L}$$

例4-6： 如图4-11，平板电容式传感器极板间介质为空气，极板面积 $S = a \times a = (2 \times 2)\text{cm}^2$，间隙 $d_0 = 0.1\text{mm}$，试求传感器初始电容值。若由于装配关系，两极板间不平行，一侧间隙为 d_0，而另一侧间隙为 $d_0 + b (b = 0.01\text{mm})$，求此时传感器电容值。

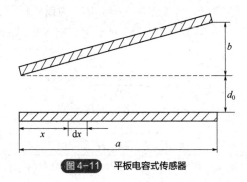

图 4-11　平板电容式传感器

解： 初始电容值为

$$C_0 = \varepsilon S / d = (\varepsilon_0 \varepsilon_r S) / d_0 = \left(8.85 \times 10^{-12} \times 2 \times 2 \times 10^{-4}\right) / \left(1 \times 10^{-4}\right) = 35.4\text{pF}$$

其中，$\varepsilon_0 = 8.85 \times 10^{-12}\,\text{pF} / \text{m}$；$\varepsilon_r = 1$。

如图 4-11 所示，两极板不平行时，传感器电容值为

$$C = \int_0^a \frac{\varepsilon_0 \varepsilon_r a}{d_0 + \dfrac{bx}{a}} \mathrm{d}x$$

$$= \int_0^a \frac{\varepsilon_0 \varepsilon_r a}{d_0 + \dfrac{bx}{a}} \times \frac{a}{b} \mathrm{d}\left(\frac{bx}{a} + d_0\right)$$

$$= \frac{\varepsilon_0 \varepsilon_r a^2}{b}\left[\ln\left(\frac{ba}{a} + d_0\right) - \ln d_0\right]$$

$$= \frac{\varepsilon_0 \varepsilon_r a^2}{b}\ln\left(\frac{b}{d_0} + 1\right)$$

$$= \frac{8.85 \times 10^{-12} \times 2 \times 2 \times 10^{-4}}{1 \times 10^{-5}}\ln\left(\frac{0.01}{0.1} + 1\right) = 33.74\text{pF}$$

例4-7： 如图 4-12 所示，圆筒形金属容器中心放置一个带绝缘套管的圆柱形电极用来测介质液位。绝缘材料介电常数为 ε_1，被测液体介电常数为 ε_2，液面上方气体介电常数为 ε_3，电极各部位尺寸如图 4-12 所示，并忽略底面电容。求：在被测液体为导体及非导体时的两种情况下，分别推导出传感器特性方程 $C_H = f(H)$。

解： ①根据题意画出该测量系统等效电路如图4-12（b）所示。

其中，C_1 和 C_3 分别为绝缘套管在电极上、下两部分形成的电容，C_2 为液面上方气体在容器壁与绝缘套管外表面间形成的电容，C_4 为被测液体在容器壁与绝缘套管外表面间的电容。

根据同心圆筒电容的计算公式可得以上各电容的表达式分别为

$$C_1 = [2\pi\varepsilon_1(L - H)] / \ln(D_1 / d)$$

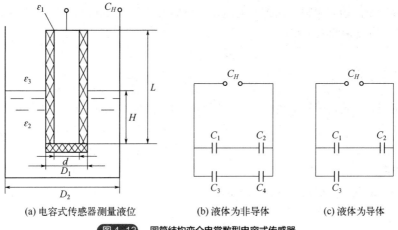

(a) 电容式传感器测量液位　　　(b) 液体为非导体　　　(c) 液体为导体

图 4-12　圆筒结构变介电常数型电容式传感器

$$C_2 = [2\pi\varepsilon_3(L-H)]/\ln(D_2/D_1)$$

$$C_3 = (2\pi\varepsilon_1 H)/\ln(D_1/d)$$

$$C_4 = (2\pi\varepsilon_2 H)/\ln(D_2/D_1)$$

所以

$$\begin{aligned}
C_H &= (C_1 C_2)/(C_1 + C_2) + (C_3 C_4)/(C_3 + C_4) \\
&= [2\pi(L-H)\varepsilon_1\varepsilon_3]/[\varepsilon_1\ln(D_2/D_1) + \varepsilon_3\ln(D_1/d)] \\
&\quad + (2\pi H \varepsilon_1\varepsilon_2)/[\varepsilon_1\ln(D_2/D_1) + \varepsilon_2\ln(D_1/d)] \\
&= A + BH
\end{aligned}$$

其中

$$A = (2\pi\varepsilon_1\varepsilon_3 L)/[\varepsilon_1\ln(D_2/D_1) + \varepsilon_3\ln(D_1/d)]$$

$$B = (2\pi\varepsilon_1\varepsilon_2)/[\varepsilon_1\ln(D_2/D_1) + \varepsilon_2\ln(D_1/d)] \ - (2\pi\varepsilon_1\varepsilon_3)/[\varepsilon_1\ln(D_2/D_1) + \varepsilon_3\ln(D_1/d)]$$

② 当被测液体为导体时，$C_4=0$，等效电路如图 4-12（c）所示。电容 C_1、C_2 和 C_3 的表达式同上，所以

$$\begin{aligned}
C_H &= (C_1 C_2)/(C_1 + C_2) + C_3 \\
&= [2\pi\varepsilon_1\varepsilon_3(L-H)]/[\varepsilon_1\ln(D_2/D_1) + \varepsilon_3\ln(D_1/d)] + (2\pi\varepsilon_1 H)/\ln(D_1/d) \\
&= A' + B'H
\end{aligned}$$

其中

$$A' = (2\pi\varepsilon_1\varepsilon_3 L)/[\varepsilon_1\ln(D_2/D_1) + \varepsilon_3\ln(D_1/d)]$$

$$B' = (2\pi\varepsilon_1)/\ln(D_1/d) - (2\pi\varepsilon_1\varepsilon_3)/[\varepsilon_1\ln(D_2/D_1) + \varepsilon_3\ln(D_1/d)]$$

4.2　电容式传感器的转换电路

电容式传感器的输出电容值非常小（通常几皮法至几十皮法），因此不便直接显示、记录，更难以传输，为此，需要借助转换电路来检测这一微小的电容量，并转换为与其成正比的电压、电流或频率信号。

常用转换电路：频率调制（调频）电路、运算放大器电路、变压器式交流电桥、二极管双T型电桥、脉冲宽度调制型电路。

4.2.1　调频电路

调频电路把电容式传感器作为振荡器谐振回路的一部分，在这类电路中，电容式传感器接在振荡器槽路中，当传感器电容 C_x 发生改变时，其振荡频率 f 也发生相应变化，实现由电容到频率的转换。由于振荡器的频率受电容式传感器的电容调制，这样就实现了电容-频率的转换，故称为调频电路。

但伴随频率的变化，振荡器输出幅值也往往要改变，为克服后者，在振荡器之后再加入限幅环节。虽然可将此频率作为测量系统的输出量，用以判断被测量的大小，但这时系统是非线性的，而且不易校正。因此，在系统之后可再加入鉴频器，用此鉴频器可调整非线性特征去补偿其他部分的非线性，使整个系统获得线性特征，这时整个系统的输出将为电压或电流等模拟量，如图 4-13 所示。

$$f = \frac{1}{2\pi\sqrt{LC_x}} \tag{4-46}$$

式中　　L——振荡回路的电感；

　　　　C_x——电容式传感器总电容。

假如电容式传感器尚未工作，则 $C_x = C_0$，即为传感器的初始电容值，此时振荡器频率为一个常数 f_0，即

$$f_0 = \frac{1}{2\pi\sqrt{LC_0}} \tag{4-47}$$

其中，$f_0 \geqslant 1\text{MHz}$。

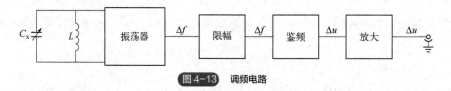

图 4-13　调频电路

当传感器工作时，$C_x = C_0 \pm \Delta C$，ΔC 为电容变化量，则谐振频率相应的改变量为 Δf，即

$$f_0 \mp \Delta f = \frac{1}{2\pi\sqrt{L\left(C_0 \pm \Delta C\right)}} \tag{4-48}$$

振荡输出器的高频电压将是一个受被测信号调制的调频波，其频率由式（4-47）决定。在调频电路中，Δf_{max} 值实际上是决定整个测试系统灵敏度的。

由此可见，当输入量导致传感器电容量发生变化时，振荡器的振荡频率发生变化（Δf），此时虽然频率可以作为测量系统的输出，但系统是非线性的，不易校正，解决的办法是加入鉴频器，将频率的变化转换为振幅的变化（Δu），经过放大后就可以用仪表指示或用记录仪表进行记录。

电容式传感器的调频电路具有以下特点：

① 灵敏度高，可测量 0.01μm 级位移变化量；

② 抗干扰能力强；

③ 性能稳定；

④ 能取得高电平的直流信号（伏特级），易于用数字仪器测量和与计算机接口。

4.2.2　运算放大器电路

运算放大器具有放大倍数大、输入阻抗高的特点，作为电容式传感器的转换电路，如图 4-14 所示，图中 C 代表传感器电容。

由于运算放大器的放大倍数非常高（假设 K 为正无穷），图 4-14 中 "O" 点为 "虚地"，且放大器的输入阻抗很高，运算放大器电路最大特点是能够克服变极距型电容式传感器的非线性。

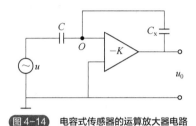

图 4-14　电容式传感器的运算放大器电路

$$u_0 = -\frac{1/(j\omega C_x)}{1/(j\omega C)}u = -\frac{C}{C_x}u \qquad (4\text{-}49)$$

代入 $C_x = \dfrac{\varepsilon A}{d}$ 得：

$$u_0 = -\frac{uC}{\varepsilon A}d \qquad (4\text{-}50)$$

由此可见，输出电压与极板间距呈线性关系。

运算放大器电路的最大特点是可克服变极距型电容式传感器的非线性，使其输出电压与输入位移间呈线性关系。尽管这是在放大倍数 $K = \infty$ 和输入阻抗 $Z_i = \infty$ 的假设下得出的结论，实际上存在一定的非线性误差，但在 K 与 Z_i 足够大时，可忽略其非线性误差。

4.2.3　变压器式交流电桥

将电容式传感器接入交流电桥作为电桥的一个臂，更常见是接入两个相邻臂，构成差动结构。另两臂可以是电阻、电容或电感，也可以是变压器的两个二次绕组，如图 4-15 所示。测量前 $C_{x1} = C_{x2}$，电桥平衡，输出电压 U_o=0。测量时被测量变化使传感器电容值随之改变，电桥失衡，其不平衡输出电压幅值与被测量变化有关，因此通过电桥电路将电容值变化转换成电量变化。

从电桥灵敏度考虑，图 4-15 中，图（a）～（c）所示结构的灵敏度较高，图（d）～（f）所示结构的灵敏度较低。在设计和选择电桥形式时，除了考虑其灵敏度外，还应考虑输出电压是否稳定（即受外界干扰影响大小）、输出电压与电源电压间的相移大小、电源与元件所允许的功率以及结构上是否容易实现等。在实际电桥电路中，还附加有零点平衡调节、灵敏度调节等环节。

电容式传感器可用变压器式交流电桥测量，电路如图 4-16 所示。使用元件最少，桥路内阻最小，因此目前较多采用。该电桥两臂是电源变压器二次绕组，感应电动势为 $U_i/2$，另两臂为传感器的两个电容，容抗分别为 $Z_1 = 1/(j\omega C_1)$ 和 $Z_2 = 1/(j\omega C_2)$，假设电桥所接的放大器的输入阻抗即本电桥的负载，为无穷大，则电桥输出为

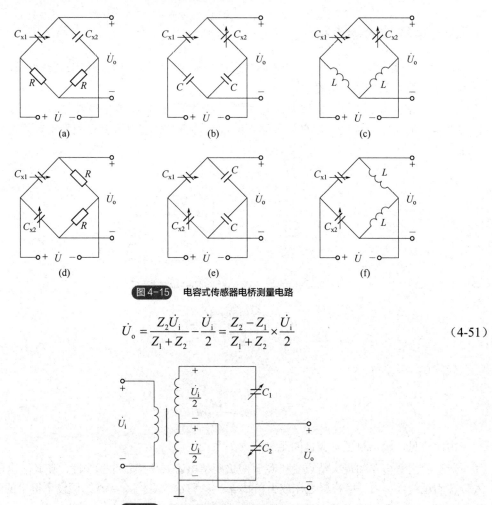

图 4-15　电容式传感器电桥测量电路

$$\dot{U}_o = \frac{Z_2 \dot{U}_i}{Z_1 + Z_2} - \frac{\dot{U}_i}{2} = \frac{Z_2 - Z_1}{Z_1 + Z_2} \times \frac{\dot{U}_i}{2} \tag{4-51}$$

图 4-16　电容式传感器的变压器式交流电桥

将 $Z_1 = 1/(j\omega C_1)$，$Z_2 = 1/(j\omega C_2)$ 代入式（4-51）可得

$$\dot{U}_o = \frac{C_1 - C_2}{C_1 + C_2} \times \frac{\dot{U}_i}{2} \tag{4-52}$$

对于变极距型电容式传感器，则有

$$C_1 = \frac{\varepsilon A}{d_0 \mp \Delta d} \tag{4-53}$$

$$C_2 = \frac{\varepsilon A}{d_0 \pm \Delta d} \tag{4-54}$$

式中　d_0——初始时传感器的极板间距。

则式（4-52）可转化为

$$\dot{U}_o = \pm \frac{\Delta d}{d_0} \times \frac{\dot{U}_i}{2} \tag{4-55}$$

由此可见，在负载（如放大器）输入阻抗极大的情况下，输出电压与位移呈线性关系。

例 4-8： 已知差动式电容式传感器的初始电容 $C_1 = C_2 = 100\text{pF}$，交流信号源电压有效值 $U = 6\text{V}$，频率 $f = 100\text{kHz}$。

① 设计交流不平衡电桥电路，使其输出电压灵敏度最高并画出电路原理图；

② 计算另外两个桥臂的匹配阻抗值；

③ 当传感器电容变化量为 $\pm 10\text{pF}$ 时，求桥路输出电压。

解： ①根据电桥电压灵敏度理论可知，当桥臂比的模 $a = 1$，相角 $\theta = 90°$ 时，桥路输出电压灵敏度最大，设计的交流不平衡电桥电路如图 4-17 所示。

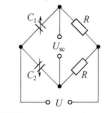

图 4-17 交流不平衡电桥电路

② 另外两个桥臂的匹配阻抗值为

$$R = \left| \frac{1}{j\omega C} \right| = \frac{1}{2\pi f C} = \frac{1}{2\pi \times 10^5 \times 10^{-10}} = 15.9\text{k}\Omega$$

③ 根据差动测量原理及电桥电压公式得交流电桥输出信号电压为

$$U_{sc} = 0.5 \times \frac{|\Delta Z|}{|Z|} U = 0.5 \times \frac{\Delta C}{C} U = 0.5 \times \frac{\pm 10}{100} \times 6 = 0.3\text{V}$$

4.2.4　二极管双 T 型电桥

二极管双 T 型电桥，也叫双 T 型充放电网络，属于脉冲型电路，脉冲电路的基本原理是利用电容的充放电特性。

图 4-18 所示为双 T 型充放电网络的原理图。U 为一对称方波的高频电源电压，C_1 和 C_2 为差动式电容式传感器，R_L 为负载电阻，VD_1、VD_2 为两个理想二极管（即正向导通时电阻为零，反向截止时电阻为无穷大），R_1、R_2 为固定电阻。电路的工作原理简述如下：当电源电压 U 为正半周时，VD_1 导通，VD_2 截止，电路可以等效为如图 4-19（a）所示的电路。

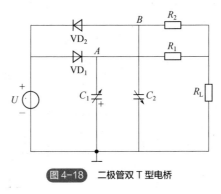

图 4-18 二极管双 T 型电桥

此时电容 C_1 很快被充电至电压 U，电源电压 U 经 R_1 以电流 I_1 向负载 R_L 供电。与此同时，电容 C_2 经 R_2 和 R_L 放电，电流为 I_2，流经 R_L 的电流 I_L 为 I_1 与 I_2 之和。

当电源电压 U 为负半周时，VD_1 截止，VD_2 导通，如图 4-19（b）所示。此时 C_2 很快被充电至电压 U，而流经 R_L 的电流 I'_L 为由 U 产生的电流 I'_2 与 C_1 的放电电流 I'_1 之和。

当传感器没有输入时，因为 $C_1 = C_2$，则流过 R_L 的电流 I_L 与 I'_L 的平均值大小相等，方向相反，在一个周期内，流过 R_L 的平均电流为零，R_L 上无电压输出。

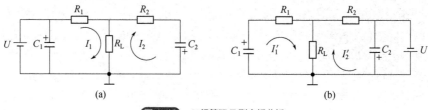

图 4-19　二极管双 T 型电桥分析

当传感器有输入时（$C_1 \neq C_2$），$I_1 \neq I_2$，R_L 上必定有信号输出，其输出在一个周期内的平均值为（推导过程略）

$$U_o = I_L R_L = \frac{1}{T}\int_0^T \left[I_1(t) - I_2(t)\right]\mathrm{d}t R_L \approx \frac{R(R + 2R_L)}{(R + R_L)^2} R_L U f(C_1 - C_2) \tag{4-56}$$

当固定电阻 $R_1 = R_2 = R$，R_L 已知时，则 K 为常数。

$$K = \frac{R(R + 2R_L)}{(R + R_L)^2} R_L \tag{4-57}$$

所以

$$U_o \approx K U f(C_1 - C_2) \tag{4-58}$$

式中　f——电源频率。

从式（4-58）可知，此电路的灵敏度与高频方波电源的电压 U 和频率 f 有关。为保证工作的稳定性，需严格控制高频方波电源的电压和频率的稳定程度。

4.2.5　脉冲宽度调制型电路

脉冲宽度调制型电路也称脉冲调宽型电路，原理如图 4-20 所示。其中，A_1 和 A_2 为电压比较器，在两个比较器的同相输入端接入幅值稳定的比较电压 $+E$。若 U_C 略高于 E，则 A_1 输出为负电平；或 U_D 略高于 E，则 A_2 输出为负电平，A_1 和 A_2 比较器可以是放大倍数足够大的放大器。

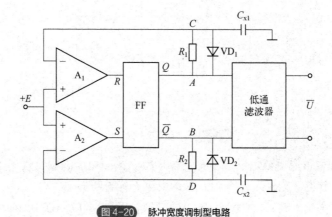

图 4-20　脉冲宽度调制型电路

FF 为双稳态触发器，采用负电平输入。若 A_1 输出为负电平，则 Q 端为低电平，而 $\overline{Q}$ 为高电平；若 A_2 输出为负电平，则 $\overline{Q}$ 为低电平，而 Q 为高电平。

工作原理可简述如下：

假设传感器处于初始状态，即 $C_{x1} = C_{x2} = C_0$，且 A 点为高电平，即 $U_A = U$（U 为 Q 端电压值），而 B 点为低电平，即 $U_B = 0$。此时 U_A 经过 R_1 对 C_{x1} 充电，使电容 C_{x1} 上的电压按指数规律上升，时间常数为 $\tau_1 = R_1 C_{x1}$。当 $U_C > E$ 时，比较器 A_1 翻转，输出端为负电平，触发器也跟着翻转，Q 端（即 A 点）由高电平降为低电平，同时 $\bar{Q}$ 端（即 B 点）由低电平升为高电平，此时 C_{x1} 经二极管 VD_1 迅速放电。放电时间常数极小，U_C 迅速降为零，这又导致比较器 A_1 再翻转成输出为正。从触发器 $\bar{Q}$ 输出端升为高电平开始，U_B 经过 R_2 按指数规律，以时间常数 $\tau_2 = R_2 C_{x2}$ 的速率对 C_{x2} 充电，D 点电位开始上升。当 $U_D > E$ 时，比较器 A_2 翻转，其输出端由正变为负。这一负跳变促使触发器 FF 又一次翻转，使 $\bar{Q}$ 端为低电平，Q 端为高电平，于是充在 C_{x2} 上的电荷经 VD_2 放电，使 U_D 迅速降为零，A_2 复原，同时 A 点的高电位开始经 R_1 对 C_{x1} 充电，又重复前述过程。

各点电压波形如图 4-21 所示。由于 $R_1 = R_2 = R$，$C_{x1} = C_{x2} = C_0$，所以 $\tau_1 = \tau_2$，$T_1 = T_2$，即 U_{AB} 呈对称方波。假设在 t_4 时刻，有一被测量输入给电容式传感器，造成 $C_{x1} = C_0 + \Delta C_1$；$C_{x2} = C_0 - \Delta C_2$，则有

$$\tau_1' = R\left(C_0 + \Delta C_1\right) \tag{4-59}$$

$$\tau_2' = R\left(C_0 - \Delta C_2\right) \tag{4-60}$$

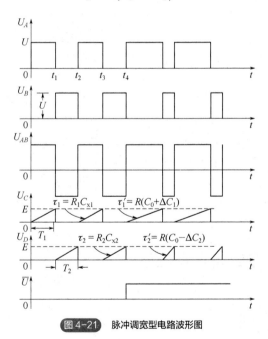

图 4-21　脉冲调宽型电路波形图

显然，$\tau_1' \neq \tau_2'$，这时 U_{AB} 不再是宽度相等的对称方波，而是正半周宽度大于负半周宽度。使 U_{AB} 通过低通滤波器后，其输出平均电平 $\bar{U}$ 将正比于输入传感器的被测量的大小：

$$\bar{U} = \frac{T_1 - T_2}{T_1 + T_2} U \tag{4-61}$$

式中　U——触发器输出高电平；

T_1、T_2——C_{x1}、C_{x2} 充放电至 E 所需时间。

由电路知识可知

$$T_1 = R_1 C_{x1} \ln \frac{U}{U - E} \tag{4-62}$$

$$T_2 = R_2 C_{x2} \ln \frac{U}{U - E} \tag{4-63}$$

将 T_1、T_2 代入式（4-61）可得

$$\bar{U} = \frac{T_1 - T_2}{T_1 + T_2} U = \frac{C_{x1} - C_{x2}}{C_{x1} + C_{x2}} U \tag{4-64}$$

利用式（4-64）可分析几种形式电容式传感器的工作情况。

对于变极距型差动电容式传感器，设极板间初始距离 d_0 变化量为 Δd 时，滤波器输出量为

$$\bar{U} = \frac{\Delta d}{d_0} U \tag{4-65}$$

对于变面积型差动电容式传感器，设初始有效面积为 A_0，变化量为 ΔA，则滤波器输出量为

$$\bar{U} = \frac{\Delta A}{A_0} U \tag{4-66}$$

式（4-65）和式（4-66）表明，差动脉冲调宽型电路的重要优点就在于它的线性变换特性。由此可见，差动脉冲调宽型电路能适用于变极距型以及变面积型差动电容式传感器，并具有线性特性，且转换效率高，经过低通放大器就有较大的直流输出，且调宽频率的变化对输出没有影响。

脉冲宽度调制型电路具有如下特点：

① 可获得比较好的线性输出，对变面积型或是变极距型电容式传感器均可使用。

② 双稳态的输出信号一般为 100Hz～1MHz 的矩形波，因此只需要经滤波器简单处理后即可获得直流输出，不需要专门的解调器，且效率比较高。

③ 电路采用直流电源，对直流电源的电压稳定性要求较高，与高稳定度的稳频、稳幅交流电源相比，比较容易实现。

4.3 电容式传感器的特点及应用

4.3.1 电容式传感器的特点

电容式传感器具有明显的优点，也有相应的缺点，这决定了电容式传感器在应用中需要注意一些问题。电容式传感器优点有：结构简单，易于制造，便于产品微型化；其适应能力较强，通过屏蔽等措施，在辐射、强磁场及振动等恶劣的环境下仍可正常工作。

电容式传感器电容值一般与电极材料无关，仅取决于电极的几何尺寸，且介质损耗很小，只要强度、温度系数等机械特性选择合理，其本身发热等其他因素的影响小。采用差动结构并接成电桥时，零点处产生的误差（零点残余电压）小，允许电路进行高倍率放大，使仪器具有很高的灵敏度。

电容式传感器带电极板间的静电引力很小，可以制造得微小且质量轻，输入力和输入能量小，可测很小的力、加速度、位移等，可以实现高灵敏度、高分辨力的测量，如能测量0.01μm甚至更小的位移。

电容式传感器固有频率高，动态响应时间快，能在几兆赫的频率下工作，适用于动态测量。

此外，电容式传感器在采用非接触测量情况下，极板具有平均效应，可以减小工件表面粗糙度等对测量的影响。

在电容式传感器的使用中，首先应了解其等效电路的情况。等效电路包括引线和传感器本身的电感 L，引线、极板和金属支架的电阻 R，传感器本身的电容 C_0，引线所接测量电路和极板与外界所形成的寄生电容 C_P，极板间的漏电阻。在低频工作时，传感器电容的阻抗很大，L 和 R 的影响可忽略，此时的等效电路相当于两个并联电容与漏电阻再并联；在高频工作时，漏电阻可忽略，但 L 和 R 的影响不可忽略，此时的等效电路相当于 L、R 和两个并联电容串联。当激励频率较低时，漏电阻将降低传感器的灵敏度，因此需选用高的电源频率，一般为50kHz到几兆赫。极板支架材料的绝缘性高有利于防止极板被电压击穿。

此外，电容式传感器在使用中还应注意：

① 寄生电容不但降低了传感器的灵敏度，而且其值会随机变化，导致仪器工作不稳定，影响测量精度。因此，对电缆的选择、安装、连接要符合特定要求。

② 电容式传感器的输出阻抗高，带负载能力差，易受外界干扰影响，导致工作不稳定，甚至无法工作，必须采取屏蔽措施，这给设计和使用带来不便。若采用高频供电，尽管能降低传感器输出阻抗，但高频放大、传输远比低频的复杂，且寄生电容影响大，不易保证工作的稳定性。

③ 变极距型电容式传感器特性是非线性输出，虽可采用差动结构来改善，但不可能完全消除。其他类型的电容式传感器只有忽略了电场的边缘效应时，输出特性才呈线性。否则边缘效应产生的附加电容量将与传感器电容量直接叠加，使输出特性产生非线性。针对这个问题，只能采取措施缓解，例如在极板上设置等位环缓解边缘效应。

④ 在使用电容式传感器时，环境温湿度对传感器的影响，可能引起某些介质的介电常数或极板的几何尺寸、相对位置发生变化，应设法减小这一影响。

⑤ 设法减小边缘效应、设法减少寄生电容、使用屏蔽电极并接地，目的是对敏感电极的电场实现保护作用，与外电场隔离。

4.3.2 电容式传感器的应用

（1）电容式差压传感器

图4-22所示为电容式差压传感器的原理，把绝缘的玻璃或陶瓷材料内侧凹球面上镀上金属镀层作为两个固定的电极板。在两个电极板中间焊接一金属膜片，作为可动电极板，用于感受外界的压力。在动极板和定极板之间填充硅油。无压力时，膜片位于电极中间，上下两电路相等。加入压力时，在被测压力的作用下，膜片弯向低压的一边，从而使一个电容量增加 C_L，另一个电容量减少 C_H，可分别近似表达为

$$C_L = \frac{\varepsilon A}{d_0 - \Delta d} \tag{4-67}$$

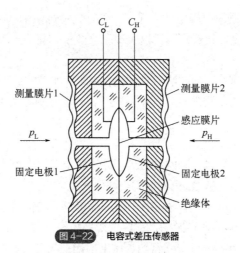

图 4-22　电容式差压传感器

$$C_H = \frac{\varepsilon A}{d_0 + \Delta d} \tag{4-68}$$

因此可推导出

$$\frac{\Delta d}{d_0} = \frac{C_L - C_H}{C_L + C_H} \tag{4-69}$$

由材料力学知识可知

$$\frac{\Delta d}{d_0} = K\Delta p \tag{4-70}$$

式中　K——与结构有关的常数。

因此有

$$\frac{C_L - C_H}{C_L + C_H} = K(p_H - p_L) = K\Delta p \tag{4-71}$$

如果采用脉冲宽度调制型电路，由式（4-64）可知，输出电压与差压成正比，此传感器灵敏度高、结构简单、响应速度快（100ms），还可以测量微小差压（0～±0.75Pa）。

（2）电容式振动位移传感器

图 4-23（a）是一种单电极的电容式振动位移传感器。它的平面测端作为电容器的一个极板，通过电极座由引线接入电路，另一个极板由被测物表面构成。金属壳体与测端电极间有绝缘衬垫使彼此绝缘。工作时壳体被夹持在标准台架或其他支承上，壳体接大地可起屏蔽作用。当被测物因振动发生位移时，将导致电容器的两个极板间距发生变化，从而将位移转换为电容器电容量的改变来实现测量。图 4-23（b）是电容式振动位移传感器的一种应用示意图，轴的回转精度和轴心动态偏摆测量如图 4-23（c）所示。

在测转速时，也是采用改变极板的相对位置获得电容的变化，从而实现转速测量。如图 4-24 所示，当电容极板与齿顶相对时，电容量最大，而电容极板与齿隙相对时电容量最小，当齿轮旋转时，电容量就周期性地变化，计数器显示的频率对应着转速的大小。若齿数为 Z，由计数器得到的频率为 f，则转速 $N=f/Z$。该仪器除用于测转速外，也可用于产品的计数。

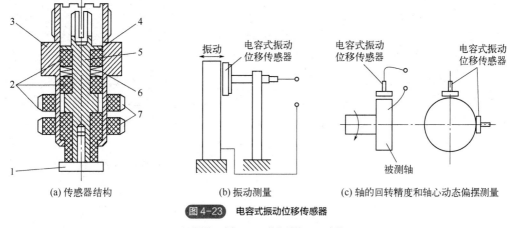

(a) 传感器结构   (b) 振动测量   (c) 轴的回转精度和轴心动态偏摆测量

图 4-23   电容式振动位移传感器

1—平面测端（电极）；2—绝缘衬垫；3—壳体；

4—弹簧卡圈；5—电极座；6—盘形弹簧；7—螺母

（3）电容式加速度传感器

差动电容式加速度传感器结构如图 4-25 所示。它有两个固定极板，中间质量块的两个端面作为动极板。

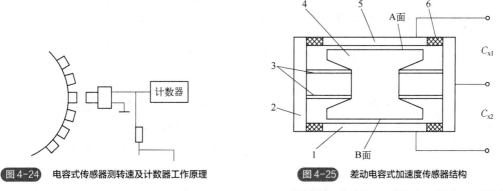

图 4-24   电容式传感器测转速及计数器工作原理   图 4-25   差动电容式加速度传感器结构

1，5—固定极板；2—壳体；3—簧片；4—质量块；6—绝缘体

当传感器壳体随被测对象在垂直方向做直线恒定加速运动时，质量块因惯性相对静止，将导致固定极板与动极板间的距离发生变化，一个增加，另一个减小。根据差动变极距型电容式传感器灵敏度的分析结论，有

$$\frac{\Delta C}{C_0} \approx 2\frac{\Delta d}{d_0} \tag{4-72}$$

根据位移与加速度的关系可得出

$$\frac{\Delta C}{C_0} \approx 2\frac{\Delta d}{d_0} = \frac{at^2}{d_0} \tag{4-73}$$

式中 a、t——加速度和运动时间。

由此可见，此电容改变量正比于被测加速度。也可以采用脉冲宽度调制型电路，利用式（4-65）得出测量电路的输出电压与被测加速度成正比。此种电容式加速度传感器的特点是频率响应快、量程范围大。

（4）电容式厚度传感器

可以利用改变极板间的距离使电容变化的方法进行位移、形变、厚度的测量。

在厚度测量中，可进行非接触式测量。电容式传感器的极板为电容的一个极，被测工件或材料（导电体）通过与基座的接触成为另一个极。当传感器极板至基座表面的距离 D 为已知值时，测出气隙 δ 的大小，即可得到被测工件或材料的厚度为 $d=D-\delta$。

最典型的应用是电容测厚仪。电容测厚仪是用来测量金属带材在轧制过程中的厚度的，它的变换器就是电容式厚度传感器，其工作原理如图 4-26 所示。在被测带材的上下两边各放置一块面积相等、与带材距离相同的极板，这样极板与带材就形成两个电容器（带材也作为一个极板）。把两块极板用导线连接起来，就成为一个极板，而带材则是电容器的另一个极板，其总电容 $C = C_1 + C_2$。

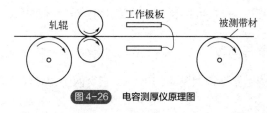

图 4-26　电容测厚仪原理图

金属带材在轧制过程中不断向前送进，如果带材厚度发生变化，将引起它与上下两个极板的间距变化，即引起电容量的变化，如果总电容量 C 值作为交流电桥的一个臂，则电容的变化 ΔC 引起电桥不平衡输出，经过放大、检波、滤波，最后在仪表上显示出带材的厚度。这种测厚仪的优点是带材的振动不影响测量精度。

（5）电容式荷重传感器

图 4-27 所示为电容式荷重传感器的结构示意图。它是在镍铬钼钢块上加工一排尺寸相同且等距的圆孔，在圆孔内壁上粘接带绝缘支架的平板式电容器，后将每个圆孔内的电容器并联。当钢块端面承受载荷 F 作用时，圆孔将产生变形，从而使每个电容器的极板间距变小，电容量增大。电容器容量的增加值正比于载荷 F。这种传感器的主要优点是受接触面的影响小，因此测量精度较高。另外，电容器放于钢块的孔内也提高了抗干扰能力。它在地球物理、表面状态检测以及自动检测和控制系统中得到了应用。

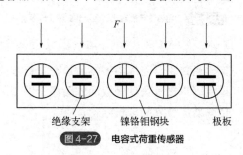

图 4-27　电容式荷重传感器

（6）电容式液位传感器

飞机上使用的一种油量表如图 4-28 所示。它采用了自动平衡电桥电路，由油箱液位电容式传感装置、交流放大器、两相伺服电动机、减速器和指针等部件组成。电容式传感器作为固定的标准电容接入电桥的一个臂，交流放大器为调整电桥平衡的电位器，电刷与指针同轴连接。

当油箱中无油时，电容式传感器的电容量 $C_x = C_0$，此时调节匹配电容，使得 $C_x = C_0$，且 $R_3 = R_4$，并使可调电阻 R_p 的滑动臂位于 0 点，即的电阻值为 0。此时，电桥满足 $C_x / C_0 = R_4 / R_3$ 的平衡条件，电桥输出为零，伺服电动机不转动，油量表指针偏转角 $\theta=0$。

当油箱中注满油时，液位上升至 h 处，$C_x = C_0 + \Delta C_x$，而 ΔC_x 与 h 成正比，此时电桥失去平衡。电桥的输出电压 U_o 经放大后驱动伺服电动机，再由减速器减速后带动指针顺时针偏转，同时带动 R_p 的滑动臂移动，从而使 R_p 阻值增大，$R_{cd} = R_3 + R_p$ 随之增大。R_p 阻值达到一定值时，电桥又达到新的平衡状态，$U_o = 0$，于是伺服电动机停转，指针停在转角为 θ 处。

由于指针及可变电阻的滑动臂同时为伺服电动机所带动，因此 R_p 的阻值与 θ 间存着确定的对应关系，即 θ 正比于 R_p 的阻值，而 R_p 的阻值又正比于液位高度 h，因此可直接从刻度盘上读得液位高度 h。

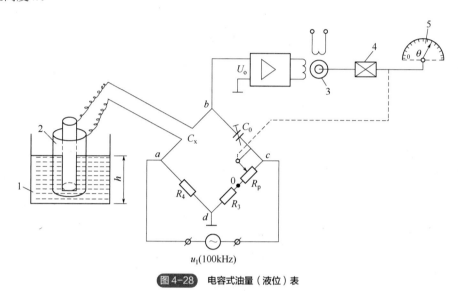

图 4-28　电容式油量（液位）表

1—油箱；2—圆柱形电容器；3—伺服电动机；4—减速器；5—指针

当油箱中的油位降低时，伺服电动机反转，指针逆时针偏转（示值减小），同时带动滑动臂移动，使 R_p 阻值减小。当 R_p 阻值达到一定值时，电桥又达到新的平衡状态，$U_o = 0$，于是伺服电动机再次停转，指针停留在与该液位相对应的转角 θ 处。

在此案例中，电路系统测量的是油箱中的液位高度。同样，图 4-29 是用于测量圆柱形金属容器内物料高度的电容式传感器。其传感器的两个极板分别为金属容器的内壁与插入式圆柱形金属电极棒的外侧。

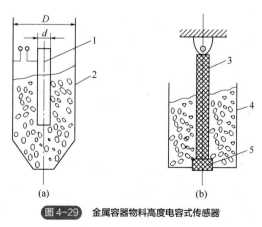

图 4-29　金属容器物料高度电容式传感器

1—电极棒；2,4—容器壁；3—金属电极棒内电极；5—绝缘材料

例 4-9：一容器（某异形油箱）的外形为 $y=x^2$，如图 4-30 所示，$x\in[-1,1]$，安装一电容式传感器测量容器中所盛装的液体的容量（而不是液位高度），该怎样设计？

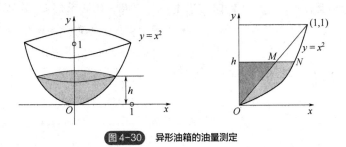

图 4-30　异形油箱的油量测定

解：根据数学知识，图 4-30 中液面高度为 h 时，容积为平面图形 ONh 绕 y 轴旋转一周的体积，即

$$V_h = \int_0^h \pi x^2 \mathrm{d}y = \int_0^h \pi y \mathrm{d}y = \frac{1}{2}\pi y^2 \big|_0^h = \frac{1}{2}\pi h^2$$

恰好 V_h 数值的大小是图 4-30 中三角形 OMh 面积数值大小的 π 倍。于是，以（0，0），（1，1），（0，1）三点形成的三角形设置一对电容极板，作为传感器。

$$C = \frac{\varepsilon_0 \left(1-h^2\right)/2}{d} + \frac{\varepsilon_r \varepsilon_0 h^2/2}{d} = \frac{\varepsilon_0}{2d} + \left(\varepsilon_r \varepsilon_0 - \varepsilon_0\right)\frac{h^2}{2d}$$

$$C_0 + \left(\varepsilon_r - 1\right)\varepsilon_0 \frac{h^2}{2d} = C_0 + \left(\varepsilon_r - 1\right)\varepsilon_0 \frac{1}{\pi d} \times \frac{\pi h^2}{2}$$

$$C_0 + \frac{\left(\varepsilon_r - 1\right)\varepsilon_0}{\pi d} V_h = C_0 + K V_h$$

其中，$\varepsilon = \varepsilon_r \varepsilon_0$，$\varepsilon_r > 1$。

由极板间的电容表达式可见，被测容积与测得的电容差（$\Delta C = C - C_0$）成正比。

 思考题与习题

（1）根据电容式传感器工作时被测量变化导致变换参数的不同，将电容式传感器分为哪几种类型？各有何特点？讨论变极距型、变面积型电容式传感器改进为差动结构后，灵敏度与非线性的变化情况。

（2）一个平板电容式传感器放置在相对介电常数 $\varepsilon_r=1.2$ 的气体环境中，结构如图 4-5（a）所示，其中 $a=12$mm、$b=18$mm，两极板间距 $d=2$mm。测量时，一块极板在原始位置上向左平移了 3mm，求该传感器的电容变化量、电容相对变化量和位移灵敏度 K。

（3）有一个直径为 2.5m、高 6m 的铁桶，往桶内连续注入某不导电液体，液面高度应留 10% 的余量。分析用电阻应变式传感器和电容式传感器来解决此问题的方法。

（4）分析电容式厚度传感器的工作原理，针对金属板材与非金属板材厚度的测量机理有什么不同？

（5）如图 4-31 所示，变介电常数型电容式位移传感器的特性方程 $C=f(x)$。设真空的介电常数为 ε_0，图中相对介电常数 $\varepsilon_2 > \varepsilon_1$，极板宽度为 W。其他参数如图 4-31 所示。

① 推导变介电常数型电容式位移传感器的特性方程 $C=f(x)$；证明被测介质在电容极板间位

置产生上下平移，不影响 $C=f(x)$ 的表达式。

② 设 $\delta=3\text{mm}$、$d=1\text{mm}$，极板为正方形（边长 50mm），$\varepsilon_1=1$、$\varepsilon_2=4$。在 $x=0\sim60\text{mm}$ 范围内，计算 $C=f(x)$ 表达式并绘出 C 与 x 之间的特性曲线。

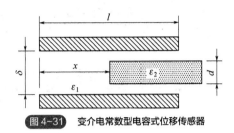

图 4-31　变介电常数型电容式位移传感器

（6）某电容测微仪，其传感器的圆形极板半径 $r=5\text{mm}$，工作初始间隙 $d=0.4\text{mm}$，问：

① 工作时，如果传感器与工件的间隙变化 $\Delta d=2\mu\text{m}$ 时，电容变化量是多少？

② 如果改进为差动结构，传感器与工件的间隙变化量 $\Delta d=\pm2\mu\text{m}$ 时，电容变化量是多少？

第 5 章

电感式传感器

本章思维导图

本书配套资源

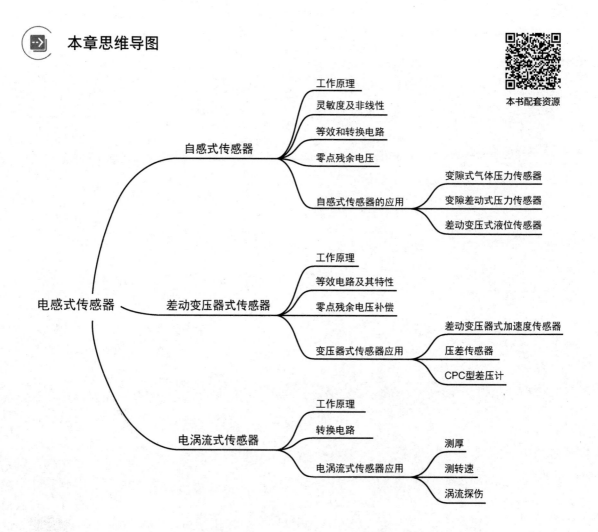

本章学习目标

（1）掌握自感式传感器和差动变压器式传感器的工作原理、输出特性及灵敏度；

（2）掌握电涡流式传感器的工作原理；

（3）了解电感式传感器的不同测量电路；

（4）掌握电感式传感器的典型应用；

（5）掌握差动整流电路和相敏检波电路工作原理及作用。

电感式传感器的理论基础是电磁感应原理。电感式传感器把被测参数的变化转换成线圈自感 L 或互感 M 的变化，以此来实现测量。它可用于测量压力、液位、厚度、位移、加速度、流量、密度、应变等参数。

电感式传感器的核心部分是可变自感或可变互感，在被测量转换成线圈自感或互感的变化时，一般要利用磁场作为媒介或利用铁磁体的某些现象。这类传感器的主要特征是具有线圈绕组。

电感式传感器主要分为自感式传感器（自感原理）、差动变压器式传感器（互感原理）、涡流式传感器（涡流原理）、压磁传感器（压磁原理）以及感应同步器（互感原理）等种类。目前应用较广的是变磁阻自感式传感器、差动变压器式传感器及涡流式传感器。

电感式传感器的优点有：

① 结构简单、可靠，测量力小。如磁吸力为（1～10）×10⁻⁵N。

② 分辨力高。如机械位移可达 0.1μm 甚至更小；角位移可达 0.1°；输出信号强，电压灵敏度可达数百毫伏/毫米。

③ 重复性好，线性度优良。如在几十微米到数百毫米的位移范围内，输出特性的线性度较好，且比较稳定。

电感式传感器的缺点有：存在交流零位信号，不宜于高频动态测量。

5.1　自感式传感器

5.1.1　工作原理

自感式传感器将被测参数的变化转变成线圈自感 L 的变化。变磁阻自感式传感器的原理结构如图 5-1 所示，其由线圈、衔铁 B（动铁芯）和固定铁芯 A 等组成。当衔铁 B 移动时气隙长度发生变化，从而导致磁路磁阻变化，进一步导致线圈的电感变化。要确定衔铁位移量和方向，只需测量电感的变化即可。

由磁路基本知识可知，线圈自感为

$$L = \frac{\psi}{I} = \frac{N\phi}{I} = \frac{N}{I} \times \frac{IN}{R_{\mathrm{m}}} = \frac{N^2}{R_{\mathrm{m}}} \tag{5-1}$$

式中　ψ——线圈总磁链；

I——通过线圈的电流；

N——线圈匝数；

ϕ——穿过线圈的磁通；

R_{m}——磁路总磁阻（铁芯与衔铁和空气磁阻）。

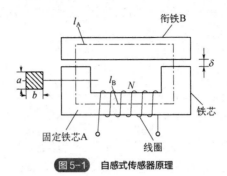

图 5-1 自感式传感器原理

当气隙较小，δ 为 0.1～1mm，则认为气隙磁场是均匀的，若忽略磁路铁损，则磁路总磁阻为

$$R_{\mathrm{m}} = \frac{l_{\mathrm{A}}}{\mu_{\mathrm{A}} S_{\mathrm{A}}} + \frac{l_{\mathrm{B}}}{\mu_{\mathrm{B}} S_{\mathrm{B}}} + 2\frac{l_0}{\mu_0 S_0} = \frac{N^2 \mu_0 S_0}{2\delta} \tag{5-2}$$

式中　l_{A}、l_{B}、δ——磁通通过铁芯和衔铁中心线的长度以及磁路中气隙总长度；

μ_{A}、μ_{B}、μ_0——铁芯、衔铁、空气的磁导率 $\left(\mu_0 = 4\pi \times 10^{-7}\,\mathrm{H/m}\right)$；

S_{A}、S_{B}、S_0——铁芯、衔铁、气隙的截面积。

因铁芯和衔铁的磁阻远小于气隙磁阻，可忽略铁芯磁阻，再由式（5-1）和式（5-2）得

$$L = \frac{N^2 \mu_0 S_0}{2\delta} \tag{5-3}$$

可见，自感 L 是气隙截面积和长度（气隙厚度）的函数，即

$$L = f\left(S_0, \delta\right) \tag{5-4}$$

如果 S_0 保持不变，则 L 为 δ 的单值函数，构成变隙自感式传感器；若保持 δ 不变，使 S_0 随位移变化，则构成变截面自感式传感器。其特性曲线如图 5-2（a）所示。变截面自感式传感器原理如图 5-2（b）所示。

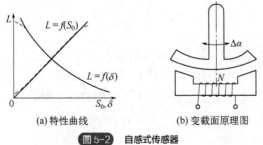

(a) 特性曲线　　　　(b) 变截面原理图

图 5-2 自感式传感器

5.1.2　灵敏度及非线性（输出特性）

初始状态对应的气隙厚度为 δ_0，则初始电感为

$$L_0 = \frac{N^2 \mu_0 S_0}{2\delta_0} \tag{5-5}$$

（1）衔铁移动，气隙厚度减小

$$L = L_0 + \Delta L = \frac{N^2 \mu_0 S_0}{2(\delta_0 - \Delta\delta)} \tag{5-6}$$

$$L = L_0 + \Delta L = \frac{N^2 \mu_0 S_0}{2\delta_0} \times \frac{\delta_0}{\delta_0 - \Delta\delta} = L_0\left(\frac{1}{1 - \dfrac{\Delta\delta}{\delta_0}}\right) \tag{5-7}$$

因 $\Delta\delta/\delta_0 \ll 1$，用泰勒级数展开，可得

$$L = L_0\left[1 + \left(\frac{\Delta\delta}{\delta_0}\right) + \left(\frac{\Delta\delta}{\delta_0}\right)^2 + \left(\frac{\Delta\delta}{\delta_0}\right)^3 + \cdots\right] \tag{5-8}$$

$$\Delta L = L_0\left[\left(\frac{\Delta\delta}{\delta_0}\right) + \left(\frac{\Delta\delta}{\delta_0}\right)^2 + \left(\frac{\Delta\delta}{\delta_0}\right)^3 + \cdots\right] \tag{5-9}$$

（2）衔铁移动，气隙厚度增大

$$L = L_0 - \Delta L = \frac{N^2 \mu_0 S_0}{2(\delta_0 + \Delta\delta)} \tag{5-10}$$

$$L = L_0 - \Delta L = \frac{N^2 \mu_0 S_0}{2\delta_0} \times \frac{\delta_0}{\delta_0 + \Delta\delta} = L_0\left(\frac{1}{1 + \dfrac{\Delta\delta}{\delta_0}}\right) \tag{5-11}$$

同样因 $\Delta\delta/\delta_0 \ll 1$，用泰勒级数展开，可得

$$L = L_0\left[1 - \left(\frac{\Delta\delta}{\delta_0}\right) + \left(\frac{\Delta\delta}{\delta_0}\right)^2 - \left(\frac{\Delta\delta}{\delta_0}\right)^3 + \cdots\right] \tag{5-12}$$

$$\Delta L = L_0\left[\left(\frac{\Delta\delta}{\delta_0}\right) - \left(\frac{\Delta\delta}{\delta_0}\right)^2 + \left(\frac{\Delta\delta}{\delta_0}\right)^3 - \cdots\right] \tag{5-13}$$

综合上面两种情况有

$$\Delta L = L_0\frac{\Delta\delta}{\delta_0}\left[1 \pm \left(\frac{\Delta\delta}{\delta_0}\right) + \left(\frac{\Delta\delta}{\delta_0}\right)^2 \pm \cdots\right] \tag{5-14}$$

于是，变隙自感式传感器的灵敏度为

$$K = \frac{\dfrac{\Delta L}{L_0}}{\Delta\delta} = \frac{1}{\delta_0}\left[1 \pm \left(\frac{\Delta\delta}{\delta_0}\right) + \left(\frac{\Delta\delta}{\delta_0}\right)^2 \pm \left(\frac{\Delta\delta}{\delta_0}\right)^3 + \cdots\right] \tag{5-15}$$

忽略高次项后为

$$K = \frac{\dfrac{\Delta L}{L_0}}{\Delta \delta} = \frac{1}{\delta_0} \tag{5-16}$$

注：推导中也可认为衔铁移动后

$$L = L_0 \pm \Delta L = \frac{N^2 \mu_0 S_0}{2(\delta_0 \mp \Delta \delta)} \tag{5-17}$$

则有

$$K = \left| \frac{\dfrac{\Delta L}{L_0}}{\Delta \delta} \right| = \frac{1}{\delta_0} \tag{5-18}$$

由式（5-5）可知，电感 L 与气隙厚度 δ 之间的关系为非线性，其特性曲线如图 5-3 所示。从提高灵敏度的角度看，初始气隙厚度 δ_0 应尽量小，其结果是被测量的范围也变小。同时，灵敏度的非线性也将增加。如采用增大气隙等效截面积和增加线圈匝数的方法来提高灵敏度，则必将增大传感器的几何尺寸和重量。

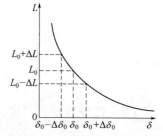

图 5-3　变隙自感式传感器特性曲线

同时，由于转换原理的非线性，以及正反方向移动时电感变化量的不对称性，因此，为了保证精度，变隙自感式传感器只能工作在一个很小的区域，因而只能用于微小位移的测量。

例 5-1：变隙自感式传感器如图 5-1 所示，铁芯截面为边长 3mm 的正方形，气隙厚度 δ_0 为 0.5mm，衔铁最大位移 $\Delta \delta = \pm 0.06$mm，激励线圈匝数 N 为 2000，若忽略漏磁及铁损，空气磁导率 $\mu_0 = 4\pi \times 10^{-7}$H/m。求：

① 线圈的电感值；

② 线圈电感的最大变化量。

解：① $L_0 = \dfrac{N^2 \mu_0 S_0}{2\delta_0} = \dfrac{2000^2 \times 4\pi \times 10^{-7} \times 9 \times 10^{-6}}{1 \times 10^{-3}} = 0.0452$H

② $\Delta \delta = -0.06$mm

$$L_+ = \frac{N^2 \mu_0 S_0}{2(\delta_0 + \Delta \delta)} = \frac{2000^2 \times 4\pi \times 10^{-7} \times 9 \times 10^{-6}}{2 \times 0.56 \times 10^{-3}} = 0.0404\text{H}$$

$$L_- = \frac{N^2 \mu_0 S_0}{2(\delta_0 - \Delta \delta)} = \frac{2000^2 \times 4\pi \times 10^{-7} \times 9 \times 10^{-6}}{2 \times 0.44 \times 10^{-3}} = 0.0514\text{H}$$

$$\Delta L_{max} = L_- - L_+ = 0.0514 - 0.0404 = 0.011\text{H}$$

（3）差动变气隙自感式传感器

在实际使用中，常采用两个相同的传感线圈共用一个衔铁，构成差动变气隙自感式传感器，两个线圈的电气参数和几何尺寸要求完全相同。这种结构可以改善线性、提高灵敏度，对温度变化、电源频率变化等影响也能进行补偿，从而减少了外界影响造成的误差。

差动变气隙自感式传感器结构如图 5-4 所示，由两个电气参数和磁路完全相同的线圈组成。当衔铁移动时，一个线圈的自感增加，另一个线圈的自感减少，形成差动形式。

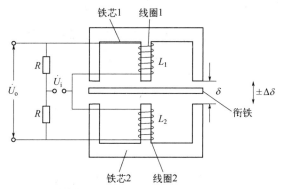

图 5-4　差动变气隙自感式传感器结构图

初始状态

$$L_1 = L_2 = L_0 = \frac{N^2 \mu_0 S_0}{2\delta_0} \tag{5-19}$$

衔铁移动后

$$L_1 = \frac{N^2 \mu_0 S_0}{2(\delta_0 - \Delta\delta)} \tag{5-20}$$

$$L_2 = \frac{N^2 \mu_0 S_0}{2(\delta_0 + \Delta\delta)} \tag{5-21}$$

$$\Delta L = L_1 - L_2 = \frac{N^2 \mu_0 S_0}{2(\delta_0 - \Delta\delta)} - \frac{N^2 \mu_0 S_0}{2(\delta_0 + \Delta\delta)} = \Delta L_1 + \Delta L_2$$

$$= 2L_0 \left[\left(\frac{\Delta\delta}{\delta_0}\right) + \left(\frac{\Delta\delta}{\delta_0}\right)^3 + \left(\frac{\Delta\delta}{\delta_0}\right)^5 + \cdots \right]$$

$$= 2L_0 \frac{\Delta\delta}{\delta_0} \left[1 + \left(\frac{\Delta\delta}{\delta_0}\right)^2 + \left(\frac{\Delta\delta}{\delta_0}\right)^4 + \cdots \right] \tag{5-22}$$

所以，差动变气隙自感式传感器的灵敏度是单线圈结构的 2 倍（$\Delta\delta/\delta_0 \ll 1$），有

$$K_{\text{差动}} = \frac{\dfrac{\Delta L}{L_0}}{\Delta\delta} = \frac{2}{\delta_0} \tag{5-23}$$

（4）传感器的非线性误差

由式（5-14）和式（5-22）可知，高次项是造成非线性的主要原因，非线性误差近似等于被忽略的高次非线性项（主要考虑第一个非线性项）。

$$\gamma = \left| \frac{\Delta\delta}{\delta_0} \right|^2 \times 100\% \tag{5-24}$$

$$\gamma_{差动} = \left| \frac{\Delta\delta}{\delta_0} \right|^3 \times 100\% \qquad\qquad (5\text{-}25)$$

式中 γ——非线性指标。

由式（5-24）和式（5-25）可见，差动结构大大改善了非线性指标。

差动结构与单线圈电感式传感器相比，具有下列优点：

① 线性好。对单线圈而言，$\Delta L/L_0$ 的第一个非线性项为 $(\delta/\delta_0)^2$；对差动结构而言，$\Delta L/L_0$ 的第一个非线性项为 $2(\Delta\delta/\delta_0)^3$。

注意：这里指的是没有提取 $\Delta\delta/\delta_0$ 作为公因子的式（5-14）和式（5-22），因 $\Delta\delta$ 是对应参数变化的变量。

② 灵敏度提高一倍，即衔铁位移相同时，输出信号大一倍。

③ 温度变化、电源波动、外界干扰等对传感器精度的影响，由于能互相抵消而减小。

④ 电磁吸力对测力变化的影响也由于能相互抵消而减小。

5.1.3　等效电路和转换电路

前面讨论的是理想纯电感线圈，但实际传感器中包括：线圈的铜损电阻（R_c）、铁芯的涡流损耗及磁滞损耗电阻（R_e）和线圈的寄生电容（C），因此，自感式传感器的等效电路如图 5-5 所示。

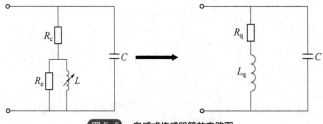

图 5-5　自感式传感器等效电路图

自感式传感器实现了把被测量的变化转变为电感量的变化。

为了测出电感量的变化，同时也为了送入下级电路进行放大和处理，需要用转换电路把电感变化转换成电压（或电流）变化。把传感器电感接入不同的转换电路后，原则上可将电感变化转换成电压（或电流）的幅值、频率、相位的变化，它们分别称为调幅、调频、调相电路。

在自感式传感器中，调幅电路用得较多，调频、调相电路用得较少。

（1）交流电桥测量（转换）电路（只考虑差动结构）

电感式传感器的测量电路有交流电桥式、交流变压器式等形式，如图 5-6 所示。

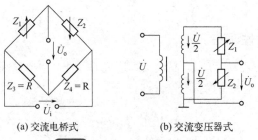

(a) 交流电桥式　　　　　(b) 交流变压器式

图 5-6　电感式传感器的测量电路

以交流电桥为例，电桥平衡条件为

$$\frac{Z_1}{Z_2} = \frac{Z_3}{Z_4} \tag{5-26}$$

$$Z_1 = Z_0 + \Delta Z_1 \tag{5-27}$$

$$Z_2 = Z_0 - \Delta Z_2 \tag{5-28}$$

式中　Z_0——衔铁位于中心位置时单个线圈的复阻抗（线圈的等效电阻 R 主要来源于线圈线绕电阻、涡流损耗电阻和磁滞损耗电阻）；

ΔZ_1、ΔZ_2——衔铁偏离中心位置时两线圈的复阻抗变化量。

当电桥接入负载时，桥路的输出电压为

$$U_o = \frac{Z_L \left(Z_1 Z_4 - Z_2 Z_3 \right) \dot{U}}{Z_L \left(Z_1 + Z_2 \right)\left(Z_3 + Z_4 \right) + Z_1 Z_2 \left(Z_3 + Z_4 \right) + Z_3 Z_4 \left(Z_1 + Z_2 \right)} \tag{5-29}$$

式中　Z_L——负载阻抗。

交流电桥中，把传感器的两个线圈作为电桥的两个桥臂 Z_1 和 Z_2，另外两个相邻的桥臂采用纯电阻（$Z_3 = Z_4 = R$），对于高 Q 值[品质因数 $Q = \omega L / r_0$，r_0 为电感线圈（等效）内阻]的差动电感式传感器，因高 Q 值，可将 r_0 简化忽略不计。则有

$$\dot{U}_o = \dot{U}_i \left(\frac{Z_2}{Z_1 + Z_2} - \frac{Z_4}{Z_3 + Z_4} \right) = \dot{U}_i \left(\frac{Z_2}{Z_1 + Z_2} - \frac{1}{2} \right) = \dot{U}_i \frac{Z_2 - Z_1}{2\left(Z_1 + Z_2 \right)} = \pm \dot{U}_i \frac{\Delta Z_1 + \Delta Z_2}{2\left(Z_1 + Z_2 \right)} \tag{5-30}$$

$$Z_0 = j\omega L_0 \tag{5-31}$$

$$\Delta Z_1 = j\omega \Delta L_1 \tag{5-32}$$

$$\Delta Z_2 = j\omega \Delta L_2 \tag{5-33}$$

$$Z_1 = j\omega L_1 = j\omega \left(L_0 \pm \Delta L_1 \right) \tag{5-34}$$

$$Z_2 = j\omega L_2 = j\omega \left(L_0 \pm \Delta L_2 \right) \tag{5-35}$$

则有

$$\dot{U}_o = \pm \frac{\dot{U}_i}{2} \times \frac{\Delta L_1 + \Delta L_2}{2L_0} = \pm \frac{\dot{U}_i}{4} \times \frac{\Delta L}{L_0} = \pm \frac{\dot{U}_i}{2} \times \frac{\Delta L_1}{L_0} = \pm \frac{\dot{U}_i}{2} \times \frac{\Delta \delta}{\delta_0} \tag{5-36}$$

输出电压幅值为

$$U_o = \left| \pm \frac{U_i}{2} \times \frac{\Delta L_1}{L_0} \right| = \frac{U_i}{2} \times \frac{\omega \Delta L_1}{\sqrt{r_0^2 + \left(\omega L_0 \right)^2}} \tag{5-37}$$

$$\dot{U}_o = \pm \frac{\dot{U}_i}{2} \times \frac{\Delta \delta}{\delta_0} \tag{5-38}$$

衔铁两个方向等值移动情况下的输出电压大小相等，方向相反，由于 U_i 是交流电压，所以输出电压 U_o 在输入指示器前必须先进行整流、滤波。

变压器交流电桥的两个桥臂由变压器次级线圈构成，相当于将前面电桥中的两个电阻 Z_3 与 Z_4 换为变压器次级线圈 CB 和 BD，分析方法与普通型交流电桥相同。

变压器交流电桥输出电压表达式也与普通型交流电桥相同，输出电压同样存在输出无法判断位移方向的问题。

实际应用电路如图 5-7 所示。

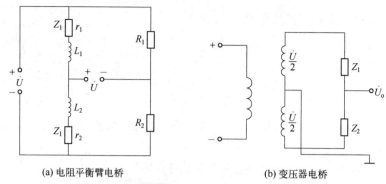

(a) 电阻平衡臂电桥   (b) 变压器电桥

图 5-7 实际应用电路图

当 $R_1=R_2=R$、$Z_1=Z_2=Z$，衔铁移动时，输出空载电压分别为

$$U_\circ = \frac{U}{2} \times \frac{\Delta L}{L} \tag{5-39}$$

$$\dot{U}_\circ = \frac{\dot{U}}{2} \times \frac{\Delta Z}{Z} \tag{5-40}$$

例 5-2： 如图 5-8，一只差动电感式传感器，已知电源电压 $U=10\mathrm{V}$，$f=800\mathrm{Hz}$，Z_1 和 Z_2 线圈电阻与电感分别为 $R=50\Omega$，$L=30\mathrm{mH}$。

① 要使输出电压灵敏度最大，匹配电阻 R_3、R_4 的值应该为多少？

② 当 $\Delta Z=3\Omega$ 时，分别接成单臂和差动电桥后的输出电压值为多少？

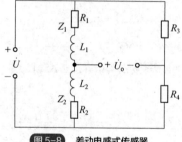

图 5-8 差动电感式传感器

解： ① $|Z| = \sqrt{\left(r^2 + \omega^2 L^2\right)}$

将 $R=50$，$\omega=2\pi\times800$，$L=30\times10^{-3}$ 代入计算得：$|Z|=158.87\Omega$。

要使灵敏度最大，需构成等臂电桥，则：匹配电阻 $R_3=R_4=|Z|=158.87\Omega$。

② 接成单臂电桥时：

$$U_\circ = \frac{1}{4} \times \frac{\Delta Z}{Z} \times U = \frac{1}{4} \times \frac{3}{158.87} \times 10 = 0.047\mathrm{V}$$

接成差动电桥时：

$$U_\circ = 0.047 \times 2 = 0.094\mathrm{V}$$

（2）谐振式调幅测量电路

谐振式调幅测量电路如图 5-9（a）所示，电感式传感器电感 L 与电容 C、变压器的原边串联在一起，接入交流电源 $\dot{U}$，变压器副边将有电压 $\dot{U}_o$ 输出，输出电压的频率与电源频率相同，而幅值随着电感 L 的变化而变化。图 5-9（b）为输出电压与电感 L 的关系曲线，其中 $L_1=L_0+\Delta L$ 为谐振点的电感值。

特点：电路灵敏度很高，但线性差，只适用于线性度要求不高的场合。实际使用过程中多采用特性曲线线性度相对较好的一段。

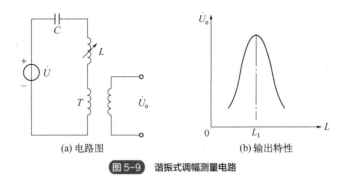

(a) 电路图　　　　　　　　(b) 输出特性

图 5-9　谐振式调幅测量电路

（3）谐振式调频测量电路

谐振式调频测量电路如图 5-10 所示。其原理是将电感的变化转化为输出电压频率的变化，通常把传感器电感 L 和电容 C 接入一个振荡回路中，其振荡频率为

$$f = \frac{1}{2\pi\sqrt{LC}} \tag{5-41}$$

当 L 变化时，振荡频率 f 随之变化，根据 f 的大小即可测出被测参数的值。

如图 5-10（b）所示，从谐振式调频测量电路的输出特性曲线图可以看出 f 与 L 呈明显的非线性关系。

当 L 微小变化 ΔL 后，频率变化 Δf 为

$$\Delta f = -\frac{(LC)^{-\frac{3}{2}} C\Delta L}{4\pi} = -\frac{f}{2}\times\frac{\Delta L}{L} \tag{5-42}$$

特点：谐振式调频测量电路适用于 f 较大的情况，具有明显的非线性特性，需要后续电路做对应的线性化处理。

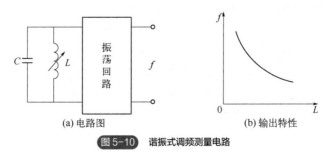

(a) 电路图　　　　　　　　(b) 输出特性

图 5-10　谐振式调频测量电路

（4）谐振式调相测量电路

谐振式调相测量电路的基本原理是将传感器的电感 L 的变化转化为输出电压相位 φ 的变化，如图 5-11 所示，相位电桥的一臂为传感器电感 L，另一臂为固定电阻 R，其电感线圈具有

高品质因数。当 L 变化时，相位 φ 随之变化，其关系式如下：

$$\varphi = -2\arctan\frac{\omega L}{R} \tag{5-43}$$

$$\Delta\varphi = -2\frac{2(\omega L)}{1+(\omega L)^2}\times\frac{\Delta L}{L} \tag{5-44}$$

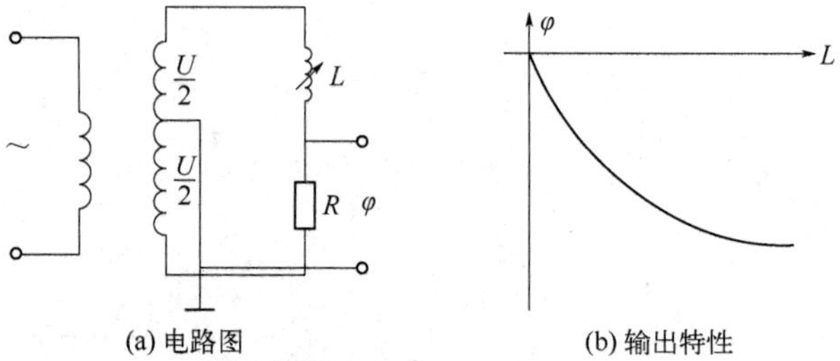

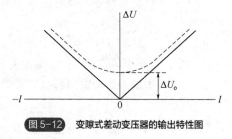

(a) 电路图   (b) 输出特性

图 5-11 谐振式调相测量电路

5.1.4 零点残余电压

变隙式差动变压器的输出特性如图 5-12 所示。它表现在电桥预平衡时，无法实现平衡，最后总要存在着某个输出值 ΔU_o。ΔU_o 称为零点残余电压。

图 5-12 变隙式差动变压器的输出特性图

零点残余电压应尽量消除。

零点残余电压的存在会造成零点附近存在不灵敏区；零点残余电压输入放大器内会使放大器末级趋向饱和，影响电路正常工作等。

产生的主要原因及克服的办法有：

① 构成差动结构的两个次级绕组的电气参数和几何尺寸不完全对称；克服方法为设计加工时尽量精细严格。

② 存在寄生电容等寄生参数；克服方法为选择电路补偿。

③ 外加电源有高次谐波；克服方法为采用电路补偿。

④ 磁性材料存在非线性，导致产生高次谐波；克服方法为选择合适的磁路材料。

自感式传感器与后续要讲述的互感式传感器均存在零点残余电压，在电路上采取措施（加调节元件、滤波器等），是简单而又有效的方法。

5.1.5 自感式传感器的应用

一种气体压力传感器如图 5-13（a）所示，其原理是当波纹管受到压力 P 而膨胀时，波纹管会发生形变，进而导致衔铁与铁芯间的间距 δ 发生变化，即电感 L 也会对应发生变化，电感的变化会通过电桥电路转换为电压输出，从而检测出被测压力的大小。图 5-13（b）为变隙差动式压力传感器，其主要由 C 形弹簧管、衔铁、铁芯和线圈组成。工作原理是当 C 形弹簧管受到压力 P 后发生形变，其自由端发生位移，从而带动与自由端连接成一体的衔铁的运动，使线圈 1 和线圈 2 中的电感发生大小相等、符号相反的变化，即一个电感量增大，一个电感量减小。电感的变化会通过电桥电路转换为电压输出。最后再通过相敏检波电路等电路处理，使输出信号与被测压力呈正比例关系，这样输出信号的大小就取决于衔铁位移的大小，而输出信号的相位就取决于衔铁移动的方向。图 5-13（c）为差动变压式液位传感器，当液位发生变化时，浮子也会随之发生变化，从而带动与之连接的差动变压器铁芯上下移动，进而差动变压器也会有相应的输出。

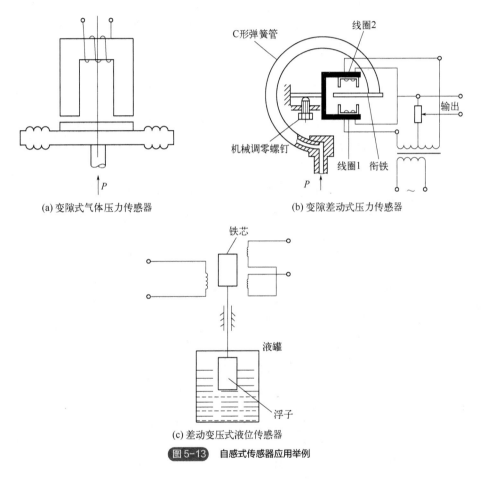

(a) 变隙式气体压力传感器　　(b) 变隙差动式压力传感器

(c) 差动变压式液位传感器

图 5-13　自感式传感器应用举例

5.2 差动变压器式（互感式）传感器

5.2.1 工作原理

差动变压器式传感器把被测参数的非电量变化转换为线圈互感 M 的变化。

其原理如图 5-14 所示，次级绕组多用差动形式连接，故称差动变压器式传感器。

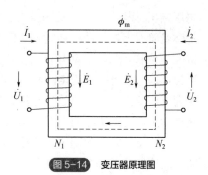

图 5-14　变压器原理图

差动变压器式传感器结构形式主要有：变隙式、变面积式和螺线管式等，如图 5-15 所示。

在非电量测量中，应用最多的是螺线管式差动变压器式传感器，它可以测量 1～100mm 机械位移，并具有测量精度高、灵敏度高、结构简单、性能可靠等优点。

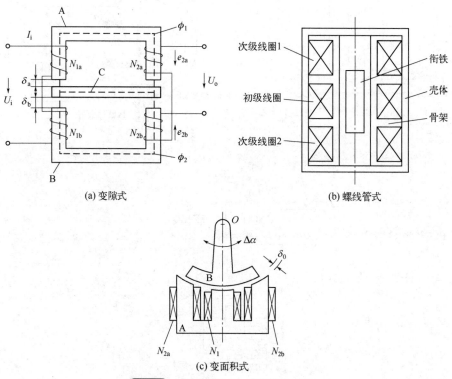

(a) 变隙式　　　　　　　　　　　　(b) 螺线管式

(c) 变面积式

图 5-15　差动变压器式传感器的结构示意图

变隙式差动变压器式传感器的输出连接方式如图 5-16 所示。

假设：初级绕组 $N_{1a}=N_{1b}=N_1$，次级绕组和 $N_{2a}=N_{2b}=N_2$，两个初级绕组的同名端顺向串联，两个次级绕组的同名端则反向串联，如图 5-15（a）所示。

当衔铁 C 处于初始平衡位置（$\delta_{a0}=\delta_{b0}=\delta_0$）时，差动变压器输出电压 $U_o=e_{2a}-e_{2b}=0$。

衔铁的位置改变（$\delta_a \neq \delta_b$）时，则互感 $M_a \neq M_b$，此时两次级绕组的互感电势 $e_{2a} \neq e_{2b}$，输出电压 $U_o=e_{2a}-e_{2b} \neq 0$，

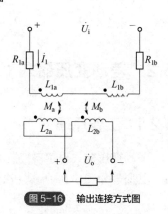

图 5-16　输出连接方式图

即差动变压器有电压输出，此电压的大小与极性反映被测体位移的大小和方向（前提是有相敏检波电路）。

5.2.2 等效电路及其特性

假定传感器副端开路，且不考虑铁损（即涡流及磁滞损耗为零），其等效电路如图 5-16 所示。输出信号的幅频特性及相频特性为

$$U_o = U_i \frac{N_2}{N_1} \times \frac{\Delta \delta}{\delta_0} \times \frac{1}{\sqrt{1 + \frac{1}{Q^2}}} \tag{5-45}$$

$$U_0(\omega) = \arctan \frac{1}{Q} = \arctan \frac{R_1}{\omega L_1} \tag{5-46}$$

$$Q = \frac{\omega L_1}{R_1} \tag{5-47}$$

只有在输出端有功损耗电阻为零的情况下（高 Q 值），输出信号才与输入信号同相（或反相），其幅值才正比于衔铁的位移变化。

传感器的灵敏度为

$$K = \left| \frac{U_o / U_i}{\Delta \delta} \right| = \frac{N_2}{N_1} \times \frac{1}{\delta_0} \times \frac{1}{\sqrt{1 + \frac{1}{Q^2}}} \approx \frac{N_2}{N_1} \times \frac{1}{\delta_0} \tag{5-48}$$

螺线管式差动变压器式传感器的输出为

$$U_o = \pm 2\omega U_i \frac{\Delta M}{\sqrt{R_1^2 + (\omega L_1)^2}} \tag{5-49}$$

变压器式传感器的特性：
① 供电电源必须是稳幅和稳频的；
② N_2/N_1 的比值越大，灵敏度越高；
③ 初始气隙不宜过大，否则灵敏度会下降；
④ 电源的幅值应适当提高；
⑤ 供电电源频率的选取应不高于 8kHz；
⑥ 实际应用中要考虑铁损；
⑦ 副端接入负载时，需要较高的负载阻抗。

差动变压器随衔铁的位移输出一个调幅波，因而用电压表来测量存在下述问题：①总有零点残余电压输出，因而零位附近的小位移测量困难；②交流电压表无法判别衔铁移动方向。

为了达到能辨别移动方向和消除零点残余电压的目的，实际测量时，常常采用相敏检波电路和差动整流电路。

（1）相敏检波电路

在动态测量时，假定位移输入是正弦波，则动态测量的波形如图 5-17 所示。

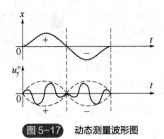

图 5-17 动态测量波形图

相敏检波是利用交变信号在过零位时正、负极性发生突变，使调制波相位与载波信号也相应发生变化，从而既能反映原信号幅值，也能反映其相位。其工作原理图如图 5-18 所示。

相敏检波电路的输出波形如图 5-19 所示。

u_y' 为经过放大的差动变压器的输出调幅波电压。u_o 作为辨别极性的标准，是检波电路的参考电压（同步信号），$u_o \gg u = u_1 + u_2$。$\Delta x > 0$，正半周时，根据变压器的工作原理，考虑到 O、M 分别为变压器 T_A、T_B 的中心抽头，则有

$$u_{o1} = u_{o2} = \frac{u_o}{2n_2} \tag{5-50}$$

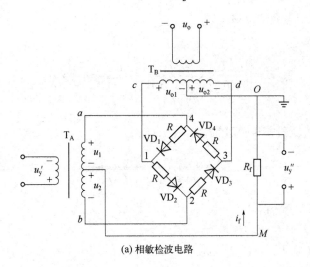

(a) 相敏检波电路

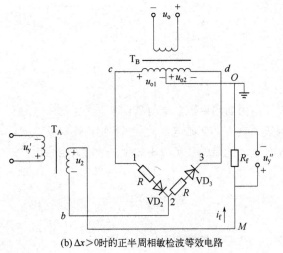

(b) $\Delta x > 0$ 时的正半周相敏检波等效电路

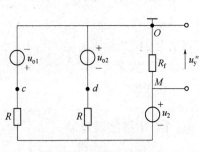

(c) 图(b)的简化电路

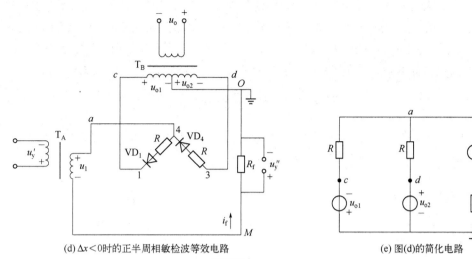

(d) Δx＜0时的正半周相敏检波等效电路　　　(e) 图(d)的简化电路

图5-18 相敏检波电路图

$$u_1 = u_2 = \frac{u_y'}{2n_1} \tag{5-51}$$

式中　n_1、n_2——变压器 T_A、T_B 的电压变比。

根据电路分析方法，有

$$i_f = \frac{u_2}{\dfrac{R}{2} + R_f} \tag{5-52}$$

$$u_y'' = i_f \times R_f = \frac{R_f u_y'}{n_1(R + 2R_f)} \tag{5-53}$$

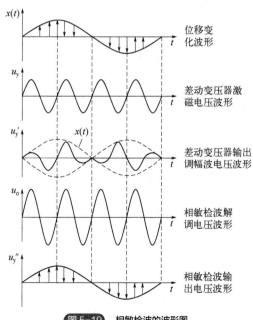

位移变
化波形

差动变压器激
磁电压波形

差动变压器输出
调幅波电压波形

相敏检波解
调电压波形

相敏检波输
出电压波形

图5-19 相敏检波的波形图

当 u_o 与 u'_y 均为负半周时,二极管 VD_2、VD_3 截止,VD_1、VD_4 导通,输出电压 u_o 表达式相同。说明只要位移 $\Delta x > 0$,不论 u_o 与 u'_y 是正半周还是负半周,负载电阻 R_f 两端得到的电压始终为正。

当 $\Delta x < 0$ 时,u_o 与 u'_y 为同频反相。(注意:同相反相问题,要区分变隙式与螺线管式的差异。)

不论 u_o 与 u'_y 是正半周还是负半周,负载电阻 R_f 两端得到的输出电压表达式总是为

$$u''_y = i_f R_f = -\frac{R_f u'_y}{n_1 (R + 2R_f)} \tag{5-54}$$

经过相敏检波电路,正位移输出正电压,负位移输出负电压,电压正负及变化趋势表明目前位置及移动方向。原来的 V 形曲线变成了过零直线,消除了零点残余电压。

(2)差动整流电路

这种电路是把差动变压器的两个次级输出电压分别整流,然后将整流的电压或电流的差值作为输出,如图 5-20 所示。

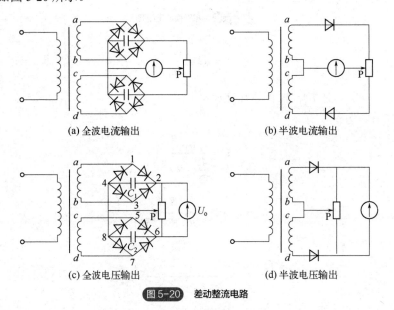

(a) 全波电流输出   (b) 半波电流输出

(c) 全波电压输出   (d) 半波电压输出

图 5-20　差动整流电路

以最常用的图 5-20(c)电路结构分析可知,不论两个次级线圈的输出瞬时电压极性如何,流经电容 C_1 的电流方向总是从 2 到 4,流经电容 C_2 的电流方向总是从 6 到 8,故整流电路的输出电压为

$$\dot{U}_o = \dot{U}_{24} - \dot{U}_{68} \tag{5-55}$$

当衔铁在零位时,因为 $U_{24} = U_{68}$,所以 $U_o = 0$;当衔铁在零位以上时,因为 $U_{24} > U_{68}$,则 $U_o > 0$;而当衔铁在零位以下时,$U_{24} < U_{68}$,则 $U_o < 0$。根据 U_o 的正负及数值大小变化可判断衔铁位置及位移的方向。

5.2.3　零点残余电压的补偿

(1)零点残余电压产生原因

当差动变压器的衔铁处于中间位置时,在零点总要存在一个微小的电压值,称之为零点残

余电压。产生的主要原因为：

① 差动变压器两个次级绕组结构尺寸的不对称，以及初级线圈中铜损电阻及导磁材料的铁损和材质的不均匀、线圈匝间电容的存在等因素，使激励电流与产生的磁通相位不同，导致输出的基波幅值和相位不同。

② 由导磁材料磁化曲线的非线性引起高次谐波。

（2）消除零点残余电压方法

① 从设计和工艺上保证结构对称性；

② 使用差分测量电路；

③ 线路补偿：加串联电阻、加并联电阻、加并联电容、加反馈绕组或反馈电容等。

采用的补偿电路如图 5-21 所示。

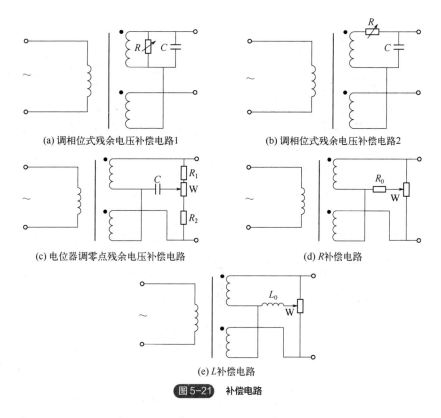

(a) 调相位式残余电压补偿电路1　　　　　　　(b) 调相位式残余电压补偿电路2

(c) 电位器调零点残余电压补偿电路　　　　　(d) R 补偿电路

(e) L 补偿电路

图 5-21　补偿电路

如图 5-21（a），由于两个次级线圈感应电压相位不同，并联电容可改变其一的相位，也可将电容 C 改为电阻。R 的分流作用将使流入传感器线圈的电流发生变化，从而改变磁化曲线的工作点，减小高次谐波所产生的残余电压。

如图 5-21（b），串联电阻 R 可以调整次级线圈的电阻分量。

如图 5-21（c），并联电位器 W 用于电气调零，改变两次级线圈输出电压的相位。电容 C（0.02μF）可防止调整电位器时零点移动。

如图 5-21（d）和（e），接入补偿电阻 R_0（几百千欧）或补偿线圈 L_0（几百匝）绕在差动变压器的初级线圈上以减小负载电压，避免负载不是纯电阻而引起较大的零点残余电压。

5.2.4　变压器式传感器的应用举例

可用于位移测量，也可以测量与位移有关的任何机械量，如振动、加速度、应变、张力和厚度等物理量。

一种差动变压器式加速度传感器如图 5-22（a）所示，其悬臂梁底座及差动变压器的线圈是固定的，衔铁的一端与被测物体相连，当被测物体带动衔铁发生位移时，会导致差动变压器的输出电压也按规律变化。用于测定振动物体的频率和振幅时，其励磁频率必须是振动频率的十倍以上，才能得到精确的测量结果。可测量的振幅为 0.1～5mm，振动频率为 0～150Hz。

一种压差传感器如图 5-22（b）所示，当 $P_0=P_1$ 时，衔铁处于零位，即对称位置，此时的 $L_0=L_1$；若 $P_0>P_1$，则下面的电感将增大。因采用电桥电路，机械零位调整不易实现。同时该传感器的灵敏度与固定衔铁的刚度有关，全程测量范围与刚度、衔铁和铁芯间的气隙长短有关。

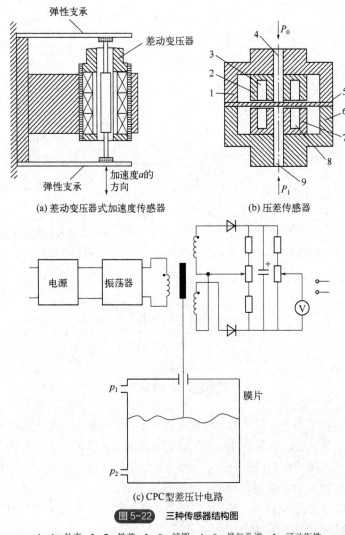

(a) 差动变压器式加速度传感器　(b) 压差传感器

(c) CPC型差压计电路

图 5-22　三种传感器结构图

1，6—外壳；2，7—铁芯；3，8—线圈；4，9—导气孔道；5—可动衔铁

图 5-22（c）是 CPC 型差压计电路图。当 p_1 与 p_2 的压差发生变化时，差压计内的膜片会产

生位移，带动固定在膜片上的衔铁移动，从而导致二次输出电压发生变化，输出电压的大小与衔铁的位移成正比，也与所测差压成正比。

5.3　电涡流式传感器

5.3.1　工作原理

　　块状或薄片式金属导体置于变化的磁场中做切割磁力线运动，导体内因磁通变化而产生感应电势，进而在导体表层形成状似旋涡的自行闭合的电流，称之为电涡流或涡流，这种现象称为涡流效应。

　　其工作原理如图 5-23 所示。根据法拉第定律，当传感器线圈通以正弦交变电流 I_1 时，线圈周围空间必然产生正弦交变磁场 H_1，使置于此磁场中的金属导体产生感应电涡流 I_2，I_2 又产生新的交变磁场 H_2，反作用于线圈，改变了线圈电感。

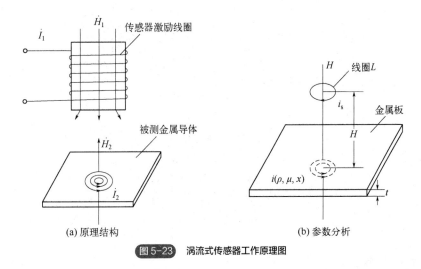

图 5-23　涡流式传感器工作原理图

　　电感变化程度取于线圈 L 的外形尺寸、线圈 L 至金属板（金属导体）之间的距离、金属板材料的电阻率和磁导率以及信号的频率等。因此，可以把非电量 H 转化成电量，以实现位移量的测量。

　　根据楞次定律，H_2 的作用将反抗原磁场 H_1，由于磁场 H_2 的作用，涡流要消耗一部分能量，导致传感器线圈的等效阻抗发生变化。

　　线圈阻抗的变化完全取决于被测金属导体的电涡流效应，电涡流式（涡流式）传感器就是在这种涡流效应的基础上建立起来的。

　　传感器线圈受电涡流影响时的等效阻抗 Z 的函数关系式为

$$Z = f\left(\rho, \mu, x, \omega, r\right) \tag{5-56}$$

式中　ρ——被测金属的电阻率；

　　　μ——被测金属的磁导率；

　　　x——线圈与金属间的距离；

ω——线圈励磁电流的角频率;

r——线圈与被测金属的尺寸因子。

测量方法:如果保持式(5-56)中其他参数不变,而只改变其中一个参数,传感器线圈阻抗 Z 就仅仅是这个参数的单值函数。通过与传感器配用的测量电路测出线圈阻抗 Z 的变化量,即可实现对该参数的测量。

涡流式传感器的等效电路如图 5-24 所示。

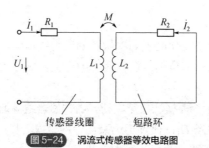

传感器线圈　　　短路环

图 5-24　涡流式传感器等效电路图

涡流式传感器的输入输出关系为

$$Z = \frac{\dot{U}_1}{\dot{I}_1} = R_1 + R_2 \frac{\omega^2 M^2}{R_2^2 + \omega^2 L_2^2} + j\omega(L_1 - L_2 \frac{\omega^2 M^2}{R_2^2 + \omega^2 L_2^2}) \tag{5-57}$$

$$R = R_1 + \frac{R_2^2 \omega^2 M^2}{R_2^2 + \omega^2 L_2^2} \tag{5-58}$$

$$L = L_1 - \frac{L_2^2 \omega^2 M^2}{R_2^2 + \omega^2 L_2^2} \tag{5-59}$$

$$Q = \frac{\omega L}{R} = \frac{\omega L_1}{R_1} \times \frac{1 - \dfrac{L_2}{L_1} \times \dfrac{\omega^2 M^2}{R_2^2 + \omega^2 L_2^2}}{1 + \dfrac{R_2}{R_1} \times \dfrac{\omega^2 M^2}{R_2^2 + \omega^2 L_2^2}} \tag{5-60}$$

5.3.2　转换电路

由电涡流式传感器的工作原理可知,被测参数变化可以转换成传感器线圈的品质因素 Q、等效阻抗 Z 和等效电感 L 的变化。

经常采用的方法是利用调幅电路实现等效阻抗 Z 的转换,利用谐振电路实现等效电感 L 的转换。根据输出是电压幅值还是电压频率,谐振电路又分为调幅和调频两种。

(1)调幅式测量(转换)电路

如图 5-25 所示,Z_1 和 Z_2 为线圈阻抗,桥路电源 u 由振荡器供给,振荡频率根据涡流式传感器的需要选择。电桥将反映线圈阻抗的变化,把线圈阻抗变化转换成电压幅值的变化。

调幅式测量电路的单元组成如图 5-26 所示,调幅式测量电路的激励源为频率稳定的振荡器(石英振荡器)。其中,R 为耦合电阻,它既可降低传感器对振荡器工作的影响,又作为恒温源的内阻,其大小将影响测量电路的灵敏度。

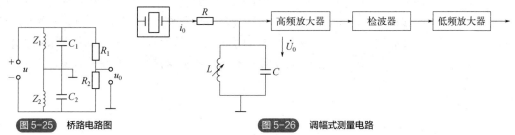

图 5-25　桥路电路图　　　　　图 5-26　调幅式测量电路

（2）调频式测量（转换）电路

如图 5-27 所示，电涡流式传感器线圈接在 LC 振荡器中作为电感使用，R_1 是偏置电阻，C_1 正反馈。当电涡流式传感器线圈与金属导体距离改变时，线圈的电感量在涡流影响下随之发生变化，从而改变了振荡器的频率。该频率可以通过频率计来计数，或可直接由计算机计数来反映距离的改变量。

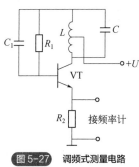

图 5-27　调频式测量电路

5.3.3　电涡流式传感器的特点及应用

电涡流式传感器因其结构简单、可非接触连续测量、灵敏度较高等特点，在工程和实验中得到了广泛的应用，具体有：

① 利用位移的变化测量"位移、厚度、振幅、转速"等；
② 利用材料电阻率的变化测量"温度"、进行"材料判别"等；
③ 利用材料磁导率的变化测量"应力、硬度"等；
④ 利用各变换量的综合影响，实现金属设备及管路的"探伤检测"。

（1）测厚仪

低频透射涡流测厚仪的工作原理图如图 5-28（a）所示，一个发射线圈 L_1 和一个接收线圈 L_2 绕在绝缘框架上。电压 U_1 加到 L_1 上会产生一个低频的交变磁场，若线圈之间不存在被测材料，L_1 的磁场将直接贯穿 L_2，感应出交变电动势 U_2，其大小与 U_1 的幅值、频率 f，以及 L_1 和 L_2 的匝数、结构、两者的相对位置有关。即这些参数是确定的，则 U_2 也是一个确定值。

而当被测金属样品放在 L_1 和 L_2 之间时，L_1 的磁场穿透待测的金属材料，会在其中产生涡流。涡流会损耗磁场的能量，从而导致 U_2 的下降，被测材料越厚，产生的涡流越大，则损耗也越大，U_2 也越小。由此可以看出，分析 U_2 的大小，就可以得到被测物体的厚度。

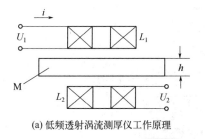
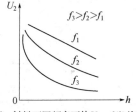

(a) 低频透射涡流测厚仪工作原理　　　(b) 同一材料不同频率下的 $U_2 = f(h)$ 关系曲线

图 5-28　低频透射涡流测厚仪

同一材料在不同频率下的 $U_2=f(h)$ 关系曲线如图 5-28（b）所示。当激励频率较高时，曲线各段斜率相差大，线性不好，但 h 较小时，灵敏度高；当激励频率较低时，测量范围大，线性好，但灵敏度低。在 h 较小时，f_1 的斜率小于 f_3 的斜率；h 较大时，f_3 的斜率小于 f_1 的斜率。测厚板时应选较低频率，测薄板时应选较高频率。对不同的金属材料，也应选不同的频率。

（2）测转速

电涡流式转速传感器工作原理如图 5-29 所示。

若转轴上开 z 个槽（或齿），频率计的读数为 f（单位为 Hz），则转轴的转速 n（单位为 r/min）的计算公式为

$$n=\frac{f/z}{t} \tag{5-61}$$

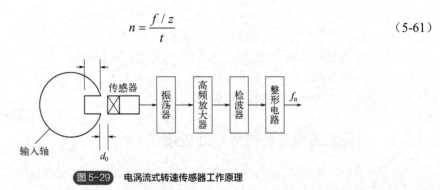

图 5-29 电涡流式转速传感器工作原理

当被测旋转轴转动时，电涡流式转速传感器与输出轴的距离变为 $d_0+\Delta d$。由于电涡流效应，传感器线圈阻抗随 Δd（对应轴齿处为负，对应轴槽处为正）的变化而变化，这种变化将导致振荡器谐振回路的品质因数发生变化，它们将直接影响振荡器的电压幅值和振荡频率。因此，随着输入轴的旋转，从振荡器输出的信号中包含有与转速成正比的脉冲频率信号。该信号由检波器检出电压幅值的变化量，然后经整形电路输出频率为 f_n 的脉冲信号。该信号经电路处理便可得到被测转速。

（3）涡流探伤

电涡流式传感器可以用来检查金属表面的裂纹以及焊接部位的探伤。其工作原理如图 5-30 所示，使传感器与被测物体距离不变，如有裂纹将引起金属的电阻率、磁导率的变化，引起传感器输出变化。通常探伤时传感器沿被测工件表面移动，在测量线圈上产生调制频率信号，调制频率取决于相对运动速度和导体中物理性质的变化，如缺陷、裂缝等。缺陷、裂缝会产生较高频率的调幅波，为此常常采用带通滤波器，滤除干扰，保留有用信号。

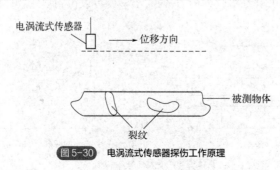

图 5-30 电涡流式传感器探伤工作原理

思考题与习题

（1）引起零点残余电压的原因是什么？如何消除零点残余电压？

（2）差动变压器式传感器的相敏检波电路和差动整流电路是否能消除零点残余电压？为什么？

（3）差动变压器式传感器的相敏检波电路和差动整流电路能否实现对位移大小和方向的判定？为什么？

（4）已知变隙电感式传感器的铁芯截面积 $S=1cm^2$，磁路长度 $L=16cm$，相对磁导率 $\mu_r=4000$，气隙初始厚度 $\delta_0=0.6cm$，$\Delta\delta==0.1mm$，真空磁导率 $\mu_0=4\pi\times10^{-7}H/m$，线圈匝数 N 为 2000，求单线圈式传感器的灵敏度 $\Delta L/\Delta\delta$。若将其做成差动结构，灵敏度将如何变化？

（5）有一只差动电感式传感器，如图 5-31 所示。已知电源电压 $U=10V$，$f=600Hz$，传感器线圈电阻与电感分别为 $R=60\Omega$，$L=40mH$，用两只匹配电阻设计成四臂等阻抗电桥以获得最大输出电压灵敏度，试求：

① 匹配电阻的值为多少时才能使输出电压灵敏度达到最大？

② 当 $\Delta Z=20\Omega$ 时，分别接成单臂和差动电桥后的输出电压值是多少？

图 5-31 差动电感式传感器

（6）变隙电感式传感器如图 5-32 所示，铁芯截面为边长 5mm 的正方形，气隙厚度 δ 为 0.6mm，衔铁最大位移 $\Delta\delta=\pm0.03mm$，激励线圈匝数为 3000，若忽略漏磁及铁损，空气磁导率 $\mu_0=4\pi\times10^{-7}H/m$。求：

① 线圈的电感值；

② 线圈电感的最大变化量。

（7）某液位需要检测波动状况，采用电感式液位传感器进行测量，如图 5-33 所示，液面浮球与传感器铁芯连接。液位处于理想位置时，铁芯位于中间位置；液面上升带动铁芯上移，液面下降带动铁芯下移，铁芯位置变化引起的电感量变化与液面变化近似成正比。假如液面相对理想位置的变化为 x，则 $\Delta L=kx$，试计算液位为理想位置及液位上升下降时的传感器输出值。

注：对于差动式结构，$\Delta Z_1=\Delta Z_2$，$\Delta L_1=\Delta L_2$，$\Delta L=\Delta L_1+\Delta L_2$。

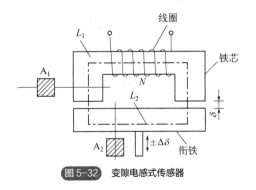

图 5-32 变隙电感式传感器

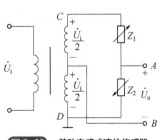

图 5-33 差动电感式液位传感器

第 6 章

磁电式传感器

本章思维导图

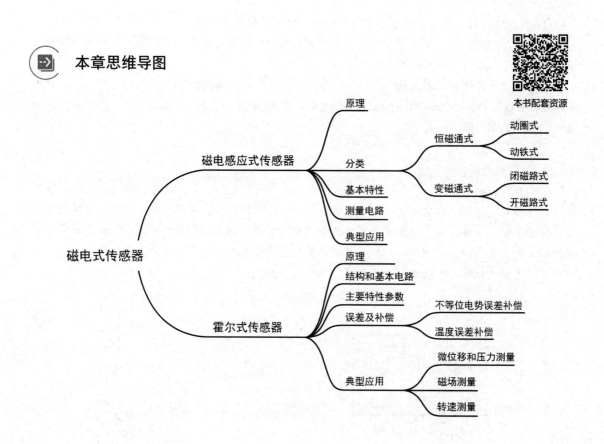

本章学习目标

> （1）掌握电磁感应、霍尔效应的基本概念；
> （2）掌握磁电感应式传感器的工作原理、分类、基本特性、测量电路；
> （3）掌握霍尔式传感器的工作原理；
> （4）掌握霍尔元件的基本结构、基本特性、误差及其补偿；
> （5）了解磁电感应式传感器、霍尔式传感器的应用。

电磁感应现象是指闭合电路的一部分导体在磁场里做切割磁力线的运动时，导体中就会产生电流的现象。根据电磁感应现象制成的传感器叫磁电式传感器。磁电式传感器通过磁电作用将被测量（如流量、振动、位移、转速等）转换成电信号，最常使用的是磁电感应式传感器和霍尔式传感器。磁电感应式传感器利用导体和磁场发生相对运动产生感应电势，霍尔式传感器利用载流半导体在磁场中的霍尔效应产生感应电势，它们的原理不完全相同，有各自的特点和应用范围。

6.1　磁电感应式传感器

磁电感应式传感器利用导体和磁场发生相对运动而在导体两端输出感应电势。它是一种机电能量转换型传感器（有源传感器），不需供电电源，直接吸收机械能量并转换成电信号输出。优点是电路简单，性能稳定，输出阻抗小，具有一定的频率响应范围（一般为 10～1000Hz），适用于振动、转速、扭矩等测量。

6.1.1　工作原理和结构类型

磁电感应式传感器以电磁感应原理为基础，根据电磁感应定律，线圈两端的感应电势正比于线圈所包围的磁通对时间的变化率，当 N 匝线圈在均衡磁场运动时，设穿过线圈的磁通为 Φ，则线圈内的感应电势 E 与磁通变化率 $\mathrm{d}\Phi/\mathrm{d}t$ 的关系为

$$E = -N\frac{\mathrm{d}\Phi}{\mathrm{d}t} \tag{6-1}$$

式中　N——线圈匝数；

Φ——线圈所包围的磁通量。

若线圈相对磁场运动为速度 v 或角转度 ω，则感应电势可写为

$$E = -NBLv \tag{6-2}$$

$$E = -NBS\omega \tag{6-3}$$

式中　L——每匝线圈的平均长度；

B——线圈所在磁场的磁感应强度；

S——每匝线圈的平均截面积。

当结构参数确定后，即 B、L、N 和 S 均为定值，则感应电势 E 与线圈相对磁场的运动速度（v 或 ω）成正比。

根据上述原理设计了两种结构：一种是变磁通式，另一种是恒磁通式。

变磁通式结构（也称为变磁阻式或变气隙式）常用于旋转角速度的测量，如图 6-1 所示。

开磁路变磁通式结构如图 6-1（a）所示，线圈和磁铁静止不动，测量齿轮（导磁材料制成）安装在被测旋转体上，随之一起转动，每转过一个齿，传感器磁路磁阻变化一次，磁通也就变化一次。单位时间内线圈中产生的感应电动势的变化频率等于齿轮的齿数和转速的乘积。这种传感器结构简单，但输出信号较小，且因高速轴加装齿轮较危险，故不宜测高转速。

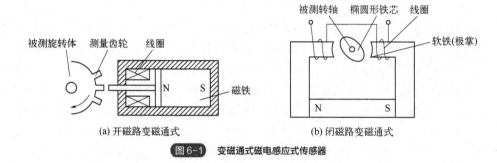

图 6-1　变磁通式磁电感应式传感器

两极式闭磁路变磁通式结构如图 6-1（b）所示，被测转轴带动椭圆形铁芯在磁场气隙中等速运动，使气隙平均长度周期性变化，磁路磁阻也周期性地变化，致使磁通同样周期性变化，在线圈中产生频率与铁芯转速成正比的感应电动势。此结构中，也可以用齿轮代替椭圆形铁芯，软铁（也称极掌）制成齿轮形式，两齿轮的齿数相等，当被测物体运动时，两齿轮相对运动，磁路的磁阻发生变化，因而在线圈中产生频率与转速成正比的感应电动势。

恒磁通式常用于线速度的测量。结构有两种：动圈式结构，如图 6-2（a）所示；动铁式结构，如图 6-2（b）所示。磁路系统产生恒定的直流磁场，磁路中的工作气隙固定不变。在动圈式结构中，运动部件是线圈，永久磁铁与传感器壳体固定，线圈与金属骨架用柔软弹簧支承。在动铁式结构中，运动部件是磁铁，线圈、金属骨架和壳体固定，永久磁铁用柔性弹簧支承。两者的阻尼都是由金属骨架与磁场发生相对运动而产生的电磁阻尼。

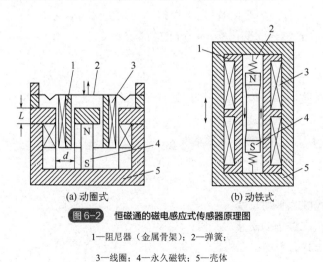

(a) 动圈式　　　　　　　　(b) 动铁式

图 6-2　恒磁通的磁电感应式传感器原理图

1—阻尼器（金属骨架）；2—弹簧；

3—线圈；4—永久磁铁；5—壳体

动圈式和动铁式结构的工作原理相同，当壳体随被测振动体一起振动时，由于弹簧较软，运动部件质量相对较大，因此振动频率足够高（远高于传感器的固有频率）时，运动部件因惯性很大而滞后于振动体的振动，近似于静止，振动能量基本被弹簧吸收，永久磁铁与线圈之间的相对运动速度接近于振动体振动速度。永久磁铁与线圈相对运动使线圈切割磁力线，产生与运动速度 v 成正比的感应电动势。

6.1.2　磁电感应式传感器的基本特性

当磁电感应式传感器接入测量电路时，如图 6-3 所示，磁电感应式传感器的输出电流 I_o 为

$$I_o = \frac{E}{R + R_f} = \frac{NBLv}{R + R_f} \tag{6-4}$$

式中　　R_f——测量电路输入电阻；

　　　　R——线圈等效电阻。

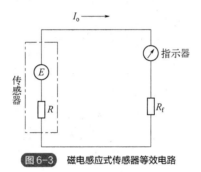

图6-3 磁电感应式传感器等效电路

传感器的电流灵敏度为

$$S_i = \frac{I_o}{v} = \frac{NBL}{R + R_f} \tag{6-5}$$

传感器的输出电压和电压灵敏度分别为

$$U_o = I_o R_f = \frac{NBLvR_f}{R + R_f} \tag{6-6}$$

$$S_u = \frac{U_o}{v} = \frac{NBLR_f}{R + R_f} \tag{6-7}$$

实际应用中要考虑电阻匹配问题，为使后续环节从传感器获得最大功率，应使得 $R=R_f$；传感器连接负载后，线圈中的电流发热问题也需考虑。

当传感器的工作温度发生变化或受到外界磁场干扰、机械振动或冲击时，其灵敏度发生变化而产生测量误差，相对误差为

$$\gamma = \frac{\mathrm{d}S_i}{S_i} = \frac{\mathrm{d}B}{B} + \frac{\mathrm{d}L}{L} - \frac{\mathrm{d}R}{R} \tag{6-8}$$

（1）非线性误差

磁电感应式传感器产生非线性误差的主要原因是 B 的影响。当传感器线圈内有电流流过时，将产生一定的交变磁通 Φ_1，此交变磁通叠加在永久磁铁所产生的工作磁通上，使恒定的气隙磁

场的运动速度增大时，将产生较大的感应电势 E 和较大的电流 I，由此而产生的附加磁场方向，与原工作磁场方向相反，减弱了工作磁场的作用，从而使传感器的灵敏度随着被测速度的增大而降低。当线圈的运动速度与图 6-4 所示方向相反时，感应电势 E、线圈感应电流反向，所产生的附加磁场与工作磁场同向，从而增大了传感器的灵敏度。线圈运动速度方向不同时，传感器的灵敏度产生变化，使传感器输出基波能量降低，谐波能量增加，于是此非线性特性同时伴随着传感器输出谐波失真。显然，传感器灵敏度越高，线圈中电流越大，非线性越严重。故需补偿上述附加磁场影响，可在传感器中加入参数适当的补偿线圈，补偿线圈通过放大后的电流，使其产生交变磁通与传感线圈本身所产生的交变磁通互相抵消，实现补偿。

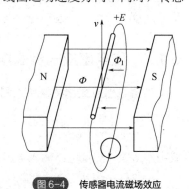

图 6-4　传感器电流磁场效应

（2）温度误差

在磁电感应式传感器的各种干扰影响中，通常温度干扰比较显著，永久磁铁的磁感应强度随温度的增加而减小，所以感应电动势随温度增加而减小，但常用永久磁铁在温度 200℃ 以下时，其磁感应强度可认为不变。在式（6-8）中温度对 L 和 R 的影响仅举一例，对于铜缆，经实验研究可知，误差近似值为

$$\gamma_1 \approx (-4.5\%)/10℃ \tag{6-9}$$

这需要采取温度补偿，通常采用热磁分流器进行补偿。热磁分流器由具有很大负温度系数的特殊磁性材料制成。它在正常工作温度下已将气隙磁通分流掉一小部分。当温度升高时，热磁分流器的磁导率显著下降，经它分流掉的磁通占总磁通的比例较正常工作温度下显著降低，从而保持气隙的工作磁通随温度变比，维持传感器灵敏度为常数。

6.1.3　磁电感应式传感器的测量电路

磁电感应式传感器直接输出感应电势，灵敏度较高，一般不需要高增益放大器。但磁电感应式传感器通常用于测量速度，若要获取被测位移或加速度信号，则需要积分或微分环节，如图 6-5 所示。

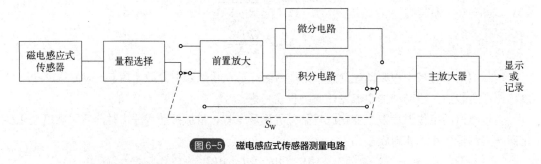

图 6-5　磁电感应式传感器测量电路

6.1.4　磁电感应式传感器应用

（1）磁电感应式振动速度传感器

CD-1 型磁电感应式振动速度传感器属于动圈式恒磁通型结构，如图 6-6 所示。永久磁铁通

过铝架和圆筒形导磁材料制成的壳体固定，形成磁路系统，壳体起屏蔽作用。磁路有两个环形气隙，工作线圈置于右气隙，圆环形阻尼器置于左气隙。工作线圈和圆环形阻尼器用芯轴连在一起组成质量块，用圆形弹簧片支承在壳体上。

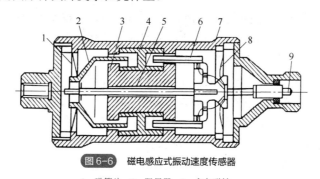

图6-6 磁电感应式振动速度传感器

1—弹簧片；2—阻尼器；3—永久磁铁；

4—铝架；5—芯轴；6—工作线圈；7—壳体；8—弹簧片；9—引线

工作时，传感器固定在被测振动体上随振动体振动。当振动频率远大于传感器固有频率时，线圈在磁路系统的环形气隙中相对永久磁铁运动，以振动体的振动速度切割磁力线，产生感应电动势，通过引线接入测量电路中。同时，圆环形阻尼器和芯轴因惯性作用相对静止，不随之振动。测量电路有微分环节时，输出电动势与振动加速度成正比；测量电路有积分环节时，输出电动势与振动位移成正比。

（2）磁电感应式转速传感器

一种磁电感应式转速传感器如图6-7所示。转子与转轴固定，转子、定子和永久磁铁组成磁路系统。转子和定子的环形端面上有均匀的齿和槽，两者的齿、槽数对应相等。测量转速时，传感器的转轴与被测物转轴相连接，带动转子转动。当转子的齿与定子的齿相对时，气隙最小，磁路系统的磁通最大；齿与槽相对时，气隙最大，磁通最小。当定子不动而转子转动时，磁通发生周期性变化，从而在线圈中感应出近似正弦波的电压信号。转速越高，感应电动势的频率也就越高。频率 f 与转速 n（单位为 r/min）和齿数 z 关系为 $f=zn/60$。

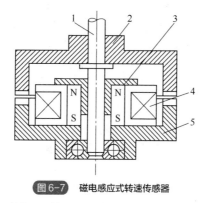

图6-7 磁电感应式转速传感器

1—转轴；2—转子；3—永久磁铁；4—线圈；5—定子

传感器的输出电势取决于线圈中磁场速度变化率，因而与被测转速成一定比例。转速太低时，因输出电势很小，以致无法测量。因此传感器有一个下限工作频率，一般为 50Hz 左右，闭磁路转速传感器的下限频率可降低到 30Hz 左右，其上限工作频率可达 100kHz。

（3）磁电式扭矩传感器

磁电式扭矩传感器属于变磁通式传感器，如图 6-8 所示。在驱动源和负载之间的扭转轴的两侧安装有齿形圆盘，旁边装有相应的两个磁电感应式传感器。转子固定于传感器轴，定子固定于传感器外壳，转子齿轮与定子齿轮之间的齿和槽一一对应。

测量扭矩时，两个相同磁电感应式传感器的转轴分别固定在被测轴的两端，其外壳固定不动。安装时将一个传感器的定子齿轮的齿与其转子齿轮的齿相对；另一个传感器的定子齿轮的槽与转子齿轮的齿相对。当被测轴无扭矩时，扭转角为零，两传感器线圈输出信号相同，相位差为 0；转轴以一定的角速度旋转时，两个传感器输出相位差发生变化，不再为 0，且随两齿轮所在横截面之间相对转角的增加而增大。设工作时，轴两端产生扭转角 β，此时两个传感器输出的感应电动势将产生附加相位差 β_0。扭转角 β 与感应电动势相位差 β_0 之间的关系为

$$\beta_o = n\beta \tag{6-10}$$

式中　n——传感器定子（或转子）的齿数。

可知，传感器的输出感应电动势产生的附加相位差的大小与相对转角、扭矩成正比。由测量电路将相位差转换为时间差，就可以测出扭矩。

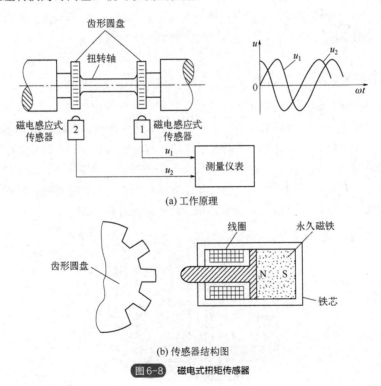

(a) 工作原理

(b) 传感器结构图

图6-8　磁电式扭矩传感器

6.2　霍尔式传感器

霍尔效应是霍尔式传感器工作的理论基础，美国物理学家霍尔（Edwin H.Hall）首先在 1879

年从金属材料中发现了霍尔效应，但由于霍尔效应太弱而没有得到应用。随着半导体技术的发展，霍尔式传感器因半导体材料的霍尔效应显著而得到应用和发展，被广泛应用于压力、加速度、位移、振动等方面的测量。

6.2.1　工作原理

（1）霍尔效应

一块长为 l，宽为 b，厚为 d 的半导体薄片置于磁感应强度为 B 的磁场（磁场方向垂直于薄片）中，如图 6-9 所示。当有电流 I 流过时，在垂直于电流和磁场的方向上将产生电动势 U_H，这种现象称为霍尔效应。

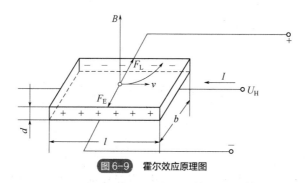

图 6-9　霍尔效应原理图

假设薄片为 N 型半导体，在其左右两端通以控制电流 I，则半导体中的载流子（电子）将沿着与电流 I 相反的方向运动。由于外磁场 B 的作用，使电子受到洛伦兹力 F_L 作用而发生偏转，结果在半导体的后端面上电子集聚，而前端面缺失电子，因此后端面带负电，前端面带正电，前后端面间形成电场，电场产生的电场力 F_E 阻止电子继续偏转。当 F_E 与 F_L 相等时，电子积累达到动态平衡。这时，在半导体前后两端面之间（即垂直于电流和磁场方向）建立电场，称为霍尔电场 E_H，相应的电势就称为霍尔电势 U_H。

若电子以速度 v 按图 6-9 中所示方向运动，那么在 B 作用下所受的洛伦兹力可表示为

$$F_L = evB \tag{6-11}$$

式中　e——电子电荷量，$e = 1.602 \times 10^{-19} \text{C}$。

电场 E_H 作用于电子的力 $F_H = -eE_H$，式中负号表示电场方向与规定方向相反。假设薄片长、宽、厚尺寸已知，而 $E_H = U_H / b$，霍尔电场作用于电子的力为

$$F_E = -\frac{eU_H}{b} \tag{6-12}$$

当电子积累达到动态平衡时，即 $F_E + F_L = 0$，于是有

$$Bv = \frac{U_H}{b} \tag{6-13}$$

而电流密度 $j = -nev$，n 为 N 型半导体中的电子浓度，即单位体积中的电子数，负号表示电子运动速度方向与电流方向相反，所以有

$$I = jbd = -nevbd \tag{6-14}$$

$$v = -\frac{I}{nebd} \tag{6-15}$$

将式（6-15）代入式（6-13），可得

$$U_H = -\frac{IB}{ned} \tag{6-16}$$

若霍尔元件采用 P 型半导体材料，则可推导出

$$U_H = \frac{IB}{ned} \tag{6-17}$$

由式（6-16）和式（6-17）可知，根据霍尔电势的正负可以判断材料的类型。

（2）霍尔系数和灵敏度

设 $R_H = -1/ne$，则式（6-16）可写成

$$U_H = R_H \frac{IB}{d} \tag{6-18}$$

R_H 称为霍尔系数，其大小反映霍尔效应的强弱，由载流材料的物理性质所决定。

由电阻率公式 $\rho = 1/ne\mu$ 可得

$$R_H = -\rho\mu \tag{6-19}$$

式中　ρ——材料的电阻率；

　　　μ——载流子的迁移率，即单位电场作用下载流子的运动速度。

通常载流子的迁移率大于空穴的迁移率，因此多采用 N 型半导体材料制作霍尔元件。若设

$$K_H = \frac{R_H}{d} = -\frac{1}{ned} \tag{6-20}$$

将式（6-20）代入式（6-18），可得

$$U_H = K_H IB \tag{6-21}$$

K_H 为灵敏系数，表示霍尔元件在单位磁感应强度和单位控制电流作用下霍尔电势的大小，单位为 mV/（mA·T）。

于是得出下面结论：

① 金属不适合制作霍尔元件，因其电子浓度高，故霍尔系数或灵敏度都很小。

② 元件的厚度 d 越小，灵敏度越高，因而制作霍尔元件时可采取减少 d 的方法提高灵敏度。但不能认为 d 越小越好，d 太小导致元件的输入和输出电阻增加，对于锗元件更是不希望如此。还应指出，当磁感应强度 B 和霍尔元件平面法线 n 成角度 θ 时，如图 6-10 所示，实际作用于霍尔元件的有效磁场是其法线方向的分量，即 $B\cos\theta$，则其霍尔电势为

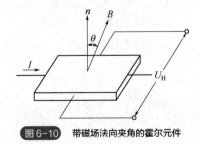

图 6-10　带磁场法向夹角的霍尔元件

$$U_H = K_H IB\cos\theta \tag{6-22}$$

由式（6-22）可知，当控制电流转向时，输出电势方向也随之变化，磁场方向改变时亦如此。若电流和磁场同时转向，则霍尔电势方向不变。

由于半导体中电子迁移率（电子定向运动的平均速度）比空穴迁移率高，因此，N 型半导体较适合于制造灵敏度高的霍尔元件。不同半导体材料，其电子迁移率差别较大，目前用得较多的材料有锗、硅、锑化铟和砷化铟等。

6.2.2　霍尔元件的结构和基本电路

霍尔元件的结构如图 6-11 所示。图 6-11（a）中，从矩形薄片半导体基片上的两个相互垂直方向侧面上，引出一对电极。其中，1-1'电极用于加控制电流，称为控制电极；另一对 2-2'电极用于引出霍尔电势，称为霍尔电势输出极（霍尔电极）。在基片外面用金属或陶瓷、环氧树脂等封装作为外壳。图 6-11（b）是霍尔元件通用的图形符号。

霍尔电极在基片上的位置及它的宽度对霍尔电势 U_H 数值影响很大。通常霍尔电极位于基片长度的中间，其宽度远小于基片的长度，如图 6-11（c）所示。

霍尔元件的基本测量电路如图 6-11（d）所示。控制电流 I 由电压源供给，其大小由可变电阻调节。霍尔电势 U_H 加在负载电阻 R_L 上，代表测量电路放大器的输入电阻。

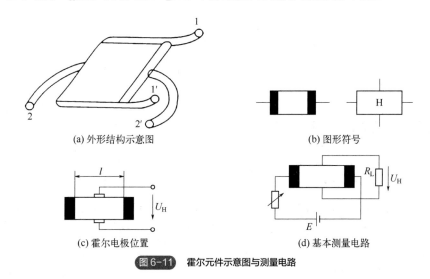

(a) 外形结构示意图　　　　　　　　　　(b) 图形符号

(c) 霍尔电极位置　　　　　　　　　　(d) 基本测量电路

图 6-11　霍尔元件示意图与测量电路

由于建立霍尔电势所需的时间较短，为 $10^{-14} \sim 10^{-12}$s，因此响应频率很高。控制电流采用交流时，其频率可达几千兆赫。

6.2.3　霍尔元件的主要特性参数

当磁场和环境温度一定时，霍尔元件输出的霍尔电势与控制电流 I 成正比。同样，当控制电流和环境温度一定时，霍尔元件输出的霍尔电势与磁场的磁感应强度 B 成正比。环境温度一定时，输出的霍尔电势与 I 与 B 的乘积成正比。根据上述线性关系可以设计多种类型的传感器。实践中发现只有磁感应强度小 0.5T 时，上述线性关系才较好。霍尔元件的主要特性参数如下：

① 输入电阻和输出电阻。霍尔元件工作时需要加控制电流，这就需要知道控制电极间的电阻，称为输入电阻。霍尔电极输出霍尔电势，对外是电源，这就需要知道霍尔电极之间的电阻，称为输出电阻。测量以上电阻时，应在没有外磁场和室温变化的条件下进行。

② 额定控制电流和最大允许控制电流。当霍尔元件的控制电流使其本身在空气中产生 10℃

温升时，对应的控制电流值称为额定控制电流。元件允许的最大温升限制所对应的控制电流值称为最大允许控制电流。因霍尔电势随控制电流的增加而线性增加，实用中总希望选用尽可能大的控制电流。

③ 不等位电势 U_0 和不等位电阻 r_0。当霍尔元件的控制电流为额定值 I_N 时，若元件所处位置的磁感应强度为零，则霍尔电势理论上应该为零，实际测得的非零空载霍尔电势称为不等位电势 U_0，U_0 是因两个霍尔电极安装时不在同一个电位面上所致。如图 6-12 所示，不等位电势是由霍尔电极 2 和 2'之间的电阻 r_0

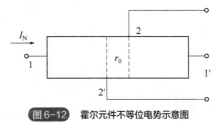

图 6-12　霍尔元件不等位电势示意图

决定的，r_0 称不等位电阻。不等位电势就是控制电流 I 流经不等位电阻 r_0 产生的电压。

④ 寄生直流电势。没有外加磁场，霍尔元件用交流控制电流时，霍尔电极的输出除了交流不等位电势外，还有一个直流电势，称寄生直流电势。控制电极和霍尔电极与基片的连接属于金属与半导体的非完全欧姆接触，会产生整流效应。控制电流和霍尔电势都是交流时，经整流效应，它们各自在霍尔电极之间建立直流电势。此外，两个霍尔电极焊点的不一致，造成两焊点热容量、散热状态的不一致，引起两电极温度不同而产生温差电势，这也是寄生直流电势的一部分。寄生直流电势是霍尔元件零位误差的一部分。

⑤ 霍尔电势温度系数。在一定磁感应强度和控制电流下，温度每变化 1℃时，霍尔电势变化的百分率称为霍尔电势温度系数。

6.2.4　霍尔元件的误差及补偿

（1）不等位电势误差的补偿

霍尔元件等效电路如图 6-13 所示，一个矩形霍尔片（元件）有两对电极，各个相邻电极之间有 4 个电阻（R_1、R_2、R_3 和 R_4），因而可以把霍尔元件视为一个 4 臂电阻电桥，不等位电势就相当于电桥的初始不平衡输出电压。不等位电势与霍尔电势具有相同的数量级，是产生零位误差的根源。实用中，若想消除不等位电势很困难，因而只能采用补偿的措施。由图 6-14（a）可得出，不等位电势由不等位电阻产生，因此可以用分析电阻的方法找到一个不等位电势的补偿方法。理想情况下，不等位电势为零，即电桥平衡，相当于 $R_1 = R_2 = R_3 = R_4$，则所有能够使电桥达到平衡的方法均可用于补偿不等位电势，使不等位电势为零，所以，补偿的方式很多，各有特点。由于霍尔元件的不等位电势是其工作温度的函数，所以，还要考虑温度补偿问题。图 6-14（b）是众多不等位电势补偿电路中的一种。它是对称电路，因而当温度变化时，补偿的稳定性要好些。

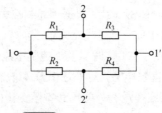

图 6-13　霍尔元件等效电路

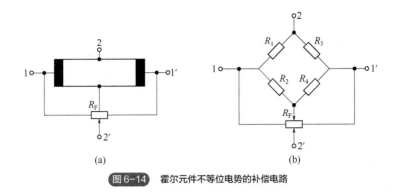

図 6-14　霍尔元件不等位电势的补偿电路

（2）温度误差及其补偿

霍尔元件的基片是半导体材料，因而对温度的变化很敏感。其载流子浓度和载流子迁移率、电阻率和霍尔系数都是温度的函数。当温度变化时，霍尔元件的一些特性参数，如霍尔电势 U_H、输入电阻和输出电阻等都要发生变化，从而使霍尔或传感器产生温度误差。

为了减小霍尔元件的温度误差，除选用温度系数小的元件或采用恒温措施外，由 $U_H = K_H IB$ 可以看出，采用恒流源供电是一种有效的措施，可以使霍尔电势 U_H 稳定，但是，也只能减小由于输入电阻随温度变化引起控制电流 I 变化（恒压源供电时）带来的影响。

霍尔元件的灵敏系数 K_H 也是温度的函数，它随温度的变化引起霍尔电势的变化。霍尔元件的灵敏系数与温度的关系可写成

$$K_H = K_{H0}\left(1 + \gamma \Delta T\right) \tag{6-23}$$

式中　K_{H0} ——温度 T_0 时的 K_H 值；

　　　ΔT ——温度变化量，$\Delta T = T - T_0$；

　　　γ ——霍尔电势的温度系数。

大多数霍尔元件的温度系数 γ 是正值时，它们的霍尔电势随温度的升高而增加到（$1 + \gamma \Delta T$）倍。与此同时，如果让控制电流 I 相应地减小，能保持 $K_H I$ 这个乘积不变，也就抵消了灵敏系数 K_H 值增加的影响。图 6-15 所示是一个简单、补偿效果又较好的补偿电路。电路中用一个分流电阻 R_P 与霍尔元件的控制电极并联。当霍尔元件的输入电阻随温度升高而增加时，旁路分流电阻 R_P 自动地加强分流，减少了霍尔元件的控制电流 I，从而达到补偿的目的。

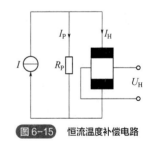

图 6-15　恒流温度补偿电路

当霍尔元件的初始温度为 T_0，初始输入电阻为 R_{I0}，灵敏系数为 K_{H0}，分流电阻为 R_{P0} 时，有

$$I_{H0} = \frac{R_{P0} I}{R_{P0} + R_{I0}} \tag{6-24}$$

当温度上升到 T 时，电路中各参数变化为

$$R_I = R_{I0}\left(1 + \alpha \Delta T\right) \tag{6-25}$$

$$R_P = R_{P0}\left(1 + \beta \Delta T\right) \tag{6-26}$$

式中　α——霍尔元件输入电阻温度系数；

　　　β——分流电阻温度系数。

则有

$$I_{\mathrm{H}} = \frac{R_{\mathrm{P}}I}{R_{\mathrm{I}}+R_{\mathrm{P}}} = \frac{R_{\mathrm{P0}}\left(1+\beta\Delta T\right)I}{R_{\mathrm{I0}}\left(1+\alpha\Delta T\right)+R_{\mathrm{P0}}\left(1+\beta\Delta T\right)} \tag{6-27}$$

要使电路满足在温度变化前后，霍尔电压 U_{H} 不发生变化，即

$$U_{\mathrm{H0}} = U_{\mathrm{H}} \tag{6-28}$$

B 不随温度变化而变化，根据式（6-21）则有

$$K_{\mathrm{H0}}I_{\mathrm{H0}} = K_{\mathrm{H}}I_{\mathrm{H}} \tag{6-29}$$

将式（6-23）、式（6-24）、式（6-27）代入式（6-29），整理并约去 ΔT^2 项后得

$$R_{\mathrm{P0}} = \frac{(\alpha-\beta-\gamma)R_{\mathrm{I0}}}{\gamma} \tag{6-30}$$

当霍尔元件选定后，它的输入电阻、分流电阻温度系数以及霍尔电势温度系数都是确定值，由式（6-30）可以计算出分流电阻的初始值。

6.2.5 霍尔式传感器的应用

霍尔元件具有结构简单、体积小、重量轻、频带宽、动态特性好和寿命长等许多优点，因而得到广泛应用。在电磁测量中，用它测量恒定的或交变的磁感应强度、有功功率、无功功率、相位、电能等参数；在自动检测系统中，多用它测量位移、压力。

（1）微位移和压力测量

由式（6-21）可以知，当控制电流 I 恒定时，霍尔电势与磁感应强度 B 成正比，若磁感应强度 B 是位置的函数，则霍尔电势的大小就可以用来反映霍尔元件的位置。于是制造一个某方向上磁感应强度 B 呈线性变化（增加或减小）的磁场，当霍尔元件在这种磁场中移动时，其输出 U_{H} 的变化反映了霍尔元件的位移 Δx，利用这个原理可以对位移进行测量。以测量微位移为基础，可以测量许多与微位移有关的非电量，如力、应变、机械振动和加速度等。显然，磁场的梯度越大，测量的灵敏度越高。沿霍尔元件移动方向的磁场梯度越均匀，霍尔电势与位移的关系越接近线性。产生梯度磁场的磁路系统图 6-16 所示，图中直流磁路系统共同形成一个沿 x 轴的高梯度磁场。为了得到较好的线性分布，在磁极端面装有特殊形状的极，用它制作的位移传感器灵敏度很高。霍尔片（元件）处在两个磁场中，调整它的初始位置使初始状态时磁场为零。霍尔片的位移量较小，适用于测量微位移和机械振动等。
霍尔元件组成的压力传感器基本包括两部分：一部分是弹性元件，如弹簧管或膜盒等，用它感受压力，并把它转换成位移量；另一部分是霍尔元件和磁路系统。图 6-17 所示为霍尔式压力传感器的结构示意图。其中，弹簧管是弹性元件，当被测压力发生变化时，弹簧管端部发生位移，带动霍尔片在均匀梯度磁场中移动，作用在霍尔片上的磁场发生变化，输出的霍尔电势随

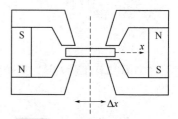

图 6-16　产生梯度磁场的磁路系统

之改变，由此反映压力的变化。并且霍尔电势与位移（压力）呈线性关系，其位移量在 ±1.5mm 范围内输出的霍尔电势值约为 ±20mV。

霍尔式加速度传感器如图 6-18 所示。弹性金属板一端固定在传感器壳体上，另一端是自由端，装有霍尔元件 H，中间嵌有质量块 M。霍尔元件的上、下方装有一对相同的磁钢固定在壳体上。加速度传感器的壳体固定在被测物体上，当被测物体做垂直加速度运动时，在惯性力作用下，质量块 M 使弹性金属板自由端产生位移，从而使霍尔元件产生霍尔电势输出，由其大小可以得出被测物体加速度的大小。

类似地，还有霍尔式振动传感器，被测对象的振动传递到霍尔元件上，变成霍尔元件在磁场中的往复运动，则元件所输出的霍尔电势就反映了被测振动的频率和幅值。

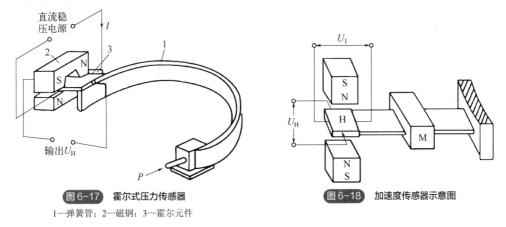

图 6-17　霍尔式压力传感器
1—弹簧管；2—磁钢；3—霍尔元件

图 6-18　加速度传感器示意图

（2）磁场的测量

由于霍尔片的结构特点，它特别适用于微小气隙中的磁感应强度、高梯度磁场参数的测量。

若磁感应强度 B 方向与霍尔片法线方向成 θ 角时，显然，只有磁感应强度 B 在基片法线方向上的分量 $B\cos\theta$ 才产生霍尔电势，即式（6-22）。

式（6-22）表明，霍尔电势 U_H 是磁场方向与霍尔片法线方向之间夹角 θ 的函数。运用这一原理可以制成霍尔式磁罗盘、霍尔式方位传感器、霍尔式转速传感器等测量装置。

（3）转速的测量

利用霍尔元件的开关特性可以实现对转速的测量，如图 6-19 所示，在被测非磁性材料的旋转体上粘贴一对或多对永磁体，其中图 6-19（a）是永磁体粘在旋转体盘面上，图 6-19（b）是永磁体粘在旋转体盘侧。导磁体霍尔元件组成的测量头置于永磁体附近，当被测物体以角速度 ω 旋转，每个永磁体通过测量头时，霍尔元件上就会产生一个相应的脉冲，测量单位时间内的脉冲数目，就可以推算出被测物体的旋转速度。

设旋转体上固定有 n 个永磁体，采样时间 t（单位：s）内霍尔元件送入数字频率计的脉冲数为 N，则转速为

$$r = \frac{N/n}{t} = \frac{N}{tn} \tag{6-31}$$

$$\omega = 2\pi r = \frac{2\pi N}{tn} \tag{6-32}$$

可见，测量转速时分辨率的大小取决于转盘上的永磁体的数目 n。用上述原理还可以设计里程表等。

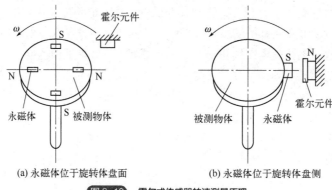

(a) 永磁体位于旋转体盘面　　　　　(b) 永磁体位于旋转体盘侧

图 6-19　霍尔式传感器转速测量原理

 ## 思考题与习题

（1）简述磁电感应式传感器的工作原理，叙述变磁通式和恒磁通式、动圈式与动铁式磁电感应式传感器工作原理的联系与区别。

（2）为什么磁电感应式传感器不能工作于较高的工作频率？

（3）简述霍尔式位移传感器的输出电压与位移成正比关系的原因。

（4）霍尔元件 l、b、d 尺寸分别为 2.0mm、5.0mm、0.2mm，沿 l 方向通以电流 I=1.0mA，在垂直 lb 面加有均匀磁场 B=0.4T，传感器的灵敏系数为 25V/（A·T），求其输出的霍尔电压和载流子浓度。

（5）影响霍尔元件输出零点的因素有哪些？不等位电势如何补偿？温度误差如何补偿？

（6）霍尔元件能否实现非接触测量？设计一个无触点式霍尔按键开关。

（7）基于霍尔效应的钳形电流表是电气工程中常用的测量仪表，分析其工作原理。

（8）结合本章内容，查阅电磁流量计的相关资料，简述其相关工作原理及应用。

第 7 章

压电式传感器

→ **本章思维导图**

本书配套资源

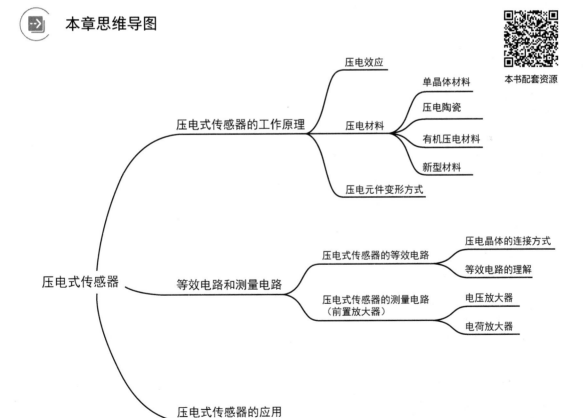

本章学习目标

（1）掌握压电式传感器的工作原理；

（2）了解各种压电材料的特性；

（3）了解压电元件的变形方式；

（4）掌握压电式传感器的等效电路和前置放大器内容；

（5）掌握压电式传感器的应用；

（6）了解压电式传感器的未来发展趋势。

7.1　压电式传感器的工作原理

压电式传感器的工作原理是基于电介质材料的压电效应，当对材料的表面施加力时，其表面会产生电荷，电荷经电荷放大器和测量电路放大变换后，成为与外力成正比的电信号输出，由此实现被测参数的测量。值得注意的是，压电式传感器不能用于静态测量，并且经过外力作用后的电荷，只有在回路具有无限大的输入阻抗时才得到保存。

压电式传感器可以对各种动态力、机械冲击、振动、加速度、压力、流量、位移和温度等物理量进行测量，在声学、医学、力学、导航方面都得到广泛的应用。它具有体积小、质量轻、结构简单、频响高、信噪比大等特点。缺点是某些压电材料输出的直流响应差，需要采用高输入阻抗电路或电荷放大器来克服这一缺陷。

7.1.1　压电效应

压电效应可分为正压电效应和逆压电效应，当对电介质材料施以外力时，电介质材料为了对抗变形会在材料表面产生正负电荷，而这种因为形变而产生的电极化现象称为正压电效应，如图 7-1 所示。

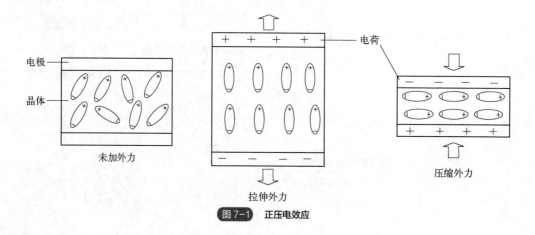

图 7-1　正压电效应

当对电介质材料施加电场时，电介质材料表面就会出现一些机械形变的现象，并且电介质材料形变的程度与对其施加的外电场强度成正比，这种现象称为逆压电效应，如图 7-2 所示。

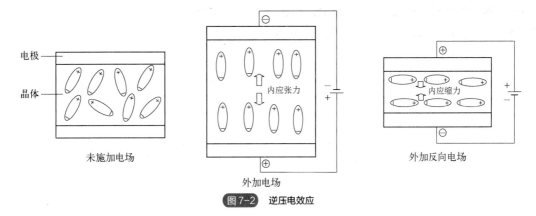

图 7-2　逆压电效应

正压电效应将机械能转换成电能，逆压电效应则反之。单晶材料和多晶铁电陶瓷中都可产生压电效应，压电效应通常都源自晶体结构，石英等天然材料具有压电效应，原因就在于其自身的晶体结构。压电效应被广泛应用于各种器件（如振荡器、换能器、微型直线电机、滤波器等）以及压电式传感器中。

压电材料的压电性涉及力学和电学之间的相互作用，而压电方程就是描述压电材料的力学量和电学量之间相互关系的表达式。在压电式传感器中，压电材料受到外力 F 时，压电材料的某一外表面会产生相对应的电荷 Q，其关系表示为

$$Q = dF \tag{7-1}$$

关系式中的 d 指压电系数，d 是一个常数，也称压电常数。因为传感器中的压电材料所受到力的方向和方式不同，其传感器的压电系数也会不同，所以常用 d_{ij} 来表示不同的压电系数。

7.1.2　压电材料

压电材料是指在受到压力电场的作用下能够呈现压电效应的一类材料，这类压电材料可以用来设计高性能传感器。压电材料可分为无机压电材料和有机压电材料两大类。

无机压电材料主要包括单晶体材料、压电陶瓷，如锆钛酸铅（PZT）、硼酸钠（$Na_2B_4O_7$）和氧化锌（ZnO）等。这些材料具有优异的压电性能和稳定性，广泛应用于传感器、换能器、电子元件等领域。

有机压电材料是一类相对较新的材料，由有机聚合物构成，如聚偏二氟乙烯（PVDF）等。有机压电材料具有较高的柔韧性和可塑性，同时具有低密度、低阻抗等优点。不足之处是压电系数偏低，使之作为有源发射换能器受到很大的限制。

压电材料在各个领域有广泛的应用。在传感领域，压电材料可以用于制造加速度计、力传感器等，用于测量和监测力、振动等物理量。在声学领域，压电材料可用于制造声波发生器、超声波传感器、扬声器等。在控制领域，压电材料可用于制造微调器、振动控制器、电子驱动器等。总之，压电材料由于其独特的机-电耦合特性，在传感、控制、声学和机械应用中发挥着重要作用，并在许多领域中得到广泛应用。

（1）单晶体材料

1880 年，居里兄弟首先发现石英晶体具有压电性。石英是压电晶体的代表，石英晶体是一种应用广泛的压电晶体。它是二氧化硅单晶体，属于六角晶系，为规则的六角棱柱体。如图 7-3 所示，石英晶体有 3 个晶轴：X 轴、Y 轴和 Z 轴。Z 轴又称光轴，它与晶体的纵轴线方向一致；X 轴又称电轴，它通过六面体相对的两个棱线并垂直于光轴；Y 轴又称机械轴，它垂直于两个相对的晶柱棱面。

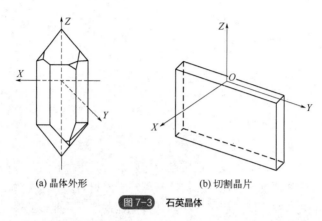

(a) 晶体外形　　　　　(b) 切割晶片

图 7-3　石英晶体

石英晶体的压电性是由其晶体结构特点所决定的。在石英晶体中，硅原子和氧原子通过共价键结合形成了三维的网状结构，其中硅原子位于晶体的中心位置，而氧原子则位于硅原子周围形成四面体结构。当施加外力或应力于石英晶体时，晶体结构发生变形，导致正负电荷的位移和重新分布，从而在晶体内部产生电荷分离和电势差，表现出压电效应。

石英晶体是一种各向异性的介质，在各个方向上晶体性质都是不同的。当施加力沿着电轴 X 方向时，产生的电荷效应称为"纵向压电效应"；而当施加力沿着机械轴 Y 方向时，则产生的电荷效应称为"横向压电效应"；在光轴 Z 方向受力时，不产生压电效应。

从石英晶体上切下一片晶片，其晶面分别平行于 X、Y、Z 轴，当沿电轴 X 方向有作用力 F_X 时，则在与 X 轴垂直的切面上，产生电荷 q_X，其大小为

$$q_X = d_{11}F_X \tag{7-2}$$

式中　d_{11}——X 方向受力、垂直 X 轴切面上取电荷的压电系数。

由上式可知，沿电轴 X 方向的力作用在晶片上时，在切面上产生的电荷数量与晶片几何尺寸是无关的。

在同一切片上，当沿机械轴 Y 方向有作用力 F_Y 时，其电荷仍然显示在与 X 轴垂直的切面上，但极性相反，产生电荷 q_Y，其大小为

$$q_Y = \frac{d_{12}a}{bF_Y} \tag{7-3}$$

式中　a——晶片长度；

　　　b——晶片厚度；

　　　d_{12}——Y 方向受力的压电系数，$d_{12} = -d_{11}$。

由上式可知，在晶片上有沿机械轴 Y 方向的作用力时，产生的电荷数量与晶片几何尺寸有关。

晶片上电荷极性与其受力方向的关系如图 7-4 所示。

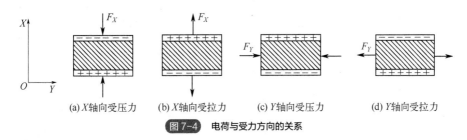

(a) X轴向受压力   (b) X轴向受拉力   (c) Y轴向受压力   (d) Y轴向受拉力

图 7-4 电荷与受力方向的关系

石英晶体具有较高的压电常数，表征了其对应力的敏感程度。压电常数越大，晶体在外力作用下产生的电荷量和电势变化就越大。石英晶体的压电常数较高，使其在传感和控制应用中表现出优异的性能。

在压电应用中，石英晶体还具有良好的频率稳定性。这是因为石英晶体的压电效应与其晶体结构相关，而晶体结构的稳定性保证了压电效应的一致性和可靠性。因此，石英晶体常被用作频率控制元件，如振荡器和谐振器。

石英晶体在较宽的温度范围内具有较好的稳定性。它的压电性能可以在高温和低温条件下保持相对稳定，这使得石英晶体在极端环境和温度变化较大的应用中仍能正常工作。并且其具有较高的机械刚性和硬度，能够承受较大的压力和应力而不易变形或破裂。这使得石英晶体在高压和强应力环境下具有出色的性能。

（2）压电陶瓷

压电陶瓷是一种重要的无机压电材料，具有优异的压电性能和稳定性。它们由多种金属氧化物组成，常见的包括锆钛酸铅（PZT）、铌镁酸铅-钛酸铅（PMN-PT）和锆钛酸铅-铋（PZT-B）等。

压电陶瓷的压电效应是由其晶体结构特性和极化行为所决定的。这些陶瓷材料具有极化的晶体结构，在外加电场下会发生极化反应，即正负电荷分布发生变化。相反地，在外力作用下，陶瓷晶体会发生微小的变形，从而产生电荷分离和电势变化，表现出压电效应。压电陶瓷通常具有较高的压电常数，可产生较大的电荷和电势变化，适用于传感、控制和换能器等领域，使其在需要高灵敏度和大量程领域中具有重要应用。相比之下，一些晶体材料虽然压电常数较低，但它们可能在其他方面具有独特的优势，如温度稳定性或频率响应。

压电陶瓷具有较宽的工作频率范围，能够在高频和超声波应用中工作。其频率响应能力使其成为超声波发生器、传感器和声学设备的理想选择。在温度和湿度变化下具有良好的稳定性，能够在广泛的温度范围内保持压电性能的稳定，并且湿度对其影响较小，使其适用于各种环境条件。压电陶瓷具有较高的机械强度和硬度，能够承受较大的压力和应力而不易破裂。这种机械稳定性使得它们在高压力和恶劣环境下具有出色的性能。

当对压电陶瓷施加机械应力或电场时，压电陶瓷中的正负电荷会分离，并形成一个电畴。电畴是指材料内部的电场强度存在一个方向性的区域。压电陶瓷的电畴可以在材料内部产生极化，即电畴中的正负电荷会分别向材料的不同方向偏移，如图 7-5 所示。

在没有外界应力或电场作用时，压电陶瓷中的电畴是随机分布的，并且呈现出无极化的状态。然而，当施加机械应力或电场时，电畴会重新排列，并且整个材料将呈现出极化状态。这种极化会导致压电陶瓷在机械能和电场能之间实现能量转换。

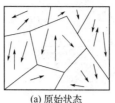
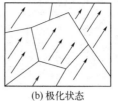

(a) 原始状态   (b) 极化状态

图 7-5   压电陶瓷中的电畴

需要注意的是，电畴是一个微观尺度的概念，描述了材料内部的电场分布情况。在实际应用中，通过将压电陶瓷进行极化处理，可以使电畴在整个材料内部保持一致的方向，从而增强其压电效应。

（3）有机压电材料

有机压电材料是指由有机分子构成的具有压电效应的材料。相比传统的无机压电材料，有机压电材料具有柔性、低成本、可塑性和可加工性等优点，因此在柔性电子、生物医学传感和能量收集等领域受到广泛关注。

PVDF 是最常见的有机压电材料之一。它具有良好的压电性能、化学稳定性和耐久性。与其他聚合物共聚或掺杂，如偏氟乙烯-三氟乙烯共聚物［P(VDF-TrFE)］、偏氟乙烯-四氟乙烯共聚物［P(VDF-TFE)］等，可以改善其性能并增强压电响应。PVDF 具有许多优点：第一是 PVDF 具有良好的化学稳定性，可以耐受酸碱、有机溶剂和氧化剂的侵蚀，这使得 PVDF 适用于各种环境条件，并具有较长的使用寿命；第二是高温稳定性，PVDF 具有较高的熔点和玻璃化转变温度，可以在相对高温下保持其性能，这使得 PVDF 在高温环境中的应用具有优势；第三是 PVDF 具有相对较高的压电常数，在施加机械应力或电场时能够产生较大的电荷或机械位移，这使得 PVDF 在压电式传感器和能量收集器等应用中具有优异的性能。除此之外，PVDF 还具有耐久性、易加工性以及频响宽等特点，使其成为压电式传感器、能量收集器和柔性电子等领域的理想选择。

（4）新型材料

近年来，研究人员一直在寻找新型的材料用于压电式传感器，以提高其性能和应用领域。以下是近期出现的一些新型材料：

① 二维材料：石墨烯和其他二维材料在压电式传感器领域也引起了广泛的研究兴趣。这些材料具有独特的电子、光学和机械性质，能够制造高灵敏度和快速响应的压电式传感器。

② 复合材料：利用复合材料结构可以实现更高的压电灵敏度和性能。例如，将压电陶瓷与聚合物基质进行复合可以兼具高压电性能和柔性可塑性。

③ 无铅压电材料：出于环保和健康因素的考虑，无铅压电材料成为了研究的热点。一些无铅压电材料，如钛酸锆钡[Ba(Zr，Ti)O$_3$]和钛酸锆（ZrO$_2$-TiO$_2$）等，被广泛研究用于压电式传感器。

④ 有机-无机杂化材料：有机-无机杂化材料结合了有机和无机材料的优点，具有优异的压电性能和可调性。例如，有机-无机钙钛矿材料和聚合物复合材料在压电式传感器领域表现出良好的应用潜力。

这些新型材料在压电式传感器领域的研究和应用正在不断发展，有望为压电式传感器的性能提升和应用拓展带来新的机遇。

7.1.3 压电元件变形方式

弯曲变形：通过施加机械应力或电场，压电元件可以产生弯曲变形。这种变形是由电畴的重新排列和材料的压电耦合效应引起的，导致元件在弯曲方向上产生位移。

扭转变形：压电元件可以通过施加扭转力或电场来实现扭转变形。扭转变形是电畴重新排列导致材料的扭转刚度发生变化，从而使元件发生旋转或扭转。

拉伸/压缩复合变形：在某些压电元件中同时施加机械压力或电场，使其产生拉伸或压缩复合变形。这种变形可以通过调节机械压力和电场的作用方式和大小，使元件在多个方向上产生复合变形。

悬臂梁弯曲：一端固定而另一端自由悬挂的压电材料，在施加电场时发生弯曲变形。这种变形方式常用于微机电系统（MEMS）中的压电式传感器和执行器。

薄膜/薄片变形：将压电材料制备成薄膜或薄片形式，可以在施加电场或机械应力时实现膜片的形变。这种变形方式常用于应变式传感器和压电式传感器等。

螺旋形变形：将压电材料制成螺旋形状，施加电场或机械应力时可以使螺旋发生扭转和形变。这种变形方式常用于微纳尺度的压电器件和微型驱动器。

管状变形：将压电材料制备成管状结构，在施加电场或机械应力时可以使管状元件发生径向的膨胀或收缩。这种变形方式常用于液体喷射器和微型泵等。

压电元件的变形是由压电材料内部的电畴重排引起的，因此这些变形都与电场的方向、大小和施加的机械应力相关。通过控制电场和机械应力的作用方式和大小，可以实现不同类型的压电元件变形，以满足具体应用的需求。压电元件的变形能力使其在传感器领域具有广泛的应用潜力。

7.2 等效电路和测量电路

7.2.1 压电式传感器的等效电路

（1）压电晶体的连接方式

在实际使用中，若仅用单片压电元件工作的话，要产生足够的表面电荷就要相对较大的作用力，因此一般采用两片或两片以上压电元件组合在一起使用。由于压电元件是有极性的，因此连接方法有两种：串联连接和并联连接。

串联连接：如图7-6（a）所示，上极板为正极，下极板为负极，在中间是元件的负极与另一元件的正极相连接，此时传感器本身电容小，输出电压大，适用于要求以电压为输出的场合，并要求测量电路有高的输入阻抗。

$$q' = q, \quad U' = 2U, \quad C' = \frac{C}{2} \tag{7-4}$$

式中　q——元件电荷；

　　　C——元件电容；

　　　U——元件电压；

　　　q'——总电荷；

　　　U'——总电压；

　　　C'——总电容。

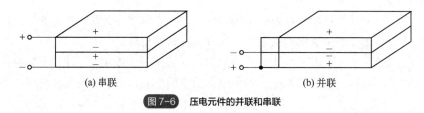

(a) 串联　　　　　　　　　　　　　(b) 并联

图7-6　压电元件的并联和串联

并联连接：如图 7-6（b）所示，两压电元件的负极集中在中间极板上，正极在上下两边并连接在一起，此时电容量大，输出电荷量大，适用于测量缓变信号和以电荷为输出的场合。

$$q' = 2q, \quad U' = U, \quad C' = 2C \tag{7-5}$$

（2）等效电路

压电式传感器的压电元件受到外力作用时，在受力纵向或横向表面上出现电荷聚集。在一个极板上聚集正电荷，而在另一个极板上聚集负电荷。因此压电式传感器可以看成一个电荷发生器。同时，它又相当于一个以压电元件为电介质的电容器，其电容值为

$$C_a = \frac{\varepsilon_r \varepsilon_0 S}{\delta} \tag{7-6}$$

式中　S——极板面积；

　　　ε_r——相对介电常数；

　　　ε_0——真空介电常数；

　　　δ——压电元件厚度。

当两极板聚集异性电荷时，极板间呈现一定的电压，其大小为

$$U = \frac{q}{C_a} \tag{7-7}$$

因此可以把压电式传感器等效为一个电荷源 q 和一个电容器 C_a 并联的等效电路；同时也可以等效为一个电压源 U 和一个电容器 C_a 串联的等效电路。其中，R_a 为压电式传感器的漏电阻。

压电式传感器在实际使用时需要与测量仪器或测量电路相连接，因此还需考虑连接电缆的等效电容 C_c、放大器的输入电阻 R_i 和输入电容 C_i 以及压电式传感器的漏电阻 R_a。压电式传感器在测量系统中的实际等效电路如图 7-7 所示。

压电式传感器的灵敏度是指传感器输出信号与输入物理量之间的关系，即传感器对输入物理量变化的灵敏程度。对于压电式传感器来说，灵敏度通常以输出电压或输出电荷的变化量与输入物理变化量的比值表示。

压电式传感器的灵敏度有以下两种表示方式：

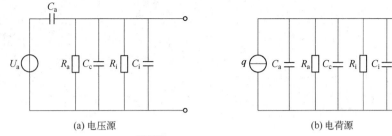

(a) 电压源　　　　　　　　　　　　　　　(b) 电荷源

图 7-7　压电式传感器的实际等效电路

① 电压灵敏度。它表示单位力所产生的电压：

$$K_U = \frac{U}{F} \tag{7-8}$$

② 电荷灵敏度。它表示单位力所产生的电荷：

$$K_q = \frac{q}{F} \tag{7-9}$$

电压灵敏度和电荷灵敏度是用于描述压电式传感器的两种不同的灵敏度指标。电压灵敏度和电荷灵敏度之间存在一定的关系。可以通过以下公式将它们互相转换：

$$K_U = \frac{K_q}{C_a} \tag{7-10}$$

电容在这个关系中充当转换因子的角色。由于压电式传感器本身具有一定的电容性质，当输入物理量变化时，压电式传感器输出的电荷量与电压量之间存在这种关系。

7.2.2　压电式传感器的测量电路（前置放大器）

压电元件实际上可以等效为一个电容器，因此，它也存在着与电容式传感器相同的问题，即具有高内阻（$R_a \geqslant 10^{10}\,\Omega$）和小功率的问题，对于这些问题可以使用转换（测量）电路来解决。

为了保证压电式传感器的测量误差小到一定程度，则要求负载电阻 R_L 要大到一定数值，才能使晶体片上的漏电流相应变小，因此在压电式传感器输出端要接入一个输入阻抗很高的前置放大器，然后再接入一般的放大器。其目的：一是放大传感器输出的微弱信号，二是将它的高阻抗输出变换成低阻抗输出。

根据前面的等效电路，压电式传感器的输出可以是电压，也可以是电荷，因此前置放大器也有两种形式：电压放大器和电荷放大器。

（1）电压放大器

电压放大器的作用是将压电式传感器的高输出阻抗变换为低阻抗输出，并将微弱的电压信号进行适当放大，因此也把这种测量电路称为阻抗变换器。电压放大器电路原理图及其等效电路如图 7-8 所示。

在等效电路中，电阻 $R = R_a R_i / (R_a + R_i)$，电容 $C = C_c + C_i$，而 $U_a = q / C_a$，若压电元件受正弦力 $f = F_m \sin(\omega t)$ 的作用（F_m 指力的最大值，即在正弦波中力的峰值大小，它决定了压电元

件所受力的最大强度），则其电压为

$$U_a = \frac{d_a F_m}{C_a} \sin(\omega t) = U_m \sin(\omega t) \tag{7-11}$$

式中　U_m ——压电元件输出电压幅值，$U_m = d_a F_m / C_a$；

　　　　d_a ——压电系数。

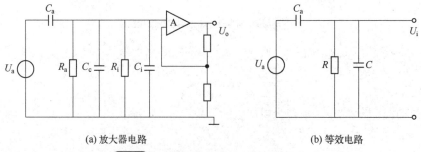

(a) 放大器电路　　　　　　　　　　(b) 等效电路

图 7-8　电压放大器电路原理及其等效电路图

由此可得放大器输入端电压 U_i，其复数形式为

$$\dot{U}_i = d_a \dot{F} \frac{j\omega R}{1 + j\omega R(C_a + C)} \tag{7-12}$$

式中　$\dot{F}$ ——压电元件受到的正弦力 f 的复数形式。

U_i 输入端电压的幅值 U_{im}：

$$U_{im}(\omega) = \frac{d_a F_m \omega R}{\sqrt{1 + \omega^2 R^2 (C_a + C_c + C_i)^2}} \tag{7-13}$$

输入电压和作用力之间相位差为

$$\varPhi(\omega) = \frac{\pi}{2} - \arctan\left[\omega(C_a + C_c + C_i)R\right] \tag{7-14}$$

在理想情况下，传感器的 R_a 电阻值与前置放大器输入电阻 R_i 都为无限大，即 $\omega(C_a + C_c + C_i)R \gg 1$，那么由式（7-13）可知，理想情况下输入电压幅值 U_{im} 为

$$U_{im} = \frac{d_a F_m}{C_a + C_c + C_i} \tag{7-15}$$

式（7-15）表明前置放大器输入电压幅值 U_{im} 与频率无关，一般在 $\omega / \omega_0 > 3$ 时，就可以认为 U_{im} 与 ω 无关，ω_0 表示测量电路时间常数之倒数，即

$$\omega_0 = \frac{1}{(C_a + C_c + C_i)R} \tag{7-16}$$

这表明压电式传感器有很好的高频响应，当作用力在高频段时，放大器输入电压的幅度与作用力的频率无关，仅取决于等效电路参数，这是压电式传感器适用于交变压力测量的主要原因。作用力在低频段，当作用于压电元件的力为静态力（$\omega = 0$）时，前置放大器的输出电压等于零，因为电荷会通过放大器输入电阻和传感器本身漏电阻漏掉，所以压电式传感器不能用于静态力的测量。

当被测动态量变化缓慢，而测量回路时间常数不大时，会造成传感器灵敏度下降，因而要

扩大工作频带的低频段，就必须提高测量回路的时间常数 τ。但是靠增大测量回路的电容来提高时间常数，会影响传感器的灵敏度。根据传感器电压灵敏度 K_U 的定义得

$$K_U = \frac{U_{im}}{F_m} = \frac{d_a}{\sqrt{\left(\dfrac{1}{\omega R}\right)^2 + \left(C_a + C_c + C_i\right)^2}} \tag{7-17}$$

因为 $\omega \gg 1$，故上式可以近似为

$$K_U = \frac{d_a}{C_a + C_c + C_i} \tag{7-18}$$

可见，K_U 与回路电容成反比，增加回路电容必然使 K_U 下降。为此，常将 R_i 很大的前置放大器接入回路。其输入内阻越大，测量回路时间常数越大，则传感器低频响应也越好。

压电式传感器在与电压放大器配合使用时，连接电缆不能太长。电缆长，电缆电容就大，电缆电容增大必然使传感器的电压灵敏度降低。当改变连接传感器与电压放大器的电缆长度时 C_c 将改变，必须重新校正灵敏度值。电压放大器与电荷放大器相比，电路简单，元件少，价格便宜，工作可靠，但是电缆长度对传感器测量精度的影响较大，在一定程度上限制了压电式传感器在某些场合的应用。解决电缆问题的办法是将放大器装入传感器之中，组成一体化传感器。

（2）电荷放大器

由于电压放大器使配接的压电式传感器的电压灵敏度随电缆电容及传感器自身电容的变化而变化，而且电缆的更换引起重新标定的麻烦，为此又发展了便于远距离测量的电荷放大器。电荷放大器是压电式传感器另一种专用的前置放大器，它能将高内阻的电荷源转换为低内阻的电压源，而且输出电压正比于输入电荷，因此电荷放大器同样也起着阻抗变换的作用，是具有深度电容负反馈的高增益运算放大器。它的基本电路如图7-9所示。

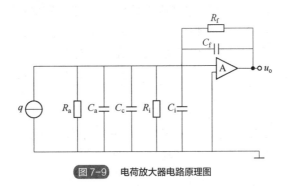

图 7-9 电荷放大器电路原理图

根据运算放大器的基本特性，可求出电荷放大器的输出电压：

$$u_o = \frac{-Aq}{C_a + C_c + C_i + (1+A)C_f} \tag{7-19}$$

一般来说，当开环放大倍数 A 足够大，$(1+A)C_f \gg C_a + C_c + C_i$ 时，式（7-19）变为

$$u_o \approx -\frac{q}{C_f} \tag{7-20}$$

由式（7-20）可见，电荷放大器的输出电压 u_o 只取决于输入电荷与反馈电容 C_f，与电缆电

容 C_c 无关，且与 q 成正比，这是电荷放大器的最大特点。为了得到必要的测量精度，要求反馈电容 C_f 的温度和时间稳定性都很好。在实际电路中，考虑到不同的量程等因素，C_f 的容量做成可选择的，范围一般为 $100 \sim 10^4 pF$。

7.3　压电式传感器的应用

7.3.1　压电式加速度传感器

典型的振动加速度测试经常采用压电式加速度传感器。振动加速度测试系统由压电式加速度传感器、电荷放大器、数据采集测试仪组成，如图 7-10 所示。由传感器将加速度信号送入电荷放大器，电荷放大器将信号转换为电压信号并放大，通过数据采集测试仪采样，便实现了对信号的采集。采集得到的信号可以通过计算机实时显示、分析和处理，也可以保存以便二次处理。

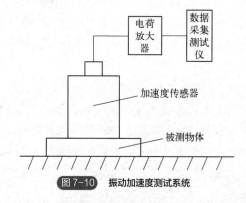

图 7-10　振动加速度测试系统

在振动加速度测量中，将压电式加速度传感器基座与试件（被测物体）刚性固定在一起（安装基面粗糙度不超过 0.41μm）。当加速度传感器受振动时，由于压电片具有的压电效应，它的两个表面就会产生交变电荷（电压），此交变电荷（电压）与作用力成正比，因此交变电荷（电压）与试件的加速度成正比。这就是压电式加速度传感器能够将振动加速度转变成为电量进行测量的原理。

压电式加速度传感器可直接安装在试件表面上，或者通过安装块进行安装。无论采用何种方式，都必须确保传感器的敏感轴与受力方向一致。对于表面形状复杂的测件，或需要测量多个方向的加速度，或者为避免对试件进行补加工，通常需要使用安装块。

在实际测试中，为了防止电缆相对运动引起的"电效应"，除了选用低噪声电缆外，还应将电缆牢固地固定在试件上。

7.3.2　PVDF 声发射传感器

PVDF 声发射传感器是一种利用 PVDF 材料的压电效应进行声发射检测的高灵敏度传感器。具有宽动态范围、耐高温和耐疲劳性能，同时结构灵活，能够根据需要进行形状设计和弯曲，适用于各种检测表面的形状。

与加速度传感器不同，声发射传感器通过压电晶片自身的谐振变形，将被检测试件表面的振动物理量转化为电量输出。根据结构分为接触型和非接触型两类，工业生产中常用接触型传感器进行设备状态监测。

使用前，声发射传感器需要使用耦合剂耦合在物体表面，靠永磁体吸附在表面上。声发射信号穿过耦合界面透射入压电晶片内，引发压电晶片的谐振变形，将物理量转化为电量输出。

压电晶片选用 PVDF 压电薄膜，PVDF 作为声发射传感器敏感转换元件可以工作在 d_{33} 模式或者 d_{31} 模式；PVDF 压电薄膜的压电常数 d_{33} 比 PZT 压电材料的常数大 10 多倍，接收声发射信号时前者比后者的输出信号电压大 10 倍以上。

压电晶片为 PVDF 的声发射传感器背衬材料选用质量比为 2∶1 的纯钨粉和环氧树脂的混合物，以消除或减少透过压电晶片的声波因界面反射而再度返回压电晶片形成的次生压电效应，从而有助于提高传感器的信噪比和分辨率。

7.3.3　纺织基柔性压电式触觉传感器

纺织基柔性压电式触觉传感器利用各向异性晶体材料（如 PVDF），在受到机械刺激时，其偶极矩产生电极化，从而引起输出电压信号的变化。这种传感器由两个平行电极和压电材料组成，外部压力导致压电材料变形，从而产生电压信号。这种技术以其高灵敏度和快速响应而著称，在动态压力检测等领域有着广泛的应用。

市场上出现了一种新型的纺织基柔性压电式触觉传感器，具备大面积、低成本和可拉伸的特点，并对接触位置敏感。该传感器采用双面效果功能针织纺织品和大孔径多孔聚氨酯泡沫构建，包括上导电层、隔离层和下导电层三层结构。导电层由导电银聚氨酯（PU）/竹纱和非导电竹纱通过互锁编织工艺制成。通过测量针织纺织品上下导电层的接触点电位值，传感器能够计算出接触点的位置坐标，并利用径向基函数（RBF）神经网络算法建立精确的数学模型，将电位向量转换为触摸位置的位置向量。经测试，该传感器连接到硅胶人体模型的肩部可以实时准确地检测并显示手指的触摸区域，表现出高灵敏度和优异的动态响应，使其成为动态压力检测的首选。

静态压力的检测受限于压电效应，仅在施加的刺激发生变化时才会触发。未来的研究趋势将专注于开发新型材料，以增强触觉传感器的输出功率，并降低生产成本。这些材料包括聚偏二氟乙烯（PVDF）、氧化锌（ZnO）和锆钛酸铅（PZT）等，有望为高性能触觉传感器的实现提供新的思路。

 思考题与习题

（1）什么是压电效应？简述正逆压电效应。

（2）石英晶体结构特点及其压电效应特性是什么？

（3）简述压电陶瓷的压电效应原理。

（4）简述压电材料的主要指标及其含义。

（5）能否用压电式传感器测量静态压力？为什么？

（6）什么是压电式传感器？其工作原理是什么？

（7）压电元件的串联与并联分别适用于什么测量场合？

第8章

热电式传感器

 本章思维导图

本书配套资源

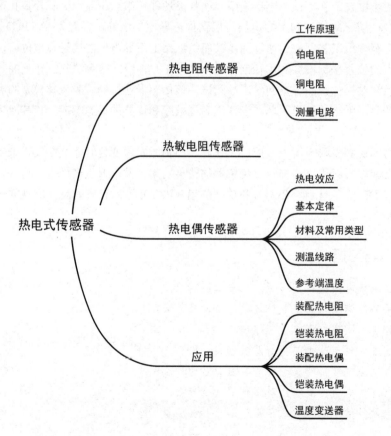

本章学习目标

> （1）掌握热电效应、热电偶、热电阻、热敏电阻等概念；
> （2）掌握热电阻的温度特性、测量电路；
> （3）掌握热敏电阻的温度特性；
> （4）掌握热电偶的测温原理、基本定律、结构与种类、测温线路；
> （5）了解热电阻、热电偶传感器的应用。

热电式传感器是将温度变化转换为电量变化的传感器，它利用敏感元件的电磁参数随温度变化的特性来进行对温度和与温度有关的参数的测量。热电阻传感器将温度变化转换为电阻的变化，热电偶传感器将温度变化转换为热电势的变化。

8.1　热电阻传感器

热电阻基于电阻的热效应进行温度测量。热效应是指电阻体的电阻值随温度的变化而变化的特性，因此，只要测量出感温热电阻的阻值变化，就可以测量出温度。由于在−200～600℃热电阻的测量精度好于热电偶，因此，通常采用热电阻对中低温工艺介质进行温度测量。

8.1.1　热电阻传感器的工作原理

大多数金属的电阻值随温度变化而变化，通常，金属热电阻的电阻-温度关系可表示为

$$R_t = R_{t_0}\left[1+\alpha\left(t-t_0\right)\right] \tag{8-1}$$

式中　R_t——温度为 t 时热电阻的电阻值；

R_{t_0}——温度 t_0 时热电阻的电阻值，一般取 $t_0=0℃$；

α——热电阻的温度系数。

常见金属电阻率及其温度系数见表 8-1。

表 8-1　常见金属电阻率及其温度系数

物质	温度 t/℃	电阻率/（$\times10^{-8}\,\Omega\cdot m$）	电阻温度系数 α/℃$^{-1}$
银	20	1.586	0.0038（20℃）
铜	20	1.678	0.00393（20℃）
金	20	2.4	0.00324（20℃）
铝	20	2.6548	0.00429（20℃）
钙	0	3.91	0.00416（0℃）
铍	20	4	0.025（20℃）
镁	20	4.45	0.0165（20℃）
钼	0	5.2	

物质	温度 t_0/℃	电阻率/（$\times 10^{-8}\,\Omega\cdot m$）	电阻温度系数 α/℃$^{-1}$
铱	20	5.3	0.003925（0～100℃）
钨	27	5.65	
锌	20	5.196	0.00419（0～100℃）
钴	20	6.64	0.00604（0～100℃）
镍	20	6.84	0.0069（0～100℃）
镉	0	6.83	0.0042（0～100℃）
铟	20	8.37	
铁	20	9.71	0.00651（20℃）
铂	20	10.6	0.00374（0～60℃）
锡	0	11	0.0047（0～100℃）
铷	20	12.5	
铬	0	12.9	0.003（0～100℃）
镓	20	17.4	
铊	0	18	
铯	20	20	
铅	20	20.684	0.00376（20～40℃）
锑	0	39	
钛	20	42	
汞	50	98.4	
锰	23～100	185	

从表 8-1 可以看出，铁、镍、铜、铂的电阻值都随温度变化而变化，但它们能否作为测量温度的热电阻，需要综合考虑以下条件：

① 为了保证测量精度，需要电阻温度系数大，电阻率大，电阻-温度关系近似于线性；

② 为了减小热惰性，需要热电阻具有小的热容量；

③ 测温时要有高的复现性；

④ 材料加工容易、材料价格便宜等。

现在实际应用中常选的热电阻材料是铂和铜，标准测温热电阻通常用金属铂材料制作。以下重点介绍铂电阻和铜电阻。

8.1.2　铂电阻

铂在氧化性环境、中低温甚至高温环境下有非常稳定的物理和化学性质，用铂制成的铂电阻测量精度高，复现性好，性能稳定可靠。铂被认为是现在制造热电阻的首选材料。早期，由于价格原因，铂电阻主要被制作成标准温度计，只作为温度校准的基准和温度标准的量值传递使用，如今，工业测量中已大量使用铂电阻进行温度测量。稳定性方面，铂电阻是现在测温应用中复现性最好的一种温度计。

通常，铂电阻的温度系数 α 值的定义为

$$\alpha = \frac{R_{100} - R_0}{R_0 \times 100℃} \tag{8-2}$$

式中　R_0——温度为0℃时铂电阻的电阻值，也称标称电阻值；

　　　R_{100}——温度为100℃时铂电阻的电阻值。

铂电阻的温度与电阻值之间的关系分两个温度区间段表示，在−200～0℃温度范围内用下式表示：

$$R_t = R_0[1 + At + Bt^2 + C(t-100)t^3] \tag{8-3}$$

在0～850℃温度范围内用下式表示：

$$R_t = R_0\left(1 + At + Bt^2\right) \tag{8-4}$$

式中　R_t——温度为t℃时铂电阻的电阻值；

A、B、C——常数，$A = 3.9083 \times 10^{-3}℃^{-1}$，$B = -5.775 \times 10^{-7}℃^{-1}$，$C = -4.183 \times 10^{-12}℃^{-1}$。

图8-1表示几种纯金属的电阻相对变化率与温度变化间的关系。在整个温度测量范围内，铂都近似线性，且线性度最好；铜在低温时近似线性，温度较高时线性度变差；铁和镍在整个温度区间内没有线性关系。

由式（8-3）、式（8-4）可见，电阻值与铂电阻的温度t及标称电阻值R_0有关，在相同温度下，铂电阻的电阻值与标称电阻值成正比。因此，要选择铂电阻作为测温元件，应首先选定其标称电阻值R_0。标准中通常规定了常用的标称电阻值，如50Ω、100Ω或1000Ω，并将具有这些标称电阻值的铂电阻称为分度号为Pt100、Pt100、Pt1000的铂电阻，标准中还将常用分度号铂电阻的温度与电阻值的对应关系列成表格，称为铂电阻分度表。

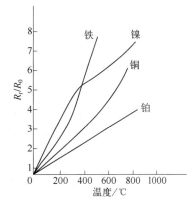

图8-1　几种纯金属的电阻相对变化率与温度变化的关系

从2013年开始，新标准扩大了标称电阻值R_0的取值范围，标准列出了R_0为100Ω的铂电阻分度表，对于其他标称电阻值R_0，如10Ω、500Ω或1000Ω，只需将分度表中的值乘以系数（$R_0/100$）即可得到。

测温学中铂纯度通常是指铂电阻温度计铂丝的纯度，用电阻比W_{100}来表示：

$$W_{100} = \frac{R_{100}}{R_0} \tag{8-5}$$

式中　R_{100}——100℃时的电阻值；

　　　R_0——0℃时的电阻值。

国家标准中，用于制造标准铂电阻温度计的铂丝要求电阻比$W_{100} \geqslant 1.39254$，用于制造工业铂电阻感温元件或工业铂电阻温度计的铂丝要求温度系数α为0.003851℃$^{-1}$，用于标准铂电阻温度计引线的铂丝要求温度系数$\alpha \geqslant 0.003920℃^{-1}$，用于工业铂电阻温度计引线的铂丝要求温度系数$\alpha \geqslant 0.003840℃^{-1}$。可以看出，由于标准铂电阻温度计的精度高于工业铂电阻，对制造标准铂电阻温度计引线的铂丝要求也高于工业铂电阻；引线的温度系数要求略低于相应温度计铂丝的要求。

通常用允差等级衡量铂电阻温度计的精度，铂电阻温度计的允差等级见表8-2。

表 8-2　铂电阻温度计允差等级

允差等级	有效温度范围/℃		允差值/℃
	线绕元件	膜式元件	
AA	−50～250	0～150	±(0.100+0.0017|t|)
A	−100～450	−30～300	±(0.150+0.002|t|)
B	−196～600	−50～500	±(0.30+0.005|t|)
C	−196～600	−50～600	±(0.6+0.01|t|)

注：\|t\|=温度绝对值，单位℃。

实验室或作为量值传递的标准铂电阻温度计的允差等级为 AA 级，工业铂电阻温度计的允差等级多为 A 级或 B 级。目前工程及实验室使用最普及的铂电阻是 Pt100。

8.1.3　铜电阻

铂是贵金属，价格昂贵。铜在低温（−50～150℃）时，电阻相对变化率与温度变化之间呈近似线性关系，温度较高时这种线性关系变差，利用铜的这种特性，制成铜电阻，用于温度较低的工况之中。铜电阻提纯工艺简单，价格比铂便宜很多，稳定性较强，其缺点是易氧化、测量精度较铂电阻低。在−50～150℃测量范围内，铜电阻的电阻与温度之间的关系为

$$R_t = R_0 \left[1 + \alpha t + \beta t (t-100) + \gamma t^2 (t-100) \right] \tag{8-6}$$

式中　R_0——温度为 0℃时的铜电阻的电阻，单位为 Ω，也称标称电阻值；

　　　R_t——温度为 t℃时的铜电阻的电阻，单位为 Ω；

　　　α ——电阻温度系数，其值为 4.280×10^{-3}，单位为 ℃$^{-1}$；

　　　t——温度，单位为 ℃；

　　　β ——常数，其值为 -9.31×10^{-8}，单位为 ℃$^{-2}$；

　　　γ ——常数，其值为 1.23×10^{-9}，单位为 ℃$^{-3}$。

按照国家标准，铜电阻的标称电阻值有 50Ω 和 100Ω 两种，分度号分别为 Cu50 和 Cu100，电阻温度系数均为（4.280 ± 0.020）$\times 10^{-3}$℃$^{-1}$，其允差值均为±（$0.30+0.006$\|t\|）℃，其电阻比不小于 1.428。

8.1.4　热电阻的测量电路

用热电阻进行测温时，测量电路经常采用电桥电路。热电阻与检测仪表之间需要用导线（或称引线）连接起来，连接引线将影响热电阻的温度测量精度。

热电阻内部引线方式有二线制、三线制和四线制。

如图 8-2 所示，在二线制桥式测量电路中，热电阻 R_t 作为桥路的一臂引入，热电阻随温度变化而产生电阻值变化。通常，由于热电阻安装在现场，通过较长引线引入，那么引线本身电阻值 r 和热电阻 R_t 串联在一起，调节 R_3 使电桥平衡，即 $U_{ab}=0$，这时

$$(R_t + 2r) R_2 = R_3 R_1 \tag{8-7}$$

由此得到

$$R_t = \frac{R_3 R_1}{R_2} - 2r \qquad (8\text{-}8)$$

当满足 $R_1 = R_2$ 时，式（8-8）变为

$$R_t = R_3 - 2r \qquad (8\text{-}9)$$

读取 R_3 的值，换算成温度值，这将导致导线电阻 r 的变化而出现测量误差。为了克服导线电阻 r（随环境温度变化）变化而造成测量误差，通常采用其他两种接线方式。

如图 8-3 所示，在三线制测量电路中，热电阻一端接一根导线引入桥路，另一端接两根导线（其中一根引入桥路，另一根接电源导线）。这样一来，它将两个导线电阻 r 分别串联在电桥的相邻两臂里，调节 R_3，使电桥平衡，则

$$(R_t + r)R_2 = (R_3 + r)R_1 \qquad (8\text{-}10)$$

由此得到

$$R_t = \frac{R_3 R_1}{R_2} + \left(\frac{R_1}{R_2} - 1\right)r \qquad (8\text{-}11)$$

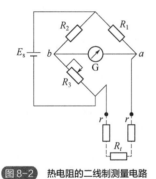

图 8-2　热电阻的二线制测量电路

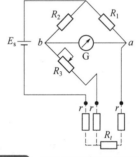

图 8-3　热电阻的三线制测量电路

当满足 $R_1 = R_2$ 时，式（8-11）中 r 项为零。这表明，对于被测温度对应的热电阻 R_t，通过调节 R_3 使电桥平衡，导线电阻的变化不会引起桥路平衡被破坏，热电阻测量过程不受导线电阻的影响。图 8-3 中指示仪 G 采用平衡电桥。

如图 8-4 所示，如果采用不平衡电桥指示仪（例如电子电位差计），可采用四线制接线方式，即 R_t 两端各用两根导线引入仪表，由恒流源供给恒流电流 I，流过热电阻 R_t 产生的压降 U 为

$$U = IR_t \qquad (8\text{-}12)$$

用电子电位差计测量出 U，电流 I 为恒定值，由式（8-12）就可以计算出 R_t 的变化值。由于电子电位差计测量原理是天平原理，所以导线电阻 r 均不会对测量值产生任何影响。

由于恒流源持续给热电阻供给恒定电流，相当于对热电阻进行加热，从而产生温升，这种温升会产生温度测量误差，当所处工况的气流存在大幅波动时，测量误差将会大大增加。为避免上述情况的发生，通常将热电阻的电流限制为几毫安。

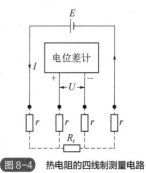

图 8-4　热电阻的四线制测量电路

8.2 热敏电阻传感器

热敏电阻传感器是由半导体材料制成的对温度变化反应敏感的传感器。其电阻值随温度变化而发生显著变化。

热敏电阻主要由热敏探头、引线、壳体等构成。其中，热敏探头是热敏电阻的核心部件，由热敏材料制成，其电阻值随温度变化而变化。引线用于连接热敏探头与电路中的其他元件，传递电流和测量信号，一般为二端器件，但是也有三端或四端器件。热敏电阻通常需要包裹在一个壳体中，以保护热敏探头和引线免受外部环境的影响，同时提供机械保护和固定装置。在一些特殊设计的热敏电阻中，可能会包含陶瓷基座、封装材料等其他部件，以增强其性能或适应特定的应用需求。根据不同的使用要求，可以把热敏电阻做成不同的形状和结构，其典型结构如图 8-5 所示。

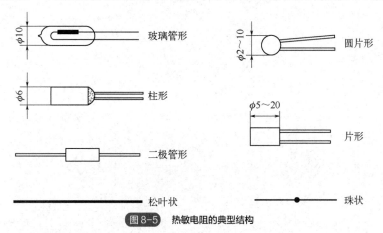

图 8-5 热敏电阻的典型结构

根据它们的温度系数，热敏电阻可以分为负温度系数（NTC）热敏电阻、正温度系数（PTC）热敏电阻和临界温度系数（CTR）热敏电阻，其特性图如图 8-6 所示。

NTC 热敏电阻主要由混合的金属氧化物（如镍氧化物、锰氧化物、铁氧化物和铜氧化物）制成。这些材料经过特殊的烧结过程，形成一个多孔的陶瓷体。这些金属氧化物的颗粒在微观层面上相互连接，形成了一个具有半导体性质的网络结构。电流通过这个网络时，其路径受到温度的影响，导致整体电阻随温度变化。NTC 热敏电阻的主要特点是，当温度升高时，其电阻值降低。

PTC 热敏电阻主要由特种聚合物或陶瓷材料制成，主要是基于钛酸钡（$BaTiO_3$）等铁电材料，通过在材料中掺杂如铅、钙、钽、镍等不同的元素来调整其电阻-温度特性。这些材料在特定的温度（Curie 温度，即居里

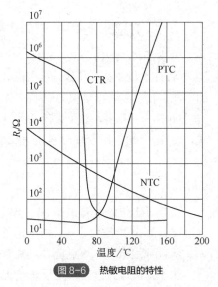

图 8-6 热敏电阻的特性

温度）附近表现出明显的电阻突增，这一特性使得 PTC 热敏电阻特别适合用于过流保护和自复位保护装置，以及加热元件等。当系统的温度升高到接近或超过其 Curie 温度时，PTC 热敏电阻的电阻急剧增加，从而显著减少通过电路的电流，起到保护作用。如果温度降低，PTC 热敏电阻的电阻值也会随之降低，允许电流再次流过，实现自动复位的功能。这种特性使得 PTC 热

敏电阻在各种电路保护中非常有用，尤其是在需要自恢复功能的场合。

CTR 热敏电阻主要由三氧化二钒与钡、硅等氧化物，在磷、硅氧化物的弱还原气体中混合烧结而成，成半玻璃状，具有负温度系数。随着温度的升高，电阻值会急剧减小，具有开关特性，这种现象通常由材料在临界温度附近发生相变或结构变化所导致。其主要作为温度开度开关。

由图 8-6 可知，负温度系数（NTC）热敏电阻具有明显的非线性，也具有很高的负温度系数，特别适用于 −100～300℃之间的测温。大多数热敏电阻具有负温度系数，其阻值与温度的关系为

$$R_t = R_0 \mathrm{e}^{\left(\frac{B}{t} - \frac{B}{t_0}\right)} \tag{8-13}$$

式中　B——热敏电阻材料常数，一般为 1500～6000K，其大小取决于热敏电阻的材料；

R_t、R_0——热敏电阻在热力学温度 t 和 t_0 时的阻值。

正温度系数（PTC）热敏电阻的阻值与温度的关系为

$$R_t = R_0 \mathrm{e}^{\left[A(t-t_0)\right]} \tag{8-14}$$

式中　A——热敏电阻材料常数。

热敏电阻对温度变化极为敏感，其阻值会随温度的变化而显著波动。即使只有微小电流通过热敏电阻，也能导致明显的电压变化。但是，电流会导致热敏电阻产生加热效应，因此必须小心控制电流的大小，以避免引入测量误差。

8.3　热电偶传感器

除热电阻外，热电偶是另外一种运用广泛的测温传感器，其主要优点为：①结构简单，更换方便，它是将两种不同材料的导体的一端焊接在一起制作而成的；②测温元件抗机械振动性能好；③在 −200～2500℃都可进行温度测量；④具有较高的测量精度；⑤耐高温高压。

8.3.1　热电效应

如图 8-7 所示，导体 A 和导体 B 构成一个闭合回路，两个导体（或半导体）的材料不同，两个导体之间的连接点称为接点，接点 1 的温度为 T，接点 2 的温度为 T_0，当 $T \neq T_0$ 时，该闭合回路将产生电动势，而且回路中有电流产生，这一现象称为热电效应。闭合回路中的电动势称为温差电动势，通称热电动势。闭合回路中产生的

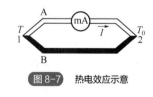

图 8-7　热电效应示意

电流称为热电流，这两个导体称为热电极。在用热电效应进行温度测量的实际应用中，通常将接点 1 置于测温环境中，接点 1 被称为测量端（工作端、热端）；接点 2 一般位于温度变化不大的环境中，接点 2 被称为冷端（参考端、自由端）。

热电偶传感器是由两种不同导体组合而成并将温度转换成热电动势的测温传感器。热电偶产生的热电动势是由两种导体的接触电动势和单一导体的温差电动势组成的。

（1）两种导体的接触电动势

由于金属内部存在自由电子，而且不同金属的自由电子密度也不相同，当两种不同的金属

A、B 接触时，在金属 A、B 的接触处将会发生电子扩散。电子扩散的速率与金属中自由电子的密度成正比，也与金属所处的温度成正比。如图 8-8 所示，设金属 A、B 中的自由电子密度分别为 N_{AT} 和 N_{BT}，并且 $N_{AT} > N_{BT}$，由于自由电子密度差，在单位时间内由金属 A 扩散到金属 B 的自由电子数要比从金属 B 扩散到金属 A 的自由电子数多，这

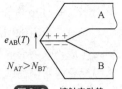

图 8-8　接触电动势

样，金属 A 失去电子带正电荷，金属 B 得到电子带负电荷，于是在金属 A、B 的接触处便形成了电位差，即接触电动势，接触电动势有时又称珀尔帖电动势。这种电子的扩散是一个动态过程，随着电子的扩散，金属 A 的自由电子密度降低，金属 B 的自由电子密度升高，这将阻碍金属 A 的电子向金属 B 进一步扩散，直到达到平衡状态为止。接触电动势可用下式表示：

$$e_{AB}(T) = \frac{kT}{e} \ln \frac{N_{AT}}{N_{BT}} \tag{8-15}$$

式中　e——单位电荷，为 1.6×10^{-19}C；

　　　T——接触处的绝对温度；

N_{AT}、N_{BT}——金属 A、B 中的自由电子密度（温度 T 下）；

　　　k——玻尔兹曼常数，为 1.38×10^{-23}J/K。

同理，可以计算出 A、B 两种金属构成回路在温度 T_0 端的接触电动势为

$$e_{AB}(T_0) = \frac{kT_0}{e} \ln \frac{N_{AT_0}}{N_{BT_0}} \tag{8-16}$$

式中　N_{AT_0}、N_{BT_0}——金属 A、B 中的自由电子密度（温度 T_0 下）。

由于 $e_{AB}(T)$ 与 $e_{AB}(T_0)$ 方向相反，所以回路的总接触电动势为

$$e_{AB}(T) - e_{AB}(T_0) = \frac{k}{e}\left(T \ln \frac{N_{AT}}{N_{BT}} - T_0 \ln \frac{N_{AT_0}}{N_{BT_0}} \right) \tag{8-17}$$

当两接点的温度相同，即 $T = T_0$ 时，$N_{AT} = N_{AT_0}$，$N_{BT} = N_{BT_0}$，由式（8-17）可见，回路的总接触电动势将为零。

（2）单一导体的温差电动势

如图 8-9 所示，在一根均质的金属导体中，假设导体两端的温度分别为 T、T_0，且 $T \neq T_0$，由于导体内高温端自由电子的动能大于低温端自由电子的动能，因此高温端自由电子的扩散速率大于低温端自由电子的扩散速率。考虑金属导体的某一薄层，该薄层温度较高的一侧因失去电

图 8-9　温差电动势

子而带正电荷，温度较低的一侧因得到电子而带负电荷，从而在薄层两侧形成电位差，这些电位差累积起来将使导体内部产生电动势，这种电动势称为温差电动势（或汤姆逊电动势）。温差电动势可由下式表示：

$$e_A(T, T_0) = \int_{T_0}^{T} \sigma_A dT \tag{8-18}$$

式中　σ_A——导体 A 的汤姆逊系数。

由两种金属 A、B 组成的热电偶回路，其温差电动势等于金属 A 产生的温差电动势和金属 B 产生的温差电动势的代数和，即

$$e_{AB}(T, T_0) = \int_{T_0}^{T} (\sigma_A - \sigma_B) \mathrm{d}T \tag{8-19}$$

由上式可知，热电偶回路的温差电动势与热电极 A、B 的材料有关，因为不同的材料其汤姆逊系数不同；温差电动势还与接点温度 T、T_0 有关，而与热电极的长度、截面积无关，如果 $T=T_0$，那么温差电动势的代数和将等于零。

（3）热电偶回路的总热电动势

如图 8-10 所示，对于由匀质金属导体 A、B 组成的热电偶，其总电动势包括接触电动势和温差电动势两部分。总热电动势为两部分的代数和，表示为

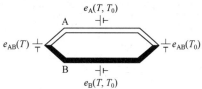

图 8-10　热电偶回路的总热电动势

$$E_{AB}(T, T_0) = e_{AB}(T) - e_{AB}(T_0) - e_A(T, T_0) + e_B(T, T_0)$$
$$= \frac{kT}{e} \ln \frac{N_{AT}}{N_{BT}} - \frac{kT_0}{e} \ln \frac{N_{AT_0}}{N_{BT_0}} + \int_{T_0}^{T} (-\sigma_A + \sigma_B) \mathrm{d}T \tag{8-20}$$

式中　σ_A、σ_B——导体 A 和 B 的汤姆逊系数；

N_{AT}、N_{AT_0}——导体 A 在接点温度为 T 和 T_0 时的自由电子密度；

N_{BT}、N_{BT_0}——导体 B 在接点温度为 T 和 T_0 时的自由电子密度。

以上叙述及表达式，都是针对匀质金属导体，对于非匀质金属导体，由于温度场分布存在差异，将会在总电动势的基础上额外产生附加电动势，这种具有不确定性的电动势将大大影响温度测量精度。

由总热电动势公式 [式（8-20）] 可知，热电偶回路热电动势只与组成热电偶的材料（A 和 B）及两端温度（T 和 T_0）有关，与热电偶的长度、形状等无关。当两极材料相同时，即 $N_{AT} = N_{BT}$，$N_{AT_0} = N_{BT_0}$，$\sigma_A = \sigma_B$，所以 $\ln(N_{AT}/N_{BT}) = 0$，$\ln(N_{AT_0}/N_{BT_0}) = 0$，$\int_{T_0}^{T}(-\sigma_A + \sigma_B)\mathrm{d}T = 0$，总热电动势 $E_{AB}(T, T_0) = 0$；当热电偶两接点温度相同时，即 $T=T_0$，总热电动势 $E_{AB}(T, T_0)$ 也为 0。综上所述，两种不同的材料作为热电极是组成热电偶的必要条件。对于一个确定的热电偶来说，A 和 B 已知，$e_{AB}(T)$ 和 $e_{AB}(T_0)$ 为定常数，二者之差用 C 来表示，则回路总热电动势 $E_{AB}(T, T_0) = C + \int_{T_0}^{T}(-\sigma_A + \sigma_B)\mathrm{d}T$ 是一个只与 T 相关的函数，只有热电偶两端的温度变化，热电动势才会变化，这也是利用热电偶测温的原理。

由于组成热电偶的任意两种导体材料不同，对应的温度与热电动势函数关系也不同，一般通过实验法确定，根据不同类型的热电偶和不同温度范围进行了编制。热电偶分度表通常由热电偶制造商或国际标准制定组织（如国际电工委员会，IEC）提供，使用时查阅，见表 8-3～表 8-8。表中温度按 10℃分挡，假设分度表中相邻小分度之间的值呈线性（或近似线性）关系，需要在两个已知数据点之间估算出中间值时，可按线性插值法计算，即

$$t_M = t_L + \frac{E_M - E_L}{E_H - E_L}(t_H - t_L) \tag{8-21}$$

式中　t_M、t_L、t_H——被测温度值、较低温度值和较高温度值；

E_M、E_L、E_H——温度 t_M、t_L、t_H 对应的热电动势。

线性插值法的优点是简单易懂、计算速度快，适用于连续函数或者近似线性的情况。然而，它也有一些局限性，例如无法准确描述曲线的非线性部分，可能会引入较大的误差。

表 8-3　镍铬-镍硅热电偶（K 型）分度表

分度号：K　　　　　　　　　　　　　　　　　　　　　　　　　　　　　（参考温度为 0℃）

温度/℃	0	10	20	30	40	50	60	70	80	90
	热电动势/mV									
0	0	0.397	0.798	1.203	1.611	2.022	2.436	2.850	3.266	3.681
100	4.095	4.508	4.919	5.327	5.733	6.137	6.539	6.939	7.338	7.737
200	8.137	8.537	8.938	9.341	9.745	10.151	10.560	10.969	11.381	11.793
300	12.207	12.623	13.039	13.456	13.874	14.292	14.712	15.132	15.552	15.974
400	16.395	16.818	17.241	17.664	18.088	18.513	18.938	19.363	19.788	20.214
500	20.640	21.066	21.493	21.919	22.346	22.772	23.198	23.624	24.050	24.476
600	24.902	25.327	25.751	26.176	26.599	27.022	27.445	27.867	28.288	28.709
700	29.128	29.547	29.965	30.383	30.799	31.214	31.214	32.042	32.455	32.866
800	33.277	33.686	34.095	34.502	34.909	35.314	35.718	36.121	36.524	36.925
900	37.325	37.724	38.122	38.915	38.915	39.310	39.703	40.096	40.488	40.879
1000	41.269	41.657	42.045	42.432	42.817	43.202	43.585	43.968	44.349	44.729
1100	45.108	45.486	45.863	46.238	46.612	46.985	47.356	47.726	48.095	48.462
1200	48.828	49.192	49.555	49.916	50.276	50.633	50.990	51.344	51.697	52.049
1300	52.398	52.747	53.093	53.439	53.782	54.125	54.466	54.807	—	—

表 8-4　铂铑 30-铂铑 6 热电偶（B 型）分度表

分度号：B　　　　　　　　　　　　　　　　　　　　　　　　　　　　　（参考温度为 0℃）

温度/℃	0	10	20	30	40	50	60	70	80	90
	热电动势/mV									
0	0	−0.002	−0.003	0.002	0	0.002	0.006	0.011	0.017	0.025
100	0.033	0.043	0.053	0.065	0.078	0.092	0.107	0.123	0.140	0.159
200	0.178	0.199	0.220	0.243	0.266	0.291	0.317	0.344	0.372	0.401
300	0.431	0.462	0.494	0.527	0.516	0.596	0.632	0.669	0.707	0.746
400	0.786	0.827	0.870	0.913	0.957	1.002	1.048	1.095	1.143	1.192
500	1.241	1.292	1.344	1.397	1.450	1.505	1.560	1.617	1.674	1.732
600	1.791	1.851	1.912	1.974	2.036	2.100	2.164	2.230	2.296	2.363
700	2.430	2.499	2.569	2.639	2.710	2.782	2.855	2.928	3.003	3.078
800	3.154	3.231	3.308	3.387	3.466	3.546	2.626	3.708	3.790	3.873
900	3.957	4.041	4.126	4.212	4.298	4.386	4.474	4.562	4.652	4.742
1000	4.833	4.924	5.016	5.109	5.202	5.297	5.391	5.487	5.583	5.680
1100	5.777	5.875	5.973	6.073	6.172	6.273	6.374	6.475	6.577	6.680
1200	6.783	6.887	6.991	7.096	7.202	7.038	7.414	7.521	7.628	7.736
1300	7.845	7.953	8.063	8.172	8.283	8.393	8.504	8.616	8.727	8.839
1400	8.952	9.065	9.178	9.291	9.405	9.519	9.634	9.748	9.863	9.979

续表

温度/℃	0	10	20	30	40	50	60	70	80	90
	热电动势/mV									
1500	10.094	10.210	10.325	10.441	10.588	10.674	10.790	10.907	11.024	11.141
1600	11.257	11.374	11.491	11.608	11.725	11.842	11.959	12.076	12.193	12.310
1700	12.426	12.543	12.659	12.776	12.892	13.008	13.124	13.239	13.354	13.470
1800	13.585	13.699	13.814	—	—	—	—	—	—	—

表 8-5　镍铬-铜镍（康铜）热电偶（E 型）分度表

分度号：E　　　　　　　　　　　　　　　　　　　　　　　　　　　　　　（参考温度为 0℃）

温度/℃	0	10	20	30	40	50	60	70	80	90
	热电动势/mV									
0	0	0.591	1.192	1.801	2.419	3.047	3.683	4.329	4.983	5.646
100	6.317	6.996	7.683	8.377	9.078	9.787	10.501	11.222	11.949	12.681
200	13.419	14.161	14.909	15.661	16.417	17.178	17.942	18.710	19.481	20.256
300	21.033	21.814	22.597	23.383	24.171	24.961	25.754	26.549	27.345	28.143
400	28.943	29.744	30.546	31.350	32.155	32.960	33.767	34.574	35.382	36.190
500	36.999	37.808	38.617	39.426	40.236	41.045	41.853	42.662	43.470	44.278
600	45.085	45.891	46.697	47.502	48.306	49.109	49.911	50.713	51.513	52.312
700	53.110	53.907	54.703	55.498	56.291	57.083	57.873	58.663	59.451	60.237
800	61.022	61.806	62.588	63.368	64.147	64.924	65.700	66.473	67.245	68.015
900	68.783	69.549	70.313	71.075	71.835	72.593	73.350	74.104	74.857	75.608
1000	76.358	—	—	—	—	—	—	—	—	—

表 8-6　铁-铜镍（康铜）热电偶（J 型）分度表

分度号：J　　　　　　　　　　　　　　　　　　　　　　　　　　　　　　（参考温度为 0℃）

温度/℃	0	10	20	30	40	50	60	70	80	90
	热电动势/mV									
0	0	0.507	1.019	1.536	2.058	2.585	3.115	3.649	4.186	4.725
100	5.268	5.812	6.359	6.907	7.457	8.008	8.560	9.113	9.667	10.222
200	10.777	11.332	11.887	12.442	12.998	13.553	14.108	14.663	15.217	15.771
300	16.325	16.879	17.432	17.984	18.537	19.089	19.640	20.192	20.743	21.295
400	21.846	22.397	22.949	23.501	24.054	24.607	25.161	25.716	26.272	26.829
500	27.388	27.949	28.511	29.075	29.642	30.210	30.782	31.356	31.933	32.513
600	33.096	33.683	34.273	34.867	35.464	36.066	36.671	37.280	37.893	38.510
700	39.130	39.754	40.382	41.013	41.647	42.288	42.922	43.563	44.207	44.852
800	45.498	46.144	46.790	47.434	48.076	48.716	49.354	49.989	50.621	51.249
900	51.875	52.496	53.115	53.729	54.341	54.948	55.553	56.155	56.753	57.349
1000	57.942	58.533	59.121	59.708	60.293	60.876	61.459	62.039	62.619	63.199
1100	63.777	64.355	64.933	65.510	66.087	66.664	67.240	67.815	68.390	68.964
1200	69.536	—	—	—	—	—	—	—	—	—

表 8-7 铜-铜镍（康铜）热电偶（T 型）分度表

分度号：T （参考温度为 0℃）

温度/℃	0	10	20	30	40	50	60	70	80	90
	热电动势/mV									
−200	−5.603	—	—	—	—	—	—	—	—	—
−100	−3.378	−3.378	−3.923	−4.177	−4.419	−4.648	−4.865	−5.069	−5.261	−5.439
0[①]	0	−0.383	−0.757	−1.121	−1.475	−1.819	−2.152	−2.475	−2.788	−3.089
0[①]	0	0.391	0.789	1.196	1.611	2.035	2.467	2.980	3.357	3.813
100	4.277	4.749	5.227	5.712	6.204	6.702	7.207	7.718	8.235	8.757
200	9.268	9.820	10.360	10.905	11.456	12.011	12.572	13.137	13.707	14.281
300	14.860	15.443	16.030	16.621	17.217	17.816	18.420	19.027	19.638	20.252
400	20.869	—	—	—	—	—	—	—	—	—

①分别表示零下和零上温度，如−1.121mV 对应 "−30℃"，1.196mV 对应 "30℃"。

表 8-8 铂铑 10-铂热电偶（S 型）分度表（ITS-90）

分度号：S （参考温度为 0℃）

温度/℃	0	10	20	30	40	50	60	70	80	90
	热电动势/mV									
0	0	0.055	0.113	0.173	0.235	0.299	0.365	0.432	0.502	0.573
100	0.645	0.719	0.795	0.872	0.950	1.029	1.109	1.190	1.273	1.356
200	1.440	1.525	1.611	1.698	1.785	1.873	1.962	2.051	2.141	2.232
300	2.323	2.414	2.506	2.599	2.692	2.786	2.880	2.974	3.069	3.164
400	3.260	3.356	3.452	3.549	3.645	3.743	3.840	3.938	4.036	4.135
500	4.234	4.333	4.432	4.532	4.632	4.732	4.832	4.933	5.034	5.136
600	5.237	5.339	5.442	5.544	5.648	5.751	5.855	5.960	6.065	6.169
700	6.274	6.380	6.486	6.592	6.699	6.805	6.913	7.020	7.128	7.236
800	7.345	7.454	7.563	7.672	7.782	7.892	8.003	8.114	8.255	8.336
900	8.448	8.560	8.673	8.786	8.899	9.012	9.126	9.240	9.355	9.470
1000	9.585	9.700	9.816	9.932	10.048	10.165	10.282	10.400	10.517	10.635
1100	10.754	10.872	10.991	11.110	11.229	11.348	11.467	11.587	11.707	11.827
1200	11.947	12.067	12.188	12.308	12.429	12.550	12.671	12.792	12.912	13.034
1300	13.155	13.397	13.397	13.519	13.640	13.761	13.883	14.004	14.125	14.247
1400	14.368	14.610	14.610	14.731	14.852	14.973	15.094	15.215	15.336	15.456
1500	15.576	15.697	15.817	15.937	16.057	16.176	16.296	16.415	16.534	16.653
1600	16.771	16.890	17.008	17.125	17.243	17.360	17.477	17.594	17.711	17.826
1700	17.942	18.056	18.170	18.282	18.394	18.504	18.612	—	—	—

8.3.2　热电偶基本定律

（1）均质导体定律

均质导体定律是指，由一种均质导体（或半导体）组成的闭合回路，不论导体（或半导体）的几何尺寸如何，其温度分布如何，导体的温差电动势会相互抵消，由于是同一种导体材料，其连接处也不会产生接触电动势，回路中总电动势为零。

（2）中间导体定律

如图 8-11 所示，在实际应用热电偶测量温度时，往往在测温回路中接入连接导线和显示温度的二次仪表，不需要使用特殊的连接导线，也不需要对二次仪表进行特殊处理，这些中间导体的引入将不会对温度测量造成影响，这可以用中间导体定律来解释。

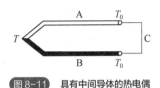

图 8-11　具有中间导体的热电偶

中间导体定律是指，在热电偶回路中，只要中间导体两端的温度相同，那么引入中间导体，对回路的总热电动势无影响。该定律可表示为

$$E_{ABC}(T,T_0) = E_{AB}(T,T_0) \tag{8-22}$$

根据中间导体定律推而广之，实际测温应用中，常常将连接导线、显示仪表和温度变送器等中间导体接入热电偶回路中，只要接入的每种导体两端的温度相同，对回路的总热电动势无影响。

（3）标准电极定律

如图 8-12 所示，若已知导体 A 和导体 C 组成热电偶的热电动势，也已知导体 B 和导体 C 组成热电偶的热电动势，那么根据标准电极定律就可以确定由导体 A 和导体 B 组成热电偶的热电动势。

标准电极定律是指：如果将导体 C（热电极，一般为纯铂丝）作为标准电极（也称参考电极），并已知标准电极与任意导体配对时的热电动势，那么在相同接点温度（T，T_0）下，任意两导体 A、B 组成的热电偶，其热电动势可由下式求得：

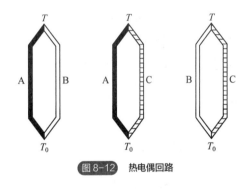

图 8-12　热电偶回路

$$E_{AB}(T,T_0) = E_{AC}(T,T_0) - E_{BC}(T,T_0) \tag{8-23}$$

式中　$E_{AB}(T,T_0)$——接点温度为（T，T_0），导体 A、B 组成热电偶时产生的热电动势；

$E_{AC}(T,T_0)$——接点温度为（T，T_0），导体 A、C 组成热电偶时产生的热电动势；

$E_{BC}(T,T_0)$——接点温度为（T，T_0），导体 B、C 组成热电偶时产生的热电动势。

由于纯铂丝容易提纯，其物理化学性能稳定，熔点为 1769℃，可以和大多数热电极进行配对，所以目前常用纯铂丝作为标准电极。首先测定 n 种热电极与标准电极配对时的热电动势，那么便可按式（8-23）求得这 n 种热电极中任意两种热电极配对组成热电偶的热电动势，而不需要对 n 选二的每个组合都进行测定，从而大大简化了热电偶的选配工作。例如，热端为 100℃，冷端为 0℃时，镍铬合金与纯铂组成的热电偶的热电动势为 2.95mV，而考铜与纯铂组成的热电偶的热电动势为-4.0mV，则镍铬和考铜组成的热电偶所产生的热电动势应为 2.95mV-（-4.0mV）=6.95mV。下面再举一个采用铁-铜镍（康铜）为标准电极的例子。

例 8-1：热端为 200℃，冷端为 0℃时，铁-铜镍（康铜）热电偶（J 型）的热电动势为 10.777mV，铜-铜镍（康铜）热电偶（T 型）的热电动势为 9.268mV，如果将铁-铜构造成新的热电偶，它所产生热电动势为多少？

解：由标准电极定律可知，则

$$E_{AC}(T, T_0) = 10.777\text{mV} , \quad E_{BC}(T, T_0) = 9.268\text{mV}$$

$$E_{AB}(T, T_0) = E_{AC}(T, T_0) - E_{BC}(T, T_0) = 10.777 - 9.268 = 1.509\text{mV}$$

（4）连接导体定律和中间温度定律

连接导体定律指出，在如图 8-13 所示由热电极 A、B 组成的热电偶回路中，两电极分别与连接导线 A'、B'相连接，热电偶接点温度为 T，冷端温度为 T_n，连接导线接点温度为 T_0，那么回路的热电动势将等于热电偶的热电动势 $E_{AB}(T, T_n)$ 与连接导线 A'、B'在温度 T_n、T_0 时热电动势 $E_{A'B'}(T_n, T_0)$ 的代数和，即

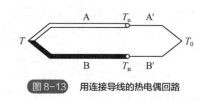

图 8-13　用连接导线的热电偶回路

$$E_{ABB'A'}(T, T_n, T_0) = E_{AB}(T, T_n) + E_{A'B'}(T_n, T_0) \tag{8-24}$$

当电极 A 与连接导线 A'材料相同，且电极 B 与连接导线 B'材料相同，接点温度分别为 T、T_n、T_0 时，根据连接导体定律得该回路的热电动势为

$$E_{AB}(T, T_n, T_0) = E_{AB}(T, T_n) + E_{AB}(T_n, T_0) \tag{8-25}$$

式（8-25）表明，热电偶在接点温度为 T、T_n、T_0 时的热电动势值，等于热电偶在（T, T_n）、（T_n, T_0）时相应的热电动势的代数和，这就是中间温度定律，其中 T_n 称为中间温度。

同一种热电偶的热电动势大小，不仅与热端温度 T 有关，还与冷端温度 T_n 相关。

在实际应用中，通常使用两种方法表示热电动势-温度关系：将这个关系列成图表，称为分度表；或者用分度函数表示这一关系。但是，不必列出各种（T, T_0）温度的分度表或分度函数，这样繁琐且不切实际。根据中间温度定律，只要列出冷端温度为 0℃时的分度表或分度函数，那么冷端温度不等于 0℃的热电动势都可按式（8-25）求出。

8.3.3　热电偶材料及常用热电偶

理论上，任何两种导体（或半导体）都能制作成热电偶，但是要大规模量产投入温度测量的实际应用，需要对电极材料进行筛选。适合作为热电偶的电极材料，需要满足以下条件：

① 在温度测量范围内，有稳定的热电效应性质、物理化学性质，复现性好；

② 为便于温度测量二次仪表的配套，热电偶材料的热电动势率（热电动势随温度变化的比率）应比较大；对于某一温度均有唯一的热电动势值与之对应，而且这种对应呈线性或近似线性关系；

③ 电阻率低，电阻值受温度变化的影响较小；

④ 容易批量加工，成品率高，制作方法简单，价格便宜。

筛选热电偶电极材料时需要对以上指标要求进行取舍，现有热电偶电极材料不可能在各项指标上都很优异。一般来说，非金属热电偶电极的热电动势率较大，通常超过 $100\mu\text{V}/℃$，但其

熔点高，不易批量加工，成品率低；纯金属的热电偶电极容易批量加工，但其热电动势率较小，平均为 20μV/℃，某些金属的热电动势率为负值；合金热电偶电极的热电效应性能和加工性能介于非金属和纯金属之间，所以现在多数场合使用合金热电偶电极。在选用热电偶电极（热电极）材料时，还应考虑其他工艺参数，如温度、压力等条件。

热电偶的种类很多，其广泛应用于各种温度测量的场合，这里仅介绍工业标准化热电偶的有关性能指标。标准化热电偶容易批量加工，成品率高，性能稳定可靠，测温范围宽，分度号相同的热电偶可以替换使用，每种型号的热电偶都有其分度表和分度函数，并有定型的温度变送器、显示仪表与之配合使用。标准化热电偶有：镍铬-镍硅热电偶、镍铬硅-镍硅热电偶、镍铬-铜镍热电偶、铁-铜镍热电偶、铜-铜镍热电偶等。标准化热电偶的主要技术数据列于表 8-9 中。

表 8-9 标准化热电偶技术数据

热电偶名称	分度号	热电极材料			最高使用温度/℃		测量范围/℃	熔点/℃	20℃时密度 /(g/cm³)
		极性	识别	化学成分	长期	短期			
铂铑 13-铂	R	P	较硬	Pt 87%，Rh13%	1400	1600	0～1600	1860	19.61
		N	柔软	Pt 100%				1769	21.45
铂铑 10-铂	S	P	较硬	Pt 90%，Rh10%	1400	1600	0～1600	1847	20.00
		N	柔软	Pt 100%				1769	21.45
铂铑 30-铂铑 6	B	P	较硬	Pt 70%，Rh 30%	1600	1700	0～1700	1927	17.60
		N	稍软	Pt 94%，Rh 6%				1826	20.60
铁-铜镍	J	P	亲磁	Fe 100%	600	750	-40～750	1402	7.8
		N	不亲磁	Ni 45%，Cu 55%				1220	8.8
铜-铜镍	T	P	红色	Cu 100%	300	350	-200～350	1084	8.9
		N	银白色	Cu 55%，Ni 45%				1220	8.8
镍铬-铜镍	E	P	暗绿	Ni 90%，Cr 10%	750	900	-200～900	1427	8.5
		N	亮黄	Ni45 %，Cu 55%				1220	8.8
镍铬-镍硅	K	P	不亲磁	Cr 10%，Ni 90%	1200	1300	-200～1300	1427	8.5
		N	稍亲磁	Ni 97%，Si 3%				1399	8.6
镍铬硅-镍硅	N	P	不亲磁	Cr 14.2%，Si 1.4%，Ni 余	1200	1300	-200～1300	1410	8.5
		N	稍亲磁	Si 4.4%，Mg 1%，Ni 余				1340	8.6
钨铼 5-钨铼 26	C[①]	P		W 95%，Re 5%	2200	2315	0～2315		19.20
		N		W 74%，Re 26%					19.6
钨铼 5-钨铼 20	A[①]	P		W 95%，Re 5%	2200	2500	0～2500		19.20
		N		W 80%，Re 20%					19.50

①分度号为 C 和 A 的钨铼热电偶多用于高温区段的测温，新的国家标准中增加了这两种热电偶。

8.3.4 热电偶测温线路

用热电偶测温时，要有二次仪表与之配合使用，早期使用的动圈式仪表、电子电位差计和现在的数字式测温仪表、智能温度变送器等，其实质都是将热电偶输出的毫伏信号送到二次仪表进行指示（显示）或变换后送其他仪表使用，这样就由热电偶和二次仪表构成了测温线路。下面介绍几种常用的测温线路。

（1）热电偶直接与指示仪表配用

热电偶通过连接导线与动圈式仪表连接，如图8-14所示。由于动圈式仪表检测的是电流大小，而热电偶输出的毫伏信号是确定的，根据欧姆定律，需要总回路电阻为一定值，才能保证流过动圈式仪表的电流与热电偶输出的毫伏信号相对应，从而保证动圈式仪表指示实际的感温温度。测温回路的总回路电阻保持恒定，也可表示为

$$总回路电阻 = R_t + R_I + R_C = 常数 \tag{8-26}$$

式中　R_t——热电偶电阻；

　　　R_I——动圈式仪表的内阻；

　　　R_C——连接导线电阻。

这种动圈式仪表线路常用于测温精度要求不高的场合，其结构简单，价格便宜。为了提高测量精度和灵敏度，也可将 n 个型号相同的热电偶依次串接，如图8-15所示，这时线路的总电动势为

$$E_G = E_1 + E_2 + \cdots + E_n = nE \tag{8-27}$$

式中　E_1、E_2、$\cdots$、E_n——单个热电偶的热电动势。

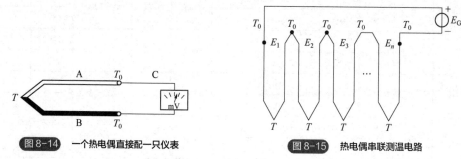

图 8-14　一个热电偶直接配一只仪表　　　　　　图 8-15　热电偶串联测温电路

显然总电动势为单支热电偶的热电动势的 n 倍。若每个热电偶的绝对误差为 ΔE_1、ΔE_2、$\cdots$、ΔE_n，则整个串联线路的绝对误差为

$$\Delta E_G = \sqrt{\Delta E_1^2 + \Delta E_2^2 + \cdots + \Delta E_n^2} \tag{8-28}$$

令 $\Delta E_1 = \Delta E_2 = \cdots = \Delta E_n$，则

$$\Delta E_G = \sqrt{n}\Delta E \tag{8-29}$$

串联线路的相对误差为

$$\frac{\Delta E_G}{E_G} = \frac{\sqrt{n}\Delta E}{nE} = \frac{1}{\sqrt{n}} \times \frac{\Delta E}{E} \tag{8-30}$$

如果把 $\Delta E / E$ 看作一支热电偶的相对误差，热电偶的串联使热电偶之间的相对误差有近似于相互抵消的作用，热电偶串联后的相对误差为单支热电偶相对误差的 $1/\sqrt{n}$ 倍，提高了测量精度。但串联线路有相当明显缺点，即只要有一支热电偶发生断路，整个测量回路就断开，动圈式仪表就无法指示温度；如果某支热电偶短路，将导致线路的总电动势比正常时的总电动势

小，动圈式仪表指示的温度就比实际温度低，造成指示误差明显偏大。

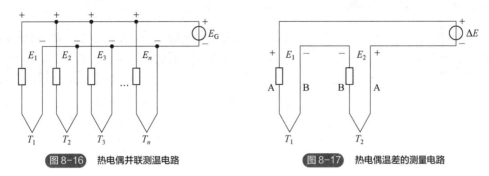

图 8-16　热电偶并联测温电路　　　　　图 8-17　热电偶温差的测量电路

也可用多个热电偶并联使用，这样动圈式仪表指示的温度将是每个热电偶测出温度的算术平均值，如图 8-16 所示。假设每支热电偶具有相同的电阻，则该电路总热电动势为

$$E_{\mathrm{G}} = \frac{E_1 + E_2 + \cdots + E_n}{n} \tag{8-31}$$

由于 E_{G} 是若干个热电偶的平均热电动势，所以，通过查对热电偶的分度表或计算热电偶的反函数（电动势-温度函数）就可以得到被测温度。与热电偶的串联比较，热电偶在并联时总热电动势小于串联时的总热电动势，并联时如果某一热电偶断路，动圈式仪表仍然会正常指示被测温度值，但并联线路的缺点是某支热电偶的断路故障不能很快暴露出来。

图 8-17 所示为温差测量线路，两支相同分度号的热电偶配用同分度号的补偿导线，将两支热电偶的负极连接在一起串联起来，两支热电偶的正极分别接动圈式仪表输入端的正负极，这时，总热电动势为两支热电偶的热电动势之差，动圈式仪表指示的是温差，即两支热电偶测量端温度之差 $|T_1-T_2|$。

（2）桥式电位差计线路

若要求高精度测温并自动记录，可采用自动（桥式）电位差计线路。图 8-18 为某自动电位差计原理图。图中，R_{P} 为零点调节电位器，首先调节该电位器使电位差计的仪表指针在标度尺的起始点；R_{M} 为精密测量电位器，用以调节电桥输出的补偿电压；U_{r} 为稳定的参考电压源，R_{C} 为限流电阻。桥路输入端滤波器是为滤除 50Hz 的工频干扰。热电偶输出的热电动势 E_{x} 经滤波后加入桥路，与桥路的输出分压电阻 R 两端的直流电压 U_{S} 相比较，其差值电压 ΔU 经滤波、放大驱动可逆电机 M。电机通过传动系统带动电位器 R_{M} 的滑动触头，自动调整电压 U_{S}，直到 $U_{\mathrm{S}}=E_{\mathrm{x}}$ 为止，桥路处于平衡状态。根据滑动触头的平衡位置，就可以在标度尺上读出相应的被测温度。

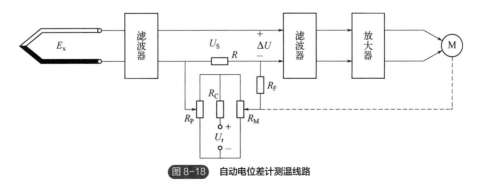

图 8-18　自动电位差计测温线路

8.3.5　热电偶参考端温度

热电偶的分度表是热电偶冷端温度为 0℃时测定而得到的，因此，对于某一热电偶的测量端温度，只要保证冷端温度为 0℃，该温度下热电偶输出的毫伏值就与分度表上的数值一致。如果冷端温度不为 0℃，即使测量端温度没有改变，热电动势 $E(T,T_0)$ 也会受到冷端温度的影响而与分度表上的数值不同。在通常的温度测量实际应用中，热电偶的冷端往往处于室内、室外等温度不恒定的场所，要消除冷端温度变化对温度测量的影响，就必须采取补偿措施。

（1）0℃恒温法

通常的做法是，在保温容器中放入冰屑和清洁水的混合物，并使水面略低于冰屑面，在一个大气压❶的压力下，冰水就保持在0℃，把热电偶的冷端放在冰水中，这时热电偶输出的毫伏值与分度表上的数值相符。实验室中通常使用这种办法。近年来，随着半导体制冷器件的应用，可利用该器件将热电偶的参考端恒定在0℃。

（2）热电偶参考端温度不为 0℃时的补偿方法

① 热电动势补偿法。由中间温度定律得知，参考端温度为 T_n 时的热电动势为

$$E_{AB}(T,0) = E_{AB}(T,T_n) + E_{AB}(T_n,0) \tag{8-32}$$

可见当参考端温度 $T_n \neq 0℃$ 时，热电偶输出的热电动势 $E_{AB}(T,T_n)$ 不等于 $E_{AB}(T,0)$，从而引入测量误差。图 8-19 所示为某种热电偶的热电特性曲线，它是在参考端为 0℃条件下获得的，当参考端温度不为 0℃时，若不加补偿，所测得的温度必然要低于实际温度。为此，只要将测得的热电动势 $E_{AB}(T,T_n)$ 加上 $E_{AB}(T_n,0)$ 就可获得所需的 $E_{AB}(T,0)$。而 $E_{AB}(T_n,0)$ 是参考端为 0℃时的工作端为 T_n 的热电动势，可查分度表得到，即为补偿值。

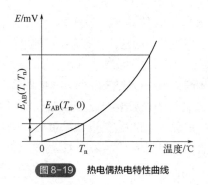

图 8-19　热电偶热电特性曲线

例 8-2：分度号为 K 的热电偶，工作时冷端温度为 t_0 为 20℃，测量获得热电动势 $E(t,t_0) = 35.118\text{mV}$，求被测介质实际温度。

解：根据热电动势补偿法，有

$$E(t,0) = E(t,t_0) + E(t_0,0) = 35.118 + 0.798 = 35.916\text{mV}$$

$E_L = 35.718\text{mV}$，$E_H = 36.121\text{mV}$，$t_L = 860℃$，$t_H = 870℃$，根据式（8-21）插值公式有

---

❶　一个大气压等于 101325Pa。

$$t = 860 + \frac{35.916 - 35.718}{36.121 - 35.718} \times (870 - 860) = 864.913°C$$

例8-3： 实验室分度号为 T 的热电偶测量一热源，正常工作时冷端放置在冰水混合物中，现制冷机故障，冷端升温为20℃室温（恒温），热电偶配套的显示仪表显示被测温度为324.6℃。

求：热电偶检测到的热电动势是多少？并计算被测热源的真实温度是多少？

解： 此时热电偶仪表显示324.6℃，说明热电偶系统输入仪表中的热电动势为 $E(324.6,0)$，需求得对应的热电动势值，根据式（8-21）插值公式，变形得

$$E_M = E_L + \frac{t_M - t_L}{t_H - t_L}(E_H - E_L)$$

其中，$E_L = 16.030\text{mV}$，$E_H = 16.621\text{mV}$，$t_L = 320°C$，$t_H = 330°C$，所以

$$E_M = 16.030 + \frac{324.6 - 320}{330 - 320}(16.621 - 16.030) = 16.302\text{mV}$$

即 $E(324.6,0) = 16.302\text{mV}$ 为热电偶检测到的热电动势。设被测温度为 t，热电偶检测到热电动势对应于 $E(t,20) = 16.302\text{mV}$，根据参考端温度补偿，$E(t,0) = E(t,20) + E(20,0) = 16.302 + 0.789 = 17.091\text{mV}$，再根据式（8-21）插值公式计算得：$t = 337.89°C$。

② 温度补正法。在工程现场中通常采用比较简单的温度补正法。这是一种不需将冷端温度换算为热电动势即可直接修正到0℃的方法。若 T_Z 为仪表的指示温度，T_n 为热电偶的参考端温度，则被测的真实温度 T 可用下式表示：

$$T = T_Z + KT_n \tag{8-33}$$

式中 K——热电偶的修正系数，跟热电偶种类和被测量温度范围有关，可查表8-10或表8-11得到。

K 值计算如下：

$$K = \frac{(\text{d}E/\text{d}T)_n}{(\text{d}E/\text{d}T)_Z} \tag{8-34}$$

式中 $(\text{d}E/\text{d}T)_n$——$T_0 \sim T_n$ 平均热电动势率；

$(\text{d}E/\text{d}T)_Z$——$T_Z \sim T_n$ 平均热电动势率。

表8-10　五种常用热电偶的近似 K 值表

热电偶类别	铜-康铜	镍铬-考铜	铁-康铜	镍铬-镍硅	铂铑10-铂
常用温度/℃	100~600	300~800	0~600	0~1000	1000~1600
近似 K 值	0.7	0.8	1	1	0.5

表8-11　五种常用热电偶 K 值表

测量端温度/℃	热电偶类别				
	铜-康铜	镍铬-考铜	铁-康铜	镍铬-镍硅	铂铑10-铂
0	1.00	1.00	1.00	1.00	1.00
20	1.00	1.00	1.00	1.00	1.00
100	0.86	0.90	1.00	1.00	0.82

续表

测量端温度/℃	热电偶类别				
	铜–康铜	镍铬–考铜	铁–康铜	镍铬–镍硅	铂铑 10–铂
200	0.77	0.88	0.99	1.00	0.72
300	0.70	0.81	0.99	0.98	0.69
400	0.68	0.83	0.98	0.98	0.66
500	0.65	0.79	1.02	1.00	0.63
600	0.65	0.78	1.00	0.96	0.62
700		0.80	0.91	1.00	0.60
800		0.80	0.82	1.00	0.59
900			0.84	1.00	0.56
1000				1.07	0.55
1100				1.11	0.53
1200					0.53
1300					0.52
1400					0.52
1500					0.52
1600					0.52

③ 调整仪表起始点法。采用直读式仪表时，也可先测出冷端温度 T_n，并在测量线路开环的情况下将仪表标度尺的起始点调到该温度处，可以看成预先给仪表输入了冷端温度所对应的热电动势 $E_{AB}(T_n, T_0)$，然后再闭合测量线路，这时仪表示值即为被测温度 T。

④ 热电偶补偿法。在热电偶回路中反向串联一个同型号的热电偶，称为补偿热电偶，并将补偿热电偶的测量端置于恒定的冷端温度 T_0 处，利用补偿热电偶的热电动势来补偿工作热电偶的冷端热电动势，如图 8-20 所示。如果 $T_0=0℃$，则可得到完全补偿。当 $T_0 \neq 0℃$ 时，还必须用上述方法修正到 0℃。

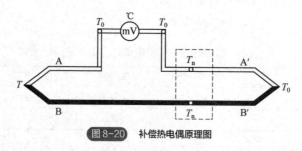

图 8-20   补偿热电偶原理图

⑤ 电桥补偿法。如图 8-21 所示，热电偶通过直流不平衡电桥与显示仪表相连，这个电桥也称冷端温度补偿器，它的输出端与热电偶和显示仪表串联，电桥由 4 个电阻组成，其中，R_1、R_2、R_3 为锰铜电阻，其电阻值几乎不受温度的影响；另一电阻 R_t 为铜电阻，其阻值随环境温度变化而变化，通过选择 R_t 的阻值使电桥在 0℃ 时达到平衡，即 a、b 两端的电压为零。当电桥所处的环境温度不为 0℃ 时，电阻 R_t 的阻值随之改变，于是电桥出现不平衡。通过合理选择 R_t 的电阻值，可使电桥输出电压 U_{ab} 随冷端温度变化的特性与热电偶的热电特性近似，同时，在冷

端温度大于0℃时，电压 U_{ab} 大于零，为正值；冷端温度小于0℃时，电压 U_{ab} 小于零，为负值。即用 U_{ab} 电压来模拟热电偶冷端温度变化引起的热电动势变化，从而对热电偶的冷端温度变化进行自动补偿。这种补偿原理可用如下电动势关系描述。

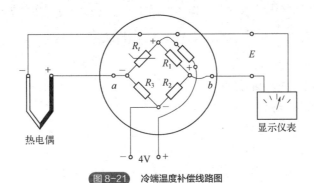

图 8-21 冷端温度补偿线路图

已知当热电偶的接点温度为 T、T_n 时，热电偶的输出热电动势为

$$E_{AB}(T, T_n) = E_{AB}(T, T_0) - E_{AB}(T_n, T_0) \tag{8-35}$$

若使电桥的不平衡输出电压随温度的变化值等于 $E_{AB}(T_n, T_0)$，上式两边都加 $E_{AB}(T_n, T_0)$，则有

$$E_{AB}(T, T_n) + E_{AB}(T_n, T_0) = E_{AB}(T, T_0) \tag{8-36}$$

这就是显示仪表的示值，即被测温度的真实值。

在选型阶段，要根据配用热电偶的分度号和冷端所处环境的温度变化范围来选择冷端温度补偿器。使用时，将显示仪表的起始零点校正在补偿器电桥平衡温度（见表 8-12），用热电偶相应的补偿导线将热电偶、冷端温度补偿器、显示仪表按正确的极性连接起来，并为冷端温度补偿器供上正确的电源，就能实现对热电偶温度测量的冷端温度补偿。

表 8-12 常用冷端温度补偿器

型号	配用热电偶	电桥平衡温度/℃	补偿范围/℃	电源/V	内阻/Ω	功耗	外形尺寸/mm	补偿误差/mV
WBC-01	铂铑-铂							±0.045
WBC-02	镍铬-镍铝 镍铬-考铜	20	0~50	~220	1	<8V·A	220×113×72	±0.16
WBC-03	镍铬-考铜							±0.18
WBC-57-LB	铂铑-铂							±（0.015×0.0015T）
WBC-57-EU	镍铬-镍硅	20	0~40	4	1	<0.25V·A	150×115×50	±（0.04+0.004T）
WBC-57-EA	镍铬-考铜							±（0.065+0.0065T）

⑥ 冷端延长线法。这是工业上普遍使用的一种方法。工业应用时，温度被测点与显示仪表之间往往有很长的距离，这就要求热电偶有较长的尺寸。但由于热电偶材料较贵，使用过长尺寸的热电偶不现实。

为了解决这一问题，采用了冷端延长线（也称补偿导线），如图 8-13 所示。所谓补偿导线实际上是与热电偶具有相同热电特性的带绝缘层的金属导线，它的作用是将热电偶冷端从现场温度变化大的测量点移至环境温度变化不大的地点，从而有利于对冷端温度进行补偿。补偿导线有使用温度的限制，一般为 0～100℃，而且补偿导线有正极和负极的区分，用于分别连接热电偶的正极和负极。

补偿导线所产生的热电动势等于工作热电偶在此温度范围内产生的热电动势：

$$E_{AB}(T_n, T_0) = E_{A'B'}(T_n, T_0) \tag{8-37}$$

式中 T_n——工作热电偶冷端温度；

         T_0——补偿导线末端温度；

$E_{AB}(T_n, T_0)$——工作热电偶产生的热电动势；

$E_{A'B'}(T_n, T_0)$——补偿导线产生的热电动势。

该方法相当于将冷端延伸到了温度为 T_0 处，冷端温度变化仍然会带来温度测量的附加误差，为了在显示仪表上显示正确的测量温度，还必须用前面介绍的方法（如冷端温度补偿器等）把冷端温度修正到 0℃。

在工业上制成了专用的补偿导线，并以不同颜色区别各种特定热电偶的补偿导线，如表 8-13 所示。

在选择和使用补偿导线时应注意以下几方面：

① 根据热电偶分度号的不同，选择与之对应的补偿导线，补偿导线的使用环境温度必须在该产品的使用温度范围内；

② 接线时，正极补偿导线接热电偶的正极，负极补偿导线接热电偶的负极，不能接反，否则会造成更大的测量误差；

③ 补偿导线与热电偶连接的两个接点所处的温度必须相同。

表 8-13　补偿导线着色及热电动势

补偿导线名称	型号	配用热电偶	热电偶分度号	导线线芯用材料		导线线芯绝缘着色规定		测量端为 100℃，参考端为 0℃ 时的热电动势及允差/μV	测量端为 200℃，参考端为 0℃ 时的热电动势及允差/μV
				正极	负极	正极	负极		
铜-铜镍 0.6 补偿型导线	SC	铂铑 10-铂热电偶	S	铜	铜镍 0.6	红	绿	646±60	1441±60
铜-铜镍 0.6 补偿型导线	RC	铂铑 13-铂热电偶	R	铜	铜镍 0.6	红	绿	646±60	1441±60
铁-铜镍 22 补偿型导线	KCA	镍铬-镍硅热电偶	K	铁	铜镍 22	红	蓝	4096±88	8138±88
铁-铜镍 40 补偿型导线	KCB	镍铬-镍硅热电偶	K	铁	铜镍 40	红	蓝	4096±88	—
铁镍 10-镍硅 3 延长型导线	KX	镍铬-镍硅热电偶	K	铁镍 10	镍硅 3	红	黑	4096±88	8138±88
铁-铜镍 18 补偿型导线	NC	镍铬硅-镍硅镁	N	铁	铜镍 18	红	灰	2774±86	5913±86

续表

补偿导线名称	型号	配用热电偶	热电偶分度号	导线线芯用材料		导线线芯绝缘着色规定		测量端为100℃，参考端为0℃时的热电动势及允差/μV	测量端为200℃，参考端为0℃时的热电动势及允差/μV
				正极	负极	正极	负极		
镍铬 14 硅-镍硅 4 镁延长型导线	NX	镍铬硅-镍硅镁	N	镍铬 14 硅	镍硅 4 镁	红	灰	2774±86	5913±86
镍铬 10-铜镍 45 延长型导线	EX	镍铬-铜镍热电偶	E	镍铬 10	铜镍 45	红	棕	6319±138	13421±138
铁-铜镍 45 延长型导线	JX	铁-铜镍热电偶	J	铁	铜镍 45	红	紫	5269±123	10779±123
铜-铜镍 45 延长型导线	TX	铜-康铜热电偶	T	铜	铜镍 45	红	白	4279±60	9288±60
钨铼 5-钨铼 26 热电偶用补偿导线	CC	钨铼 5-钨铼 26	C	钨铼 5	钨铼 26	红	橙	1151±51	3090±85
钨铼 5-钨铼 20 热电偶用补偿导线	AC	钨铼 5-钨铼 20	A	钨铼 5	钨铼 20	红	粉红	1336±50	2871±80

8.4 热电阻、热电偶传感器的应用

热电阻、热电偶传感器已广泛应用在各行各业，如图 8-22、图 8-23 所示为常见的热电阻、热电偶、温度变送器。

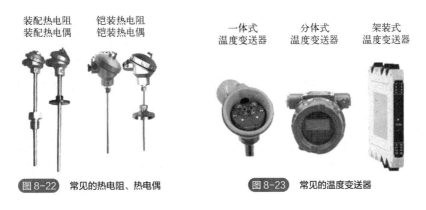

图 8-22 常见的热电阻、热电偶　　图 8-23 常见的温度变送器

8.4.1 装配热电阻

装配热电阻可以测量生产过程中的各类工艺介质的温度，测量温度范围为-200～600℃，常用的分度号为 Cu50 铜热电阻和 Pt100 铂热电阻。装配热电阻主要由热电阻元件、接线盒、接线端子、绝缘套管、保护套管、安装固定装置组成，前五个部件需要装配在一起，安装固定装置一般焊接在保护套管上，用于将装配热电阻固定在被测对象上。

装配热电阻具有容易装配和更换、测量范围较大、机械强度高、耐压性能好的特点。

热电阻的温度检测元件是将直径几十微米的铂丝或铜丝用双线并绕法均匀地绕在由玻璃（或陶瓷等）材料制成的骨架上，检测元件的长度一般为 10～40mm，检测元件测得的温度是铂丝或铜丝绕制范围内所有温度感应点的平均温度。

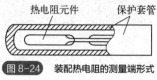

图 8-24　装配热电阻的测量端形式

如图 8-24 所示为装配热电阻的测量端形式，图中所示引线为四线制，常用的还有三线制。

8.4.2　铠装热电阻

相比于装配热电阻，铠装热电阻具有体形长、易弯曲、热响应时间短、耐振、不易损坏等优点。

铠装热电阻由铠装热电阻元件、绝缘材料、铠装套管、接线盒、保护套管、安装固定装置组成。铠装热电阻元件与装配热电阻元件的结构不同。铠装热电阻引线之间，及其与铠装套管之间用绝缘材料填充，绝缘材料通常使用氧化镁粉。通过铠材工艺将热电阻元件、氧化镁粉、铠装套管制作成一个密不可分的整体，称之为铠材，铠材是制造铠装热电阻的最基本且最主要的材料，通常不会单独使用铠材用于温度测量，需要配以接线盒、保护套管、安装固定装置构成铠装热电阻，用于实际的温度测量之中。

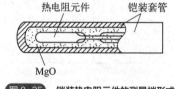

图 8-25　铠装热电阻元件的测量端形式

如图 8-25 所示为铠装热电阻元件的测量端形式。

8.4.3　装配热电偶

装配热电偶用于测量生产过程中−200～2500℃范围内的各类工艺介质的温度，容易装配和更换，耐振，测温范围大，机械强度高，耐压性能好，广泛用于火电、电力、冶金、化工、机械制造等行业。

装配热电偶主要由热电偶元件、接线盒、接线端子、绝缘套管、铠装套管、安装固定装置组成，前五个部件需要装配在一起，安装固定装置一般焊接在铠装套管上，用于将装配热电偶固定在被测对象上。

如图 8-26 所示为装配热电偶的测量端形式，通常分为绝缘型和接壳型。接壳型热电偶元件是与铠装套管外壳焊接在一起的，其温度反应速度快，但是抗电磁干扰能力差。而绝缘型热电偶元件由于热电偶元件与铠装套管外壳是绝缘的，所以抗电磁干扰能力强，但是反应时间要比接壳型长。

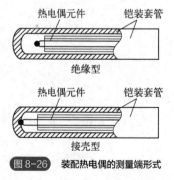

图 8-26　装配热电偶的测量端形式

8.4.4　铠装热电偶

铠装热电偶是温度测量中应用最广泛的一种元件，其主要特点是体形长、易弯曲、测温范围宽、热响应时间短、耐振、不易损坏。

与铠装热电阻相似，铠装热电偶采用铠材工艺，将热电偶元件、氧化镁粉、铠装套管制作成一个密不可分的整体铠材，再配以接线盒、保护套管、安装固定装置构成铠装热电偶，用于实际应用之中。

如图 8-27 所示为铠装热电偶元件的测量端形式，通常分为露端型、绝缘型和接壳型。露端型热电偶元件暴露在铠装套管外，其温度反应速度最快，但是抗电磁干扰能力最差；接壳型热电偶元件是与铠装套管外壳焊接在一起的，其温度反应速度快，但是抗电磁干扰能力差；而绝缘型由于热电偶元件与铠装套管外壳是绝缘的，所以抗电磁干扰能力强，但是反应时间要比前两种形式长。

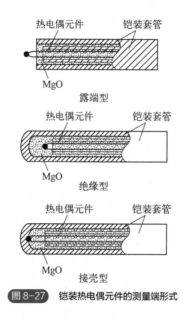

图 8-27　铠装热电偶元件的测量端形式

8.4.5　温度变送器

温度变送器采用热电偶、热电阻作为测温元件，测温元件信号经过输入滤波、信号放大、非线性修正、电压电流转换、恒流源及输入反向保护等电路处理后，将热电偶的毫伏信号和热电阻的电阻值，转换成与温度呈线性关系的仪表标准 4～20mA 电流信号或 1～5V 电压信号，也可带数字通信信号输出。其广泛应用于石化、电力、冶金、食品、医药等工业领域，特别适用于计算机控制系统，也可与显示仪表配套使用。

早期的温度变送器由模拟电路构成，要改变温度变送器的量程，需要同时调节零点调节电位器和量程调节电位器。随着科技的进步，这种模拟型温度变送器已无法满足现场用户的需求，智能型温度变送器孕育而生。智能型温度变送器在产品中采用 CPU（中央处理器），将信号进行数字化处理，兼容多种热电阻、热电偶，调试时通过专用手操器或在 PC（个人计算机）上安装专用软件，通过通信数据线与温度变送器通信，以此来改变温度变送器的量程范围和分度号。

温度变送器一般分为一体式温度变送器、分体式温度变送器和架式温度变送器。

一体式温度变送器与检测元件（热电阻或热电偶）采用一体化安装形式，温度变送器安装在检测元件的接线盒中，结构紧凑、性价比高，输出二线制 4～20mA 标准信号，防爆型产品可以安装在具有爆炸性气体的危险场所内。

分体式温度变送器一般安装在现场，热电阻通过电缆与之相连，而热电偶需要用补偿导线

（或补偿电缆）与温度变送器连接，变送器输出二线制 4～20mA 标准信号，防爆型产品也可以安装在具有爆炸性气体的危险场所内。

为了温度变送器的现场维护，易于检修维护的测量点位选择一体式温度变送器，不好检修维护的测量点位采用分体式温度变送器，在测量点位安装热电阻（或热电偶），兼顾了测量和维护的需要。

架装式温度变送器一般安装在非爆炸危险场所，如控制室、操作室、机柜间等，通过电缆或补偿电缆与现场的热电阻（或热电偶）相连，输出二线制 4～20mA 信号到数字温度显示仪表等二次仪表或送计算机控制系统进行显示控制。

 思考题与习题

（1）热电阻的工作原理是什么？

（2）最常用的热电阻有哪两种？简述它们的差异。

（3）热电偶的工作原理是什么？热电偶和热电阻的测温范围有什么区别？

（4）什么是热电偶的中间温度定律和标准电极定律？

（5）什么是热电偶的冷端补偿？

（6）热电偶的并联、顺向串联和反向串联分别用来测量什么？

（7）用 S 分度号热电偶设计测温电路，测量两点间的温差及三点平均温度。画出电路图并写出热电动势公式，举例分析其测量误差。

（8）用 E 分度号热电偶测温度，在未采用冷端温度补偿的情况下，仪表显示 630℃，此时冷端为 20℃。试求实际测量温度为多少℃？

（9）将一支 K 分度号热电偶与电压表相连，若电压表上读数是 30.383mV，已知电压表接线端是 30℃，求热电偶热端温度是多少？分析该分度号热电偶的热电动势是否与温度呈线性关系。

（10）为什么补偿导线能用于热电偶的冷端温度补偿？

（11）热端为 100℃，冷端为 0℃时，镍铬和考铜组成的热电偶输出热电动势为 6.95mV。已知此温度条件下考铜与纯铂组成的热电偶的热电动势为-4.0mV，则镍铬与纯铂组成的热电偶的热电动势为多少？

第9章

光电式传感器

⊡ 本章思维导图

本书配套资源

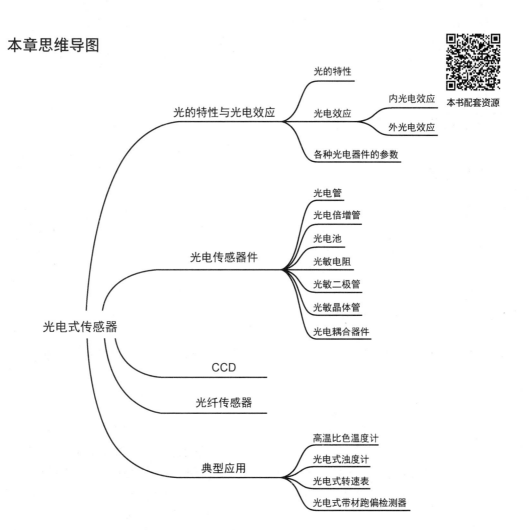

- 光电式传感器
  - 光的特性与光电效应
    - 光的特性
    - 光电效应
      - 内光电效应
      - 外光电效应
    - 各种光电器件的参数
  - 光电传感器件
    - 光电管
    - 光电倍增管
    - 光电池
    - 光敏电阻
    - 光敏二极管
    - 光敏晶体管
    - 光电耦合器件
  - CCD
  - 光纤传感器
  - 典型应用
    - 高温比色温度计
    - 光电式浊度计
    - 光电式转速表
    - 光电式带材跑偏检测器

本章学习目标

> （1）掌握光电效应、内光电效应、外光电效应、亮电阻、暗电阻等基本概念；
> （2）掌握光电式传感器的类别、基本形式；
> （3）掌握各种光电器件的基本特性；
> （4）了解 CCD 图像传感器、光纤传感器的工作原理；
> （5）了解光电式传感器的应用实例。

光电式传感器的物理基础是光电效应，它实现了光能向电能的转换。光电式传感器种类很多，应用领域广泛，可以用来测量转速、位移、距离、温度、浓度、浊度等物理量，也可用于生产线上产品的计数和制作光电开关等；光电图像传感器件还广泛用于数码相机、摄像机、扫描仪、传真机、内窥镜等产品。

光电式传感器具有非接触、高精度、反应快、可靠性高、分辨率高、抗干扰能力强等特点。除测量光强之外，还能利用光线的透射、遮挡、反射、干涉等测量多种物理量，如尺寸、位移、速度、温度等。光电测量时不与被测对象直接接触，光束的质量又近似为零，在测量中不存在摩擦和压力施加，因此在许多应用场合，光电式传感器比其他传感器有明显的优越性。其缺点在于通常对测量的环境条件要求较高。

9.1　光的特性与光电效应

9.1.1　光的特性

光具有波粒二象性，既具有波动的特性，又具有粒子的特性。光的频率（波长）各不相同，但都具有反射、折射、散射、衍射、干涉和吸收等特性。由光的粒子说可知，光又是由具有一定能量、动量和质量的粒子所组成，这种粒子称为光子。光是以光速运动的光子流，每个光子都有一定的能量，其大小与频率成正比，即

$$E = h\omega \tag{9-1}$$

式中　h——普朗克常量（6.626×10^{-34} J·s）；
　　　ω——光的振动频率。

不同频率的光具有不同的能量，光的频率越高（即波长越短），光子的能量就越大。

9.1.2　光电效应

光是具有一定能量的光子组成的，每个光子所具有的能量 E 与其频率大小成正比，光照射在物体表面相当于一连串具有能量 E 的光子轰击在物体表面。光电效应是由于物体吸收了能量为 E 的光后产生的电效应，而电效应包括：物体表面发射电子、物体电导率改变或产生电动势等。能产生光电效应的物体称为光电材料（下面简称材料），光电效应分为两大类型：外光电效

应和内光电效应。

（1）外光电效应

材料受到光照后，向外发射电子的现象叫作外光电效应，相应的光电器件有光电管、光电倍增管等。

光照射物体，物体中电子吸收的入射光子能量超过逸出功 A_0 时，电子就会逸出物体表面，产生光电子发射，超过部分的能量表现为逸出电子的动能。根据能量守恒定律

$$E_K = \frac{1}{2}mv^2 = h\omega - A_0 \tag{9-2}$$

式中 E_K ——逸出表面的电子具有的动能；

      m ——电子质量；

      v ——电子逸出速度；

      A_0 ——电子的表面逸出功。

式（9-2）为爱因斯坦光电效应方程式，由式可知：光子能量必须超过逸出功 A_0，才能产生光电子。具体而言：

① 电子能否逸出取决于光子能量与该材料的电子表面逸出功的差值，光子能量等于逸出功时的频率为红限频率。当入射光线频率小于红限频率，即使再多的光子照射材料表面也不会产生光电子逸出；反之，当光线频率大于红限频率，即使很微弱的光照，也会导致光电子逸出。

② 如果入射光的频谱固定，则光线越强（光照度越强，表示入射光子数目越多），逸出的光电子数目就越多。

③ 光电子逸出材料表面，具有初始动能，所以对于外光电效应器件，即使不加初始阳极电压，也会有光电流产生。为使光电流为零，必须加反向截止电压，截止电压随入射光的频率增加而增加。

（2）内光电效应

内光电效应又分为光电导效应和光生伏特效应。在光的作用下，电子吸收光子能量从键合状态过渡到自由状态，导致电阻率变化的过程，称为光电导效应。因没有电子自材料向外发射，仅改变其内部的电阻或电导。与外光电效应一样，要产生光电导效应，也受到红限频率限制。典型器件是光敏电阻，利用光电导效应制成，应用较广泛。在光的作用下，能够使材料内部产生一定方向的电动势的现象叫光生伏特效应。利用此效应制成的光电器件有光敏二极管、光敏晶体管和光电池等。

9.1.3   各种光电器件的参数

光电器件（光敏元件）的参数介绍如下：

① 光电流。光敏元件的两端加一定偏置电压后，在某种光源的特定照度下产生或增加的电流称为光电流。

② 暗电流。光敏元件在无光照时，两端加电压后产生的电流称为暗电流。

③ 光照特性。当光敏元件加一定电压时，光电流 I 与光敏元件上光照度 E 之间的关系，称

为光照特性。

④ 光谱特性。当光敏元件加一定电压时，如果照射在光敏元件上的是一单色光，入射光功率不变时，光电流随入射光波长 λ 变化而变化的关系 $I=f(\lambda)$，称为光谱特性。光谱特性对选择光电器件和光源有重要意义，当光电器件的光谱特性与光源的光谱分布协调一致时，光电式传感器的性能较好，效率也高。在需要测量的光谱范围内，应选择最大灵敏度的光敏元件，才有可能获得高灵敏度。

⑤ 伏安特性。在一定照度下，光电流 I 与光敏元件两端的电压 U 的关系 $I=f(U)$ 称为伏安特性。

⑥ 频率特性。在相同的电压和相同幅值的光强度下，当入射光以不同的正弦交变频率调制时，光敏元件输出的光电流 I 和灵敏度 S 随调制频率 f 变化的关系称为频率特性。

⑦ 温度特性。环境温度变化后，光敏元件的光学性质也将随之改变，这种现象称为温度特性。

9.2 光电传感器件

9.2.1 光电管

光电管由一个涂有光电材料的阴极和一个阳极构成，且密封在一只真空玻璃管内。阴极通常是用逸出功小的光敏材料涂覆在玻璃泡内壁上而成，阳极通常用金属丝弯曲成矩形或圆形置于玻璃管的中央。

当光电管的阴极受到适当波长的光线照射时，便有电子逸出，这些电子被具有正电位的阳极吸引，在光电管内形成空间电子流。如果在外电路中串入一适当阻值的电阻，则在光电管组成的回路中形成电流 I_Φ，并在负载电阻上产生输出电压，在入射光的频谱成分和光电管电压不变的条件下，输出电压与入射光通量 Φ 成正比，如图 9-1 所示。

光电管应用于安防监控、医疗器械、工业自动化生产等领域。

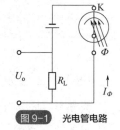

图 9-1　光电管电路

9.2.2 光电倍增管

当入射光很微弱时，普通光电管产生的光电流很小，不容易检测，此时可采用光电倍增管，其特点是可以将微小的光电流放大，放大倍数高达 $10^5 \sim 10^7$，其灵敏度非常高、信噪比大、线性好，多用于微光测量。

光电倍增管由光阴极、次阴极（倍增极）以及阳极三部分组成。光阴极是由半导体光电材料锑铯做成；次阴极是在镍或铜-铍的衬底上涂覆锑铯材料形成，次阴极可多达 30 级，通常为12～14 级；阳极在最后用来收集电子，输出为电压脉冲。

光电倍增管利用二次电子释放效应，将光电流在管内部进行放大。当电子或光子以足够大的速度轰击金属表面而使金属内部的电子再次逸出金属表面，这种再次逸出金属表面的电子叫作二次电子。

光电倍增管的光电转换过程为：当入射光的光子打在光阴极上时，光阴极发射出电子，该电子流又打在电位较高的第一倍增极上，于是又产生新的二次电子；第一倍增极产生的二次电子又打在比第一倍增极电位高的第二倍增极上，该倍增极同样也会产生二次电子发射；如此连续进行下去，直到最后一级的倍增极产生的二次电子被更高电位的阳极收集为止，从而在整个回路里形成光电流 I_A，如图9-2所示。

光电倍增管用于光学测量仪、光谱分析仪、生物医学、化学与环境监测、工业计量、天文学与物理研究等领域。

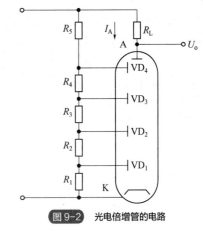

图 9-2　光电倍增管的电路

9.2.3　光敏电阻

光敏电阻，是用半导体材料制成的光电器件。光敏电阻没有极性，是一个纯电阻器件，使用时既可加直流电压，也可以加交流电压。无光照时，光敏电阻值（暗电阻）很大，电路中电流（暗电流）很小。当光敏电阻受到一定波长范围的光照时，它的阻值（亮电阻）急剧减小，电路中电流迅速增大。一般希望暗电阻越大越好，亮电阻越小越好，此时光敏电阻的灵敏度高。实际光敏电阻的暗电阻值一般在兆欧量级，亮电阻值在几千欧以下。

光敏电阻的结构简单，金属封装的硫化镉光敏电阻的结构如图9-3（a）所示。在玻璃底板上均匀涂覆一层薄的半导体物质，称为光导层（或导光层）。半导体的两端装有金属电极，金属电极与引出线连接外围电路。为防止周围介质的影响，在半导体光敏层上覆盖一层漆膜，其成分使光敏层在最敏感的波长范围内透射率最大。为了提高灵敏度，光敏电阻电极一般采用梳状，如图9-3（b）所示。光敏电阻的接线如图9-3（c）所示。

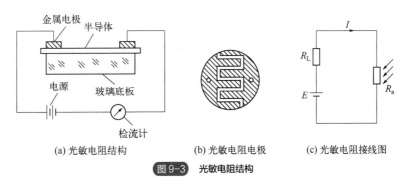

(a) 光敏电阻结构　　　　(b) 光敏电阻电极　　　　(c) 光敏电阻接线图

图 9-3　光敏电阻结构

（1）光敏电阻的主要参数

① 暗电阻。光敏电阻在不受光照射时的阻值称为暗电阻，此时流过的电流称为暗电流。

② 亮电阻。光敏电阻在受光照射时的电阻称为亮电阻，此时流过的电流称为亮电流。

③ 光电流。亮电流与暗电流之差称为光电流。

光敏电阻的暗电流要小，亮电流要大，其灵敏度才高，性能才好。暗电阻与亮电阻之比一般在 $10^2 \sim 10^6$ 之间，故光敏电阻的灵敏度非常高。

（2）光敏电阻的基本特性

① 伏安特性。在一定照度下，流过光敏电阻的电流与光敏电阻两端的电压之间的关系称为

光敏电阻的伏安特性。硫化镉光敏电阻的伏安特性曲线如图 9-4 所示。光敏电阻在一定的电压范围内，其 *I-U* 曲线为直线，这说明其阻值与入射光量有关，而与电压电流无关。

② 光照特性。描述光电流 *I* 和光照强度之间的关系曲线称为光敏电阻的光照特性。不同材料的光照特性不同，绝大多数光敏电阻的光照特性是非线性。硫化镉光敏电阻的光照特性如图 9-5 曲线所示。

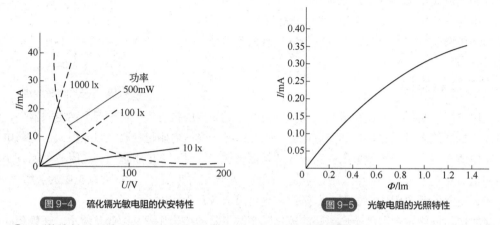

图 9-4　硫化镉光敏电阻的伏安特性　　　　　　图 9-5　光敏电阻的光照特性

③ 光谱特性。光敏电阻对入射光光谱具有选择作用，即光敏电阻对不同波长的入射光有不同的灵敏度。光敏电阻的相对灵敏度（或用光电流表示）与入射波长的关系称为光敏电阻的光谱特性，也称光谱响应。几种不同材料光敏电阻的光谱特性如图 9-6 所示。对应于不同波长，光敏电阻的灵敏度不同，而且不同材料的光敏电阻光谱响应曲线也不同。图中可见硫化镉光敏电阻的光谱响应处于可见光区域，因此常用作照度计的敏感元件。而硫化铅光敏电阻响应于近红外和中红外区，可用作火焰探测器的敏感元件。

④ 频率特性。光敏电阻的光电流不能随着光强改变而立刻变化，即光敏电阻产生的光电流有一定的惰性，这种惰性通常用时间常数表示。大多数的光敏电阻时间常数都较大，这是它的缺点之一。不同材料的光敏电阻具有不同的时间常数（毫秒量级），因此频率特性也就各不相同。硫化镉和硫化铅光敏电阻的频率特性如图 9-7 所示，相比较，硫化铅的适用频率范围较大。

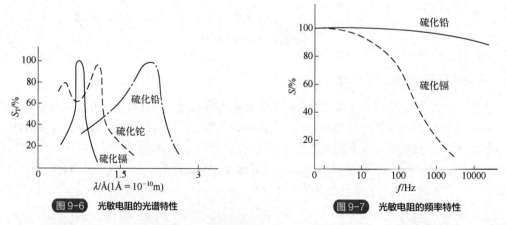

图 9-6　光敏电阻的光谱特性　　　　　　图 9-7　光敏电阻的频率特性

⑤ 温度特性。光敏电阻和其他半导体器件一样，受温度影响较大。温度变化时，影响光敏电阻的光谱响应，同时光敏电阻的灵敏度和暗电阻也随之改变，尤其是响应于红外区的硫化铅

光敏电阻受温度影响更大，硫化铅光敏电阻要在低温、恒温的条件下使用。对于响应可见光的光敏电阻，其温度影响要小一些。

光敏电阻具有光谱特性好、允许光电流大、灵敏度高、使用寿命长、体积小等优点，所以应用广泛。许多光敏电阻对红外线敏感，适宜于红外线光谱区（红外区）工作。光敏电阻的缺点是型号相同的光敏电阻参数差异大，且因光照特性的非线性，不适宜于测量要求线性化输出的场合，常用作开关式光电信号的传感元件。

9.2.4 光敏二极管和光敏晶体管

（1）结构原理

光敏二极管的结构与一般二极管相似，如图 9-8 所示。它装在透明玻璃外壳中，其 PN 结装在管的顶部，可以直接受到光照射。光敏二极管在电路中一般是处于反向工作状态，在没有光照射时，反向电阻很大，反向电流很小，此反向电流称为暗电流。当光照射在 PN 结上，光子打在 PN 结位置，使 PN 结附近产生光生电子和光生空穴对，它们在 PN 结处的内电场作用下做定向运动，形成光电流。因此，光敏二极管在不受光照射时处于截止状态，受光照射时处于导通状态。光电流的大小与光照强度成正比，于是在负载电阻上就能得到随光照强度变化而变化的电信号输出。

(a) 结构　　　　　(b) 表示符号　　　　　(c) 基本电路图

图 9-8　光敏二极管结构、符号与接线

光敏晶体管与一般晶体管很相似，具有两个 PN 结，如图 9-9（a）所示，只是它的基极做得很大，以扩大光的照射面积。光敏晶体管接线如图 9-9（c）所示，大多数光敏晶体管的基极（B）无引出线，当集电极（C）加上相对于发射极（E）为正的电压而不接基极时，集电结就是反向偏压。当光照射在基极时，就会在基极附近产生电子-空穴对，光生电子被拉到集电极，基区留下空穴，使基极与发射极间的电压升高，这样便会有大量的电子流向集电极，形成输出电流，且集电极电流为光电流的 β 倍，所以光敏晶体管有放大作用。

(a) 结构　　　　　(b) 表示符号　　　　　(c) 基本电路图

图 9-9　NPN 型光敏晶体管结构简图和基本电路

光敏晶体管的灵敏度虽然比光敏二极管高很多，但在需要高增益或大电流输出的场合，需采用达林顿光敏管。达林顿光敏管是一个光敏晶体管和一个晶体管以共集电极连接方式构成的集成器件。由于增加了一级电流放大，所以输出电流能力大大加强，甚至可以不必经过进一步放大，便可直接驱动灵敏继电器。但由于无光照时的暗电流也增大，因此适合于开关状态或位式信号的光电变换。

（2）基本特性

① 光谱特性。光敏二极管和光敏晶体管（统称光敏管）的光谱特性是指在一定照度时，输出的光电流（或用相对灵敏度表示）与入射光波长的关系。硅和锗光敏管（硅管、锗管）的光谱特性曲线如图 9-10 所示。从曲线可见，硅的峰值波长为 0.8～0.9μm，锗的峰值波长为 1.4～1.5μm，此时相对灵敏度最大，而当入射光的波长增长或缩短时，相对灵敏度都会下降。通常锗管的暗电流较大，因此性能较差，故在可见光或探测过热状态被测物时，一般都用硅管。对红外光的探测，用锗管较适宜。

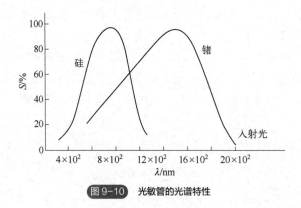

图 9-10　光敏管的光谱特性

② 伏安特性。常用的硅光敏二极管的伏安特性如图 9-11（a）所示，横坐标表示所加的反向电压。当光照时，反向电流随着光照强度的增大而增大，在不同的照度下，伏安特性曲线几乎平行，所以只要没达到饱和值，其输出实际上不受电压大小的影响。硅光敏晶体管的伏安特性如图 9-11（b）所示。纵坐标为光电流，横坐标为集电极-发射极电压。可见，由于晶体管的放大作用，在同样照度下，其光电流比相应的二极管大 2 个数量级。

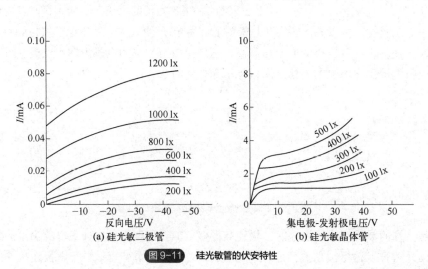

(a) 硅光敏二极管　　　　　(b) 硅光敏晶体管

图 9-11　硅光敏管的伏安特性

③ 频率特性。光敏管的频率特性是指光敏管输出的光电流（或相对灵敏度）随频率变化的关系。光敏二极管的频率特性好，可达 $10^{-9}\sim10^{-7}$s，适宜测量变化快速的光信号。光敏晶体管的响应比光敏二极管差，同时其频率特性受负载电阻的影响，减小负载电阻可以提高频率响应范围，但输出电压响应也会减小。

④ 温度特性。光敏管的温度特性是指光敏管的暗电流及光电流与温度的关系。温度变化对光电流影响很小，而对暗电流影响很大，所以在电子线路中应该对暗电流进行温度补偿，否则将会导致输出误差。

⑤ 光照特性。光照特性是指光敏管的输出电流 I_0 和光照强度 E 之间的关系。硅光敏管的光照强度越大，产生的光电流越强。光敏二极管的光照特性曲线的线性较好；光敏晶体管在光照强度较小时，光电流随之增加缓慢，而在光照强度较大时（几千勒克斯）光电流存在饱和现象，这是由于光敏晶体管的电流放大倍数在小电流和大电流时都有下降所导致的。

9.2.5 光电池

光电池是一种直接将光能转换为电能的光电器件。光电池在有光线作用时实质就是电源，某些电路中接入此器件就不需要外加电源。

光电池的工作原理是基于"光生伏特效应"。实质上是一个大面积的 PN 结，当光照射到 PN 结的一个面，例如 P 型面时，若光子能量大于半导体材料的禁带宽度，那么 P 型面每吸收一个光子就产生一对自由电子和空穴。电子-空穴对从表面向内迅速扩散，在结电场的作用下，建立一个与光照强度有关的电动势。图 9-12 为硅光电池原理图。

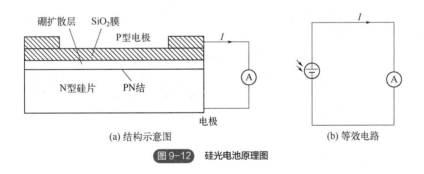

(a) 结构示意图　　　　(b) 等效电路

图 9-12 硅光电池原理图

光电池基本特性如下：

① 光谱特性。光电池对不同波长的光的灵敏度不同。不同材料的光电池，光谱响应峰值所对应的入射光波长也不同，硅光电池波长在 0.8μm 附近，硒光电池在 0.5μm 附近。硅光电池的光谱响应波长范围为 0.4～1.2μm，而硒光电池为 0.38～0.75μm。故硅光电池工作的波长范围更宽。

② 光照特性。光电池在不同光照度下，其光电流和光生电动势不同，二者的关系即光照特性。短路电流在很大范围内与光照度呈线性关系，开路电压（即负载电阻 R_L 无限大时）与光照度的关系呈现非线性，并且当照度在 2000lx 时就趋于饱和。因此用光电池作为测量元件时，应把它当作电流源的形式来使用，不宜用作电压源。

③ 温度特性。光电池的温度特性是描述光电池的开路电压和短路电流随温度变化的关系。由于它影响所连接负载工作中的测量精度或控制精度等重要指标，因此光电池的温度特性是其

重要特性之一。如图 9-13 所示，开路电压随温度升高而下降的速度较快，而短路电流随温度升高缓慢增加，所以温度对光电池的工作有很大影响，因此它作为测量元件的电源使用时，需尽量保证温度恒定或采取温度补偿。

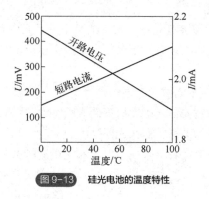

图 9-13　硅光电池的温度特性

9.2.6　光电耦合器件

光电耦合器件是由发光元件（如发光二极管）和光电接收元件合并使用，以光作为媒介传递信号的光电器件。根据其结构和用途不同，它又可分为实现电隔离的光电耦合器和用于检测有无被测物体的光电开关。

（1）光电耦合器

光电耦合器的发光元件和接收元件都封装在一个外壳内，一般有金属封装和塑料封装两种。发光元件通常采用砷化镓发光二极管，其管芯由一个 PN 结组成，随着正向电压的增大，正向电流增加，发光二极管产生的光通量也增加。光电接收元件可以是光敏二极管和光敏晶体管，如图 9-14（a）所示；也可以是达林顿光敏管，光敏晶体管和达林顿光敏管输出型的光电耦合器如图 9-14（b）所示。为保证光电耦合器有较高的灵敏度，应使发光元件和接收元件的波长匹配。

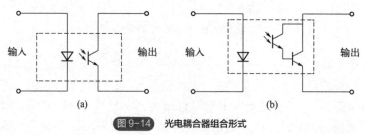

（a）　　　　　　　　　　　　　　（b）

图 9-14　光电耦合器组合形式

（2）光电开关

光电开关是一种利用感光元件对变化的入射光加以接收，并进行光电转换，同时加以某种形式的放大和控制，从而获得最终的控制输出"开"或"关"信号的器件。

光电开关广泛应用于工业控制、自动化生产线及安全装置中，作为光控和光检测装置。可在自动控制系统中用作物体检测、产品计数、料位检测、尺寸控制、安全报警及计算机输入接口等。

9.3 电荷耦合器件（CCD）

电荷耦合器件（charge coupled devices，CCD）以电荷转移为核心，是使用非常广泛的固体图像传感器。CCD 的突出特点是以电荷作为信号（不同于其他大多数器件是以电流或者电压为信号），可视为"排列起来的 MOS（金属-氧化物-半导体）电容阵列"。一个 MOS 电容器是一个光敏单元，可以感应一个像素点，如一个图像有 1024×768 个像素点，就需要同样多个光敏单元。传递一幅图像需要由许多 MOS 光敏单元大规模集成的器件。因此，CCD 的基本功能是信号电荷的产生、存储、传输和输出。广泛应用于自动控制和自动测量，尤其适用于图像识别技术。

（1）CCD 的结构及工作原理

① 结构。CCD 是由若干个电荷耦合单元组成的。其基本单元是 MOS（金属-氧化物-半导体）电容器，如图 9-15（a）所示。它以 P 型（或 N 型）半导体为衬底，上面覆盖一层厚度约 120nm 的 SiO_2，再在 SiO_2 表面依次沉积一层金属电极而构成 MOS 电容转移器件。这样一个 MOS 结构称为一个光敏元或一个像素。将 MOS 阵列加上输入、输出结构就构成了 CCD。

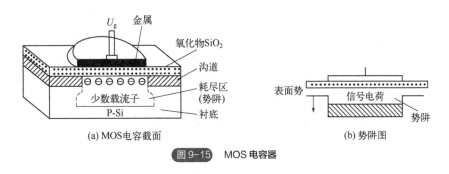

(a) MOS电容截面　　　　　　　　(b) 势阱图

图 9-15　MOS 电容器

② 工作原理。构成 CCD 的基本单元是 MOS 电容器。与普通电容器类似，MOS 电容器能够存储电荷。如果 MOS 电容器中的半导体是 P 型硅，当在金属电极上施加一个正电压 U_g 时，P 型硅中的多数载流子（空穴）受到排斥，半导体内的少数载流子（电子）吸引到 P 型硅界面处，从而在界面附近形成一个带负电荷的耗尽区，也称表面势阱，如图 9-15（b）所示。对带负电的电子来说，耗尽区是个势能很低的区域。如果有光照射在硅片上，在光子作用下，半导体硅产生了电子-空穴对，由此产生的光生电子就被附近的势阱吸收，势阱内所吸收的光生电子数量与入射到该势阱附近的光强成正比，存储了电荷的势阱被称为电荷包，而同时产生的空穴被排斥出耗尽区。并且在一定的条件下，所加正电压 U_g 越大，耗尽区就越深，Si 表面吸收少数载流子表面势（半导体表面对于衬底的电势差）就越大，这时势阱所能容纳的少数载流子电荷的量就越大。

CCD 的信号是电荷，信号电荷产生机理如下：

CCD 的信号电荷产生有两种方式：光信号注入和电信号注入。CCD 用作固态图像传感器时，接收的是光信号，即光信号注入。如果用透明电极也可用正面光注入方法。当 CCD 受光照射时，在栅极附近的半导体内产生电子-空穴对，其多数载流子（空穴）被排斥进入衬底，而少数载流子（电子）则被收集在势阱中，形成信号电荷，并存储起来。存储电荷的多少正比于照射的光强，从而可以反映图像的明暗程度，实现光信号与电信号之间的转换。所谓电信号注入，就是 CCD 通过输入结构对信号电压或电流进行采样，将信号电压或电流转换成信号电荷。用输入二极管进行电注入，该二极管是在输入栅衬底上扩散形成的。当输入栅加上宽度为 Δt 的正脉冲时，输入二极管 PN 结的少数载流子通过输入栅下的沟道注入 ϕ_1 电极下的势阱中，注入电荷量 $Q = I_D \Delta t$，I_D 为信号电流。

MOS 电容器的相邻电极之间仅间隔极小的距离，保证相邻势阱耦合及电荷转移。对于可移动的信号电荷都将力图向表面势大的位置移动。为保证信号电荷按确定方向和路线转移，在各电极上所加的电压严格满足相位要求。

（2）线阵型 CCD 图像传感器

线阵型 CCD 图像传感器由一列光敏元件与一列 CCD 并行且对应地构成一个主体，在它们之间设有一个转移栅。在每一个光敏元件上都有一个梳状公共电极，由一个 P 型沟道使其在电气上隔开。当入射光照射在光敏元件阵列上，梳状电极施加高电压时，光敏元件聚集光电荷，进行光积分，光电荷与光照强度和光积分时间成正比。

在光积分时间结束时，转移栅上的电压提高（平时低电压），与 CCD 对应的电极也同时处于高电压状态。然后，降低梳状电极电压，各光敏元件中所积累的光电荷并行地转移到移位寄存器中。当转移完毕，转移栅电压降低，梳状电极电压恢复到原来的高电压状态，准备下一次光积分周期。同时，在电荷耦合移位寄存器上加上时钟脉冲，将存储的电荷从 CCD 中转移，由输出端输出。这个过程重复地进行就得到相继的行输出，从而读出电荷图形。

线阵型 CCD 图像传感器分单沟道结构与双沟道结构，如图 9-16 所示。单、双数光敏元件中的信号电荷（光电荷）分别转移到上、下方的移位寄存器中，在控制脉冲的作用下，自左向右移动，在输出端交替合并输出，就形成了原来光敏信号电荷的顺序。

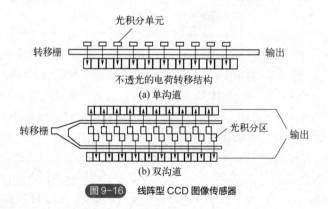

图 9-16　线阵型 CCD 图像传感器

（3）面阵型 CCD 图像传感器

按一定的方式将一维线阵型光敏单元及移位寄存器排列成二维阵列，构成面阵型 CCD 图像传感器，主要用于摄像机及测试技术。面阵型 CCD 图像传感器有三种基本类型：线传输型、帧传输型和行间传输型，如图 9-17 所示。

线传输型（也称行传输型）CCD 结构如图 9-17（a）所示。它由行扫描发生器、感光区、输出移位寄存器等组成。行扫描发生器将光敏元件内的信息传输到水平（行）方向上，驱动脉冲将信号电荷一位位地按箭头方向传输，并移入输出移位寄存器，输出移位寄存器在驱动脉冲的作用下使信号电荷经输出端输出。这种传输方式具有有效光敏面积大、传输速度快、传输效率高的优点，但电路比较复杂，易引起图像模糊。

帧传输型 CCD 的结构如图 9-17（b）所示。它由光敏元面阵（感光区）、存储器面阵（存储区）和输出移位寄存器三部分构成。图像成像到光敏元面阵，当光敏元的某一相电极加有适当的偏压时，光生电荷将收集到这些光敏元的势阱里，光学图像变成电荷包图像。当光积分周期结束时，信号电荷迅速传输到存储器面阵，经输出端输出一帧信息。当整帧视频信号自存储器面阵移出后，就开始下一帧信号的形成。这种面阵型 CCD 的特点是结构简单、光敏单元密度高，但增加了存储区。

行间传输型 CCD 结构是用得最多的一种结构形式，如图 9-17（c）所示。它将光敏单元与垂直转移寄存器交替排列。在光积分期间，光生电荷存储在感光区光敏单元的势阱里；当光积分时间结束，转移栅的电位由低变高，信号电荷进入垂直转移寄存器中。随后，一次一行地移动到输出移位寄存器中，然后移位到输出器件，在输出端得到与光学图像对应的一行行视频信号。这种结构的感光单元面积减小、图像清晰，但单元设计复杂。

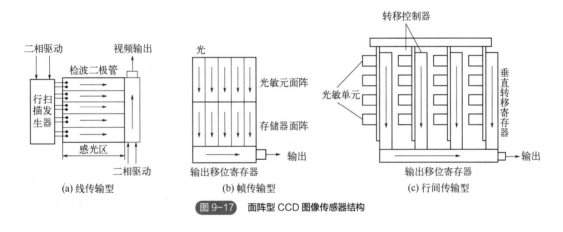

图 9-17　面阵型 CCD 图像传感器结构

9.4　光纤传感器

光纤最早在光学行业中用于传输光线和图像，20 世纪 70 年代研制出低损耗光纤并试用后，开始在通信技术中用于长距离传输信息。光纤不仅可以作为光波的传输介质，而且光波在光纤中传播时，表征光波的特征参数（振幅、相位、偏振态、波长等）因外界因素（如温度、压力、磁场、电场和位移等）的作用而间接或直接地发生变化，从而可将光纤作为传感器元件来探测各种待测量（物理量、化学量和生物量）。

（1）光纤结构

光纤是一种多层介质结构的圆柱体线材，光缆主要用于光纤通信，其结构如图 9-18 所示，该圆柱体由纤芯、包层和尼龙外层组成。

纤芯材料的主体是二氧化硅，制成很细的圆柱体，其直径为 5～75μm。有时在主体材料中掺入极微量的其他材料（二氧化锗或五氧化二磷等），以便提高光的折射率。围绕纤芯的是一层圆柱形套层（包层），包层可以是单层结构，也可以是多层结构，层数取决于光纤的应用场所，但总直径控制在 100～200μm 范围内。包层材料一般为二氧化硅，也有的掺入极微量的三氧化二硼或四氧化硅，但包层掺杂是为了降低其对光的折射率，使纤芯的折射率大于包层的折射率。包层外面还要涂上如硅铜或丙烯酸盐等涂料，其作用是保护光纤不受外来的损害，增加光纤的机械强度。光纤最外层是一层塑料保护管（尼龙外层），其颜色用以区分光缆中各种不同的光纤。光缆是由多根光纤组成，并在光纤间填入阻水油膏以保证光缆传光性能。

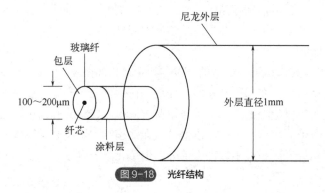

图 9-18　光纤结构

（2）光纤传感器的工作原理

光纤传感器的工作原理是将来自光源的光经过光纤送入调制器，使待测参数与进入调制器的光相互作用后，导致光的光学性质（如光的强度、波长、频率、相位和偏振态等）发生变化，再经过光纤送入光检测器，经解调器处理后，获得被测参数。根据工作原理，光纤传感器可以分为传感型和传光型两类。

利用外界因素改变光纤中光的特征参数，从而对外界因素进行计量和数据传输的，称为传感型光纤传感器，它具有传、感合一的特点，信息的获取和传输都在光纤之中。利用其他敏感元件测得的特征量，由光纤进行数据传输的，称为传光型光纤传感器，它的特点是充分利用现有的传感器，便于应用。

光纤传感器工作原理的核心是利用光纤的各种效应，实现对外界被测参数的感受和传送的功能，如电流、温度、速度等。光被外界参数调制的原理能代表光纤传感器的机理，外界信号可能引起光的特性（强度、波长、频率、相位、偏振态等）变化，从而构成强度、波长、频率、相位和偏振态调制原理。

利用被测量改变光纤中光的强度，再通过光强的变化来测量被测量，称为强度调制。光纤传感器早期使用强度调制，特点是技术简单、可靠、价格低，可采用多模光纤，光纤的连接器和耦合器易配套。光源可采用 LED（发光二极管）和高强度的白炽光等非相干光源。探测器一般用光电二极管、光电晶体管和光电池等。

利用被测量改变光纤中光的波长或频率，然后通过检测光纤中的波长或频率的变化来测量被测量的原理，称为波长调制和频率调制。波长调制技术的解调技术相对复杂，主要用于液体浓度的化学分析、磷光和荧光现象分析、黑体辐射分析等方面。例如，利用热色物质的颜色变化进行波长调制，从而达到测量温度以及其他物理量的目的。频率调制技术主要利用多普勒效应来实现，光纤常采用传光型光纤，当光源发射出的光经过运动物体后，观察者所见到的光波频率相对于原频率发生了变化。根据此原理设计出测速光纤传感器，如激光多普勒光纤流速测量系统。

激光多普勒光纤流速测量系统如图 9-19 所示。设激光光源频率为 f_0，经分束器分成两束光，其中被声光调制器调制成频率为 f_0-f_1 的一束光，射入探测器中；另一束频率为 f_0 的光经光纤射到被测流体，如被测透明管道内流体以速度 v 运动时，根据多普勒效应，其反射光的光谱产生频率为 $f_0\pm\Delta f$，它与 f_0-f_1 的光在光电探测器中混频后，形成 $f_1\pm\Delta f$ 的振荡信号。通过测量 Δf，从而换算出流体速度 v。声光调制频率 f_1 一般取 40MHz，在频谱分析仪上，除有 40MHz 的调制频率的一个峰外，还有移动的 Δf 次峰，根据次峰可确定管道内流体的速度。

除了上面介绍的，光纤传感器的调制方法还有：利用外界因素改变光纤中光波的相位，通过检测光波相位变化来测量物理量的相位调制；利用外界因素调制返回信号的基带频谱，通过检测基带的延迟时间、振幅大小的变化来测量各种物理量的大小和空间分布的时分调制；利用电光、磁光、光弹等物理效应进行的偏振态调制；等等。

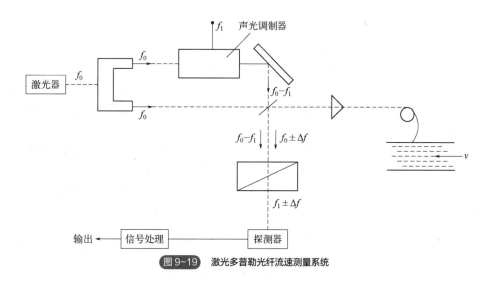

图 9-19　激光多普勒光纤流速测量系统

（3）光纤传感器的特点

与传统的传感器相比，光纤传感器具有以下独特的优点：

① 抗电磁干扰，绝缘，耐腐蚀。由于光纤传感器是利用光波传输信息，而光纤又是绝缘、耐腐蚀的传输介质，并且安全可靠，因此它可以方便有效地应用于各种大型机电、石油化工、矿井等电磁干扰强和易燃易爆等恶劣工况下。

② 灵敏度高。光纤传感器的灵敏度通常优于其他传感器，如测量水声、加速度、辐射、磁场等物理量的光纤传感器，测量气体浓度的光纤化学传感器和测量生物量的光纤生物传感器等。

③ 重量轻，体积小，可弯曲。光纤除具有重量轻、体积小的特点外还有可弯曲的优点，可以利用光纤制成不同外形、不同尺寸的各种传感器，这有利于使传感器小型化，适用于空间受限场所。

④ 测量对象广泛。光纤传感器技术相对较新，可以用来测量多种物理量，如声场、电场、压力、温度、角速度和加速度等，还可以实现其他测量技术难以完成的测量任务。目前已有性能不同的测量各种物理量、化学量的光纤传感器用于工程领域。

⑤ 对被测介质影响小。光纤传感器与其他传感器相比具有很多优异的性能，如：抗电磁干扰和原子辐射的性能；径细、质软、重量轻的机械性能；绝缘、无感应的电气性能；耐水、耐高温、耐腐蚀的化学性能；等等。这些性能对被测介质的影响较小。它能够在如高温区、核辐射区实现检测功能，而且还能超越人的生理界限，接收人的感官感知范围以外的外界信息，有利于在医药卫生等具有复杂环境的领域中应用。

⑥ 便于复用、成网。现今物联网高速发展，光纤有利于与光通信技术组成遥测网和光纤传感网络。

⑦ 成本低。随着技术的发展，某些种类的光纤传感器的成本大大低于现有同类传感器。

9.5　光电式传感器的应用

光电检测方法精度高、反应快、非接触，且可测参数多。传感器形式灵活多样，体积小。近年来，随着光电技术的发展，光电式传感器产品已成系列，其品种及产量日益增加，用户可根据需要选用各种规格产品，并且其在各种工程领域获得广泛的应用。

光电式传感器具有以下特点：

① 检测距离长。光学测距可以实现 10m 以上、其他检测手段（磁性、超声波等）无法实现的远距离检测。

② 检测物体的限制少。由于以检测物体引起的遮光和反射为检测原理，所以检测物体不只限定在金属，还可对玻璃、塑料、木材、液体等几乎所有物体进行检测。

③ 响应时间短。光本身为高速，并且传感器的电路都由电子元件构成，所以不包含机械结构的响应时间，响应快速。

④ 分辨率高。可通过光学系统的搭建实现高分辨率，也可进行微小物体的检测和高精度的位置检测。

⑤ 可实现非接触的检测。无须机械性地接触被检测物体实现检测，因此不会对被检测物体和传感器造成损伤，因此，传感器能长期使用。

⑥ 便于调整。在投射可视光的类型中，投光光束是眼睛可见的，便于对被检测物体的位置进行调整。

光电式传感器属于非接触式测量，依据被测物、光源、光电元件三者之间的关系，可以将光电式传感器分成下述四种类型：

① 光源本身是被测物，被测物发出的光投射到光电元件上，光电元件的输出反映了光源的某些物理参数，如图 9-20（a）所示。典型应用有光照度计、光电比色温度计等。

② 恒光源发射的光通量穿过被测物，一部分由被测物吸收，剩余部分投射到光电元件上，吸收量取决于被测物的参数，如图 9-20（b）所示，典型应用有透明度计、浊度计等。

③ 恒光源发出的光通量投射到被测物上，然后从被测物表面反射到光电元件上，光电元件的输出反映了被测物的某些参数，如图 9-20（c）所示。典型应用有用反射式光电法测转速、测量工作表面粗糙度、测量纸张的白度等。

④ 从恒光源发出的光通量在到达光电元件的途中被被测物阻挡，因此照射到光电元件上的光通量被遮蔽掉一部分，光电元件的输出反映了被测物的尺寸，如图 9-20（d）所示。典型应用有振动测量、工件尺寸测量等。

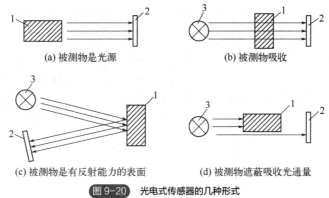

(a) 被测物是光源   (b) 被测物吸收

(c) 被测物是有反射能力的表面   (d) 被测物遮蔽吸收光通量

图 9-20   光电式传感器的几种形式

1—被测物；2—光电元件；3—恒光源

（1）高温比色温度计

它是根据热辐射定律，使用光电池进行非接触测温的一个典型例子。根据有关的辐射定律，物体在两个特定波长 λ_1、λ_2 上的辐射强度 I_{λ_1}、I_{λ_2} 之比与该物体的温度呈指数关系，即

$$\frac{I_{\lambda_1}}{I_{\lambda_2}} = K_1 \mathrm{e}^{-\frac{K_2}{T}} \tag{9-3}$$

式中 K_1、K_2——与 λ_1、λ_2 及物体的黑度有关的常数。

因此，只要测出 I_{λ_1} 与 I_{λ_2} 之比，就可根据式（9-3）计算出物体的温度 T。高温比色温度计的结构如图 9-21 所示。

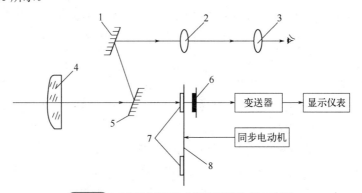

图 9-21   高温比色温度计（单通道单光路式）原理图

1—反射镜；2—倒像镜；3—目镜；4—物镜；5—通孔反射镜；

6—硅光电池；7—滤光片；8—光调制转盘

被测物体的热辐射能经物镜聚焦。经过通孔反射镜而达到光电检测器，即硅光电池上。通孔反射镜的中心开设一通光孔，其大小可根据距离而变，通光孔边缘经抛光后进行真空镀铬。同步电动机带动光调制转盘转动，转盘上装有两种不同颜色的滤光片，交替通过两种波长的光。硅光电池输出两个相应的电信号，送至变送器进行比值运算、线性化。反射镜、倒像镜和目镜组成瞄准系统，用于调节温度计。因采用一个检测元件，仪表稳定性较高；但结构中带有光调制转盘，使温度计的动态品质有所下降；牌号相同的滤光片的透过率（或厚度）差异会影响测量准确度。

比色温度计按照分光形式和信号的检测方法，分为单通道式与双通道式两种。通道是指在比色温度计中使用检测元件的个数。单通道比色温度计使用一个检测元件，被测目标辐射的能量经光调制转盘流经两个不同的滤光片，射入同一检测元件上。双通道比色温度计使用两个检测元件，分别接收两种波长光束的能量。双通道比色温度计又分为调制式与非调制式，二者都要计算两个光谱辐射亮度的比值。单通道比色温度计又分为单光路式和双光路式两种。所谓光路是指光束在进行调制前或调制后是否由一束光分成两束进行分光处理，没有分光的为单光路，分光的为双光路。

（2）光电式浊度计

样本的浊度测量应用广泛，光电式浊度计的原理如图 9-22 所示。

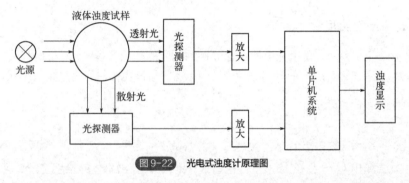

图 9-22　光电式浊度计原理图

在入射光恒定条件下，在一定浊度范围内，散射光强度与溶液的浊度成正比。光源发出的光照射到被测试样后，透射光和散射光分别经光探测器检测，两路光信号均转换为电压信号，经放大后，采集进入单片机系统，单片机计算得出被测的浊度值。

（3）光电式转速表

转速是指每分钟或每秒钟内旋转物体转动的圈数。机械式转速表和接触式电子转速表精度不高，由于负载效应影响被测物的运转状态，难满足自动化的要求。光电式转速表属于反射式光电式传感器，可以在距被测物数十毫米处非接触地测量其转速。由于光电器件的动态特性较好，所以可以用于高转速的测量而又不干扰被测物的转动，其原理如图 9-23 所示。

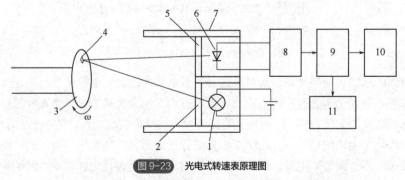

图 9-23　光电式转速表原理图

1—光源；2—透镜；3—被测旋转物；4—反光纸；5—透镜；6—光敏二极管；

7—遮光罩；8—放大整形电路；9—频率计电路；10—显示器；11—时基电路

光源 1 发出的光线经透镜 2 会聚成平行光束照射到旋转物上，光线经事先粘贴在被测旋转物 3 上的反光纸 4 反射回来，经透镜 5 聚焦后落在光敏二极管 6 上，它产生与转速对应的电脉冲信号，经放大整形电路 8 得到 TTL 电平的脉冲信号，经频率计电路 9 处理后由显示器 10 显示出每分钟或每秒钟的转数，即可知被测转速。

（4）光电式带材跑偏检测器

带材跑偏检测器用来检测带型材料在加工过程中偏离正确位置的大小及方向，从而为纠偏控制电路提供真实位置信息进行纠偏控制。例如，在冷轧带钢厂中，带钢在酸洗、退火、镀锡等连续生产工艺环节中易产生走偏（跑偏）。在其他工业部门（如印染、造纸、胶片和磁带）生产过程中也会发生类似问题。带材走偏时，边缘经常与传送机械发生碰撞，出现卷边，造成废品。带材跑偏检测器有光电式边缘位置检测器等，其原理如图 9-24（a）所示。

光源发出的光线经透镜 1 会聚为平行光束投射向透镜 2，从而又被聚落到光敏电阻。在平行光束到达透镜 2 的途中，有部分光线受到被测带材的遮挡，从而使到达光敏电阻的光通量减小。图 9-24（b）是测量电路简图。图中，R_1、R_2 是同型号的光敏电阻，R_1 作为测量元件装在带材下方，R_2 用遮光罩罩住，起温度补偿作用。当带材处于正确位置时，由 R_1、R_2、R_3、R_4 组成电桥平衡，放大器输出电压 U_o 为零。当带材左偏时，遮光面积减小，光敏电阻 R_1 的阻值减小，电桥失去平衡，差动放大器将这一平衡电压加以放大，输出电压 U_o 为负值，它反映了带材跑偏的方向及大小。反之，当带材右偏时，U_o 为正值。输出信号 U_o 一方面由显示器显示出来，另一方面被送到执行机构，为纠偏控制系统提供纠偏信号。

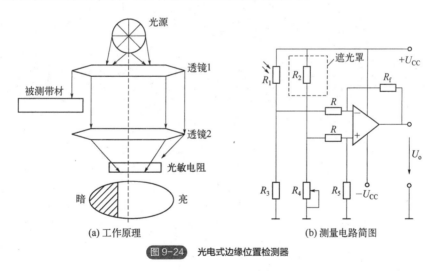

(a) 工作原理　　(b) 测量电路简图

图 9-24　光电式边缘位置检测器

思考题与习题

（1）什么是光电式传感器？光电式传感器的基本工作原理是什么？什么是光电效应、内光电效应、外光电效应？

（2）光子能量等于逸出功时的频率为红限频率。当光线频率小于红限频率，即使再多的光子照射材料表面也不会产生光电子逸出；当光线频率大于红限频率，即使很微弱的光照，也会导致光电子逸出。根据爱因斯坦光电方程分析此论断。

（3）光电管的工作原理是什么？其主要特性是什么？光电倍增管是如何工作的？其主要特性是什么？

（4）画出光敏电阻的结构。光敏电阻的主要参数有哪些？设计一个通过光敏电阻控制路灯照明的电路原理图。

（5）根据光敏二极管、光敏晶体管的讲解，对电学中的二极管、三极管从工作机理、结构、特性、指标参数等方面进行对比分析。

（6）采用硅光电池为卡片式计算器供电的原理是什么？

（7）对面阵型CCD图像传感器进行分类，各自有何特点？通过查阅资料举例说明CCD图像传感器的工程应用。

（8）光电式传感器按照工作原理可分为哪四类？查阅资料并列举本教材以外的其他应用案例。

（9）查阅资料，分析红外测温仪（额温枪为例）的工作原理。

第 10 章

化学及生物传感器

本章思维导图

本书配套资源

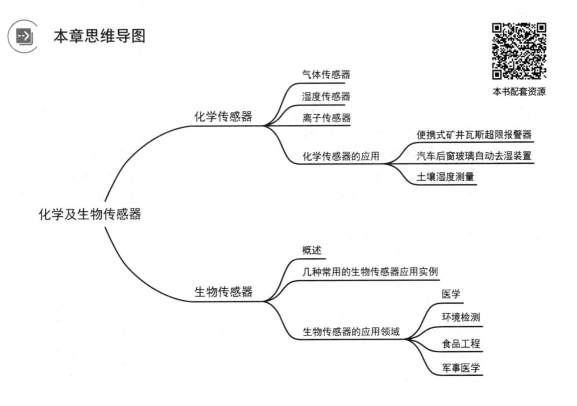

本章学习目标

（1）了解化学传感器的定义、分类以及其主要参数；
（2）了解气体传感器、湿度传感器、离子传感器的定义以及湿度的表示方法；
（3）掌握氯化锂湿敏电阻、半导体陶瓷湿敏电阻的工作原理；
（4）了解生物传感器的概念、特点、分类；
（5）了解生物传感器的应用；
（6）掌握生物传感器的工作原理。

在当今科技发展迅猛的时代，传感器技术作为一项关键的科学技术，正在以前所未有的速度影响着我们的生活和工作。传感器作为信息系统的核心组成部分，通过对环境中的各种物理量、化学物质或生物分子进行感知和检测，提供了宝贵的信息和数据。在传感器的众多类型中，化学传感器和生物传感器以其在化学和生物领域的专业应用而备受关注。这两种传感器的不断创新和进步，为解决环境监测、医学诊断、食品安全等诸多问题提供了有力支持，展现出了巨大的应用潜力和发展前景。

10.1 化学传感器

化学传感器是对各种化学物质敏感并能将化学物质的特性（如气体、离子或电解质浓度，空气湿度等）的变化转化为电信号进行检测的传感器。

化学传感器的种类和数量繁多，而且各种器件的转换原理也各有不同。从传感方式来看，化学传感器可分为接触式和非接触式传感器；而根据检测对象的不同，又可以分为气体传感器、湿度传感器、离子传感器等。本章将从检测对象的角度对化学传感器进行详细阐述。

10.1.1 气体传感器

（1）气体传感器的定义

气体传感器是一种用于检测、测量和监测气体成分、浓度和其他相关气体参数的设备或装置。这种传感器可以感知环境中的气体，并将检测到的信息转化为电信号或其他形式输出，以便用于监测、控制或报警系统。气体传感器在各种应用中发挥关键作用，包括工业过程控制、环境监测、室内空气质量提高、医疗诊断和食品安全等领域。

气体传感器的性能需要满足一系列条件，以确保其可靠性和有效性。

① 传感器必须对待测气体具有足够的灵敏度，能够检测到低浓度的目标气体。高灵敏度有助于检测到早期的气体泄漏或浓度变化。

② 传感器应具有特异性，以区分目标气体与其他气体的混合物。这确保了测量结果的准确性。

③ 传感器应该具有快速的响应时间，能够迅速检测到气体浓度的变化，尤其是在需要即时响应的应用中。

④ 传感器的性能应该在长时间使用中保持稳定，避免漂移或性能下降。

⑤ 传感器需要能够抵抗环境因素，如湿度、温度、化学物质和机械应力，以保持长期可靠性。

⑥ 在需要长时间运行或使用电池供电的应用中，低功耗是重要的性能要求。

（2）气体传感器的主要参数及特性

气体传感器的性能由多个参数和特性决定，这些参数和特性对于不同类型的传感器和具体应用有所不同。以下是一些主要的参数和特性，通常与气体传感器相关：

① 灵敏度。传感器的灵敏度（sensitivity）指的是其对待测气体的响应程度，较高的灵敏度表示传感器可以检测到低浓度的气体。用其阻值的变化量 ΔR 与气体浓度变化量 ΔP 之比来表示，即

$$S = \frac{\Delta R}{\Delta P} \tag{10-1}$$

② 特异性。特异性表示气体传感器专门对某一种气体的响应能力，高特异性的传感器仅对特定气体产生响应，而对其他气体的响应非常低甚至没有响应。

③ 响应时间。响应时间是传感器从检测到气体变化到发出响应信号所需的时间。它表示气敏元件对被测气体浓度的响应速度，在某些应用中，短响应时间至关重要。

④ 稳定性。稳定性指的是传感器在整个工作时间内基本响应的稳定程度，主要受到零点漂移和区间漂移的影响。零点漂移见⑥。区间漂移则是指传感器在连续置于目标气体中时输出响应的变化，通常表现为传感器输出信号在工作时间内的降低。

在理想情况下，一个传感器在连续工作条件下，每年的零点漂移应该小于 10%。稳定性的高低反映了气敏元件对外界干扰的抵抗能力。因此，高稳定性的传感器在实际应用中更为可靠，能够提供准确的测量结果。

⑤ 工作范围。工作范围指的是传感器可以测量的气体浓度范围，这需要考虑应用中的预期气体浓度范围。

⑥ 零点漂移。零点漂移表示传感器在没有目标气体存在时，整个工作时间内传感器输出响应的变化，通常应该尽量减小零点漂移。

⑦ 线性性。线性性表示传感器的响应与气体浓度之间是否呈线性关系，这有助于准确测量气体浓度。

⑧ 选择性。在存在多种气体的环境中，选择性表示传感器能够排除其他气体的干扰，从而准确检测目标气体。对某种气体的选择性好，表明气敏元件对其灵敏度较高。

⑨ 耐久性。传感器需要能够抵抗环境因素，如湿度、温度、化学物质和机械应力，以保持长期可靠性。

⑩ 温度特性。气敏元件灵敏度随温度变化而变化的特性称为温度特性。温度有元件自身温度与环境温度的区别，这两种温度对灵敏度都有影响。因此，传感器需要具有温度补偿功能，以确保其在不同温度条件下的准确性。

⑪ 湿度特性。气敏元件灵敏度随环境湿度变化而变化的特性称为湿度特性。该特性主要影

响检测精度，可以通过湿度补偿的方法来解决。

⑫ 电源电压特性。气敏元件灵敏度随电源电压的变化而变化的特性，可采用恒压源来改善这种特性。

这些参数和特性在选择和设计气体传感器时至关重要，因为它们直接影响了传感器在特定应用中的性能。根据具体应用需求，可能需要权衡这些参数来选择合适的传感器。

（3）气体传感器的分类

根据检测气体种类、使用方法、获得气体样品的方式、分析气体组成以及传感器检测原理等不同，气体传感器可以进行多种分类。

从检测气体种类上，通常分为：可燃气体传感器，用于检测可燃性气体，常见的类型包括催化燃烧、红外、热导、半导体式等；有毒气体传感器，用于检测有毒气体，常见的类型包括电化学、金属半导体、光离子化、火焰离子化式等；有害气体传感器，用于检测有害气体，常见的类型包括红外、紫外等；氧气传感器，用于检测氧气浓度，常见的类型包括顺磁式、氧化锆式等。

从使用方法上，通常分为便携式和固定式。便携式气体传感器适用于移动式检测，方便携带和操作；固定式气体传感器安装在固定位置用于持续监测气体浓度的变化。

从获得气体样品的方式上，通常分为扩散式和吸入式。扩散式气体传感器直接安装在被测对象环境中，实测气体通过自然扩散与传感器检测元件直接接触进行检测；吸入式气体传感器通过使用吸气泵等手段将待测气体引入传感器检测元件中进行检测。根据是否对被测气体进行稀释，又可细分为完全吸入式和稀释式。

从分析气体组成上，通常分为单一式和复合式。单一式气体传感器仅对特定气体进行检测；复合式气体传感器可以对多种气体成分进行同时检测。

按传感器检测原理，通常分为半导体式气体传感器、接触燃烧式气体传感器、化学反应式气体传感器、光干涉式气体传感器、热传导式气体传感器和红外线吸收散射式气体传感器等。其各自的特点如表 10-1 所示。

表 10-1　气体传感器按传感器检测原理分类

类型	原理	特点
半导体式	气体接触到加热的金属氧化物会导致电阻值增大或减小	构造电路简单，灵敏度高，但输出与气体浓度不成比例
接触燃烧式	可燃性气体接触到氧气燃烧，使作为气敏材料的铂丝温度升高，电阻值相应增大	输出与气体浓度成比例，灵敏度较低
化学反应式	利用化学溶剂与气体发生特定的化学反应进行检测	气体选择性好，但不能重使用
光干涉式	利用与空气中介质的折射率不同而产生的干涉现象进行检测	寿命长，但选择性差
热传导式	利用材料的热传导性质来检测环境中物体或气体特性	构造简单，但灵敏度低，选择性差
红外线吸收散射式	根据红外线照射气体分子谐振而产生的吸收或散射红外线的特性进行检测	能定性测量，但装置大，价格高

从技术的角度分类，气体传感器主要可分为：半导体型气体传感器、固体电解质气体传感器、催化燃烧式气体传感器、电化学气体传感器等。

① 半导体型气体传感器。半导体型气体传感器通常是利用金属氧化物或金属半导体氧化物材料制成的检测元件。其原理是当目标气体分子与传感器表面接触时会发生吸附或化学反应，导致电导率、伏安特性或表面电位变化，通过对电位变化的测量确定目标气体的浓度。

根据气敏机制，半导体型气体传感器可以分为电阻式和非电阻式两类，见表 10-2。

表 10-2　半导体型气体传感器的类型及特点

类型	主要物理特性	气敏元件
电阻式	电阻	SnO_2、ZnO 等的烧结体、薄膜、厚膜；氧化镁、$T-Fe_2O_3$ 等
非电阻式	二极管整流特性	铂-硫化镉 铂-氧化钛 （金属-半导体结型二极管）
	晶体管特性	铂栅、钯栅 MOS 场效应管

电阻式气体传感器使用氧化锡、氧化锌等金属氧化物材料制成敏感元件，通过监测敏感材料接触气体时其电阻值的变化来检测气体的成分或浓度。石墨烯气体传感器也属于电阻式气体传感器，当吸附目标气体后，其电导率将发生变化。

非电阻式气体传感器通常是半导体器件，当它们与被测气体接触后，会导致一些电性特性的变化，如二极管的伏安特性或场效应管的阈值电压等将会发生变化。根据这些特性的变化来确定气体的成分或浓度。

② 固体电解质气体传感器。固体电解质气体传感器是一种新型气体传感器，利用固态物质具有的离子导电特性来实现气体检测。在其工作原理中，固体电解质被视为一种电池，当被测气体与固体电解质接触时，会发生化学反应导致电荷转移，从而产生特定的电信号。与传统气体传感器不同，固体电解质气体传感器无需将气体通过透气膜溶于电解液中，这样可以避免透气膜可能带来的问题，如溶液蒸发和电极消耗。

固体电解质气体传感器的高电导率、良好的灵敏度和选择性，使其在石化、环保、矿业、食品等领域得到了广泛应用。尽管其重要性略次于金属-氧化物-半导体气体传感器，但在气体检测领域的地位不容忽视。固体电解质气体传感器介于半导体型气体传感器和电化学气体传感器之间，具有较好的选择性和灵敏度，寿命也长于电化学气体传感器，因此备受欢迎。其在各种工业和应用场景中的可靠性和稳定性使其成为一种重要的气体检测工具。

③ 催化燃烧式气体传感器。催化燃烧式气体传感器利用了铂电阻温度传感器的原理，通过在铂电阻表面制备耐高温的催化剂层来实现气体检测。当可燃气体接触到催化剂表面时，会发生催化燃烧反应，导致铂电阻的温度升高，从而引起电阻阻值的变化。由于通常将催化燃烧式气体传感器包裹在多孔陶瓷中，因此也常被称为催化珠气体传感器。

催化燃烧式气体传感器因其灵敏度高、选择性好以及稳定性较强而受到广泛应用，特别适用于需要检测可燃气体浓度的场合，如检测空气中的甲烷、液化石油气（LPG）和丙酮等。然而，需要注意的是，不同类型的可燃气体可能对传感器的响应产生不同影响，因此在具体应用中需要根据实际情况进行考虑和验证。

④ 电化学气体传感器。电化学气体传感器是利用气体在电极处发生氧化或还原反应产生的电流变化来检测气体浓度。根据不同的工作原理，分为原电池型气体传感器、恒定电位电解池型气体传感器、浓差电池型气体传感器和极限电流型气体传感器。

原电池型气体传感器是基于气体在电极表面发生氧化或还原反应,产生的电流与气体浓度成正比的原理。以氧气传感器为例,氧气在阴极被还原,产生电流,电流大小与氧气浓度成正比。

恒定电位电解池型气体传感器通过维持电极上的电势恒定,测量电解液中的电流变化来检测气体浓度,常用于检测还原性气体,如一氧化碳、硫化氢、氢气、氨气等。其工作原理是,在特定电势下,目标气体在电极表面发生氧化或还原反应,产生的电流变化与气体浓度成正比。

浓差电池型气体传感器的工作原理是电化学活性气体在电池两侧形成的浓差电动势,其大小与气体浓度相关。例如,汽车用的氧气传感器和固体电解质型二氧化碳传感器。

极限电流型气体传感器是一种利用电化学电池中的极限电流与载流子浓度相关原理制成的传感器,通过测量气体在电极上达到的最大电流值来确定气体浓度。

10.1.2　湿度传感器

（1）湿度传感器的定义及其表示方法

湿度传感器是一种能感受外界湿度变化,并通过器件材料的物理或化学性质变化,将湿度转换成可用信号的器件或装置。湿度通常用绝对湿度、相对湿度和露点来表示。

绝对湿度（absolute humidity，AH）表示在一定温度和压力条件下,单位空间内所含水蒸气的质量,单位为 g/m^3。其数学表达式为

$$H_a = \frac{m_v}{V} \tag{10-2}$$

式中　H_a——绝对湿度;

　　　m_v——待测空气中水蒸气的质量;

　　　V——待测空气的总体积。

相对湿度（relative humidity，RH）表示被测气体中水蒸气压与该气体在相同温度下饱和水蒸气分压的百分比,通常以%RH 表示。其数学表达式为

$$H_T = \frac{P_v}{P_w} \times 100\% \tag{10-3}$$

式中　H_T——相对湿度;

　　　P_v——待测空气中所含的水蒸气压;

　　　P_w——相同温度下饱和水蒸气分压。

露点是指当空气中的温度下降到某一温度时,空气中的水蒸气就有可能转化为液相而凝结成露珠,这一特定的温度称为空气的露点或者露点温度。在一定大气压下,湿度越大,露点也越高;湿度越小,露点则越低。

湿度传感器通过测量这些参数来实现对环境湿度变化的监测和反馈。

（2）湿度传感器的分类

湿度传感器是一种常见的用于测量空气湿度的传感器。根据其工作原理和探测功能等,湿度传感器可以分为不同类型。

首先，根据工作原理，湿度传感器可分为电阻式和电容式两种类型。电阻式湿度传感器通过测量湿度对电阻的影响来检测湿度变化，而电容式湿度传感器则是通过测量湿度对电容的影响来检测湿度变化。

其次，根据传感器的探测功能，湿度传感器可分为绝对湿度型、相对湿度型和结露型等不同种类。绝对湿度型传感器用于测量空气中的绝对湿度，相对湿度型传感器则用于测量相对湿度，而结露型传感器则用于检测空气中是否存在结露。

此外，湿度传感器还可以根据其感湿材料的不同进行分类。常见的分类包括陶瓷式、高分子式、半导体式和电解质式等。其中，陶瓷式传感器使用陶瓷材料作为感湿元件，高分子式传感器使用高分子材料，半导体式传感器使用半导体材料，电解质式传感器使用电解质材料。

这些分类使得湿度传感器能够适应不同的应用场景和检测需求。

（3）常用的湿度传感器元件

① 氯化锂湿敏电阻。氯化锂湿敏电阻是一种利用吸湿性盐类"潮解"导致离子电导率发生变化而制成的测湿元件。它的结构包括引线、基片、感湿层和电极，结构如图 10-1 所示。感湿层是在基片上涂的氯化锂-聚乙烯醇混合物，这种混合物按一定比例配制。当感湿层吸收空气中的水分时，氯化锂会吸收水蒸气并溶解形成离子，从而增加了混合物的离子电导率。通过测量电阻的变化，可以间接地反映出周围环境的湿度变化。

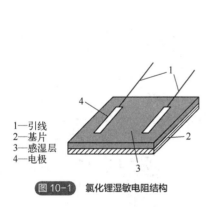

1—引线
2—基片
3—感湿层
4—电极

图 10-1　氯化锂湿敏电阻结构

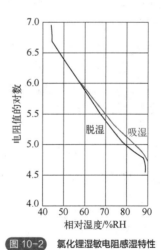

图 10-2　氯化锂湿敏电阻感湿特性

在氯化锂的溶液中，Li^+ 和 Cl^- 以正负离子的形式存在，其溶液中的离子导电能力与溶液浓度成正比，因此其水合程度较高。当氯化锂溶液置于一定湿度场中时，环境相对湿度高的情况下，由于 Li^+ 对水分子有较强的吸引力，溶液将吸收更多水分，使溶液浓度降低，从而导致其电阻率增加；相反，当环境相对湿度降低时，溶液浓度升高，其电阻率则会降低。这样，就可以通过测量电阻率的变化来实现对湿度的测量。

氯化锂湿敏电阻在 150℃ 时的电阻-湿度特性曲线如图 10-2 所示，该曲线描述了在不同湿度条件下电阻的变化规律。通过分析这些特性曲线，可以了解电阻在不同湿度下的响应情况，从而对湿度进行准确测量和监测。

这种湿敏电阻具有灵敏度高、响应速度快的特点，广泛应用于湿度检测领域。

② 半导体陶瓷湿敏电阻。半导体陶瓷湿敏电阻，又称半导瓷，是利用感湿材料表面吸附所引起的电导率变化来获得有用信号从而进行湿度检测的一种电子元件。它由两种以上的金属、氧化物和半导体材料烧结成多孔陶瓷而成。

根据电阻率随湿度的变化，半导体陶瓷湿敏电阻可分为负特性湿敏半导瓷和正特性湿敏半导瓷。负特性湿敏半导瓷的导电机理是水分子中氢原子具有很强的正电场，水分子在半导瓷表面吸附时，可以从半导瓷表面俘获电子，使半导瓷表面带负电，相当于表面电势变负，电阻率随湿度增加而下降。正特性湿敏半导瓷的导电机理则认为其结构和电子能量状态与负特性不同，在这类材料中，总的电阻值升高并不会像负特性湿敏半导瓷那样下降得明显，因此这类半导体陶瓷材料的电阻值将随环境湿度的增加而增加。

半导体陶瓷湿敏电阻具有灵敏度高、响应速度快和可靠性好等特点，广泛应用于湿度检测领域。

10.1.3　离子传感器

（1）离子传感器的定义

离子传感器是一种能够对特定离子选择性响应的离子选择性电极，它能够将感受到的离子浓度转换成可用的输出信号。离子传感器是利用固定在感应膜上的离子识别材料有选择性地结合被传感的离子，从而发生膜电位或膜电流的改变。这些感应膜可以是玻璃膜、溶有活性物质的液体膜或高分子膜，其中最常使用的是聚氯乙烯膜。

离子传感器在环境监测、医学诊断、生物技术和化学分析等领域中具有广泛的应用。它们能够实时监测水体中的离子浓度，为水质监测和环境保护提供重要数据；在医学领域，离子传感器可用于监测血液中的离子浓度，帮助医生进行临床诊断和治疗；此外，离子传感器也被应用于食品安全检测、农业生产和工业生产过程中。

（2）离子传感器的分类

离子传感器的技术进步主要依赖于敏感膜和换能器的发展。根据敏感膜的种类和换能器的类型，离子传感器可以分为不同类型，包括玻璃膜式、液态膜式、固态膜式和隔膜式离子传感器，以及电极型、场效应晶体管型、光导传感型和声表面波型离子传感器。

10.1.4　化学传感器的应用

化学传感器在各个领域都有广泛的应用，用于检测和测量特定化学物质的存在、浓度或活性。从医学到环境监测，再到工业生产，通过借助化学传感器，能够实时、准确地监测和探测特定化合物的存在，为精密医学诊断、环境保护和工业生产提供了可靠有效的工具。

（1）便携式矿井瓦斯超限报警器

便携式矿井瓦斯超限报警器是一种简单、可靠的设备，它能够及时检测到瓦斯浓度超过安全标准的情况，并发出报警信号，如图 10-3 所示。

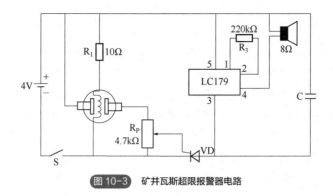

图 10-3　矿井瓦斯超限报警器电路

具体来说，当矿井中没有瓦斯或者瓦斯浓度很低时，传感器的等效电阻很大，导致动触点电压低于 0.7V，晶闸管不导通，警笛振荡器无法工作，扬声器不发声。但是，一旦瓦斯浓度超过安全标准，传感器的等效电阻迅速减小，动触点电压超过 0.7V，晶闸管导通，警笛振荡器开始工作，扬声器发出报警声。通过调节电位器 R_P，可以设置报警的浓度阈值，以满足不同环境下的需求。整个电路设计简单，体积小、重量轻，非常适合作为便携式矿井瓦斯超限报警器使用。

（2）汽车后窗玻璃自动去湿装置

图 10-4 为汽车后窗玻璃自动去湿装置电路图。这个电路设计用于控制汽车后窗玻璃的防雾功能。主要元件包括湿度传感器 R_H 和嵌入玻璃的加热电阻丝 R_L，以及继电器 K 和晶体管 VT_1、VT_2 组成的施密特触发器电路。

在正常情况下，湿度传感器 R_H 的阻值较大，使得施密特触发器电路中晶体管 VT_1 导通，VT_2 截止，继电器 K 不工作，加热电阻 R_L 无电流通过，后窗玻璃不加热。

当汽车内外温差较大且湿度过大时，湿度传感器 R_H 的阻值减小。当其减小到一定值时，导致晶体管 VT_1 截止，VT_2 导通，继电器 K 通电，使得加热电阻 R_L 开始加热。加热电阻 R_L 的加热可以驱散后窗玻璃上的湿气，防止玻璃起雾。当玻璃上的湿度减小到一定程度时，湿度传感器 R_H 的阻值增大，使得施密特触发器电路中晶体管 VT_1 再次导通，VT_2 截止，继电器 K 断电，停止加热电阻 R_L。这样，实现了对玻璃上湿度的自动控制，确保玻璃保持清晰透明。

该装置不仅适用于汽车后窗玻璃，还可广泛应用于仓库、车间等环境中，用于湿度的控制，提高工作和行车的安全性。

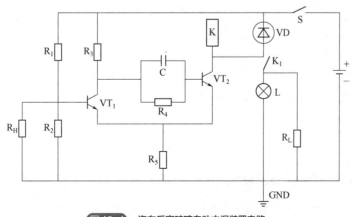

图 10-4　汽车后窗玻璃自动去湿装置电路

（3）土壤湿度测量

图 10-5 是一个很简单的土壤湿度测量电路，该电路由检测、放大、稳压源组成。R_H 是硅湿敏电阻，为三极管 VT 提供偏流，当湿敏电阻插入土壤中时，湿度不同，传感器的阻值不同，基极的电流不同，基极电流变化使 I_e 在 R_2 上转换为不同电压，经过同向放大器放大，输出电压。湿度不同，输出的电压不同，以此来达到湿度测量的目的。电路调试系统的标定是这样定义的：将湿度传感器放在水中时的湿度定义为湿度满量程 100%，调节 R_{P2} 使增益输出为满量程 5V；然后将湿度传感器擦干，此时定义湿度为 0%，调节 R_{P1} 比较端电压，使输出为 0V。这样的标定方式确保了电路在测量范围内的准确性和可靠性，也能够更准确地测量土壤湿度。

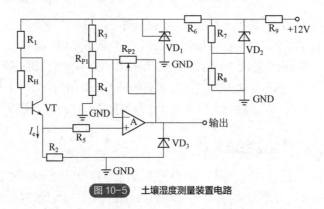

图 10-5　土壤湿度测量装置电路

10.2　生物传感器

10.2.1　生物传感器的概述

生物传感器技术是一项跨学科的高新技术，融合了生物学、化学、物理、医学和电子技术等多个领域的知识。其具有选择性好、灵敏度高、分析速度快、成本低等优点，在复杂体系中可实现在线连续监测。特别是其高度自动化、微型化和集成化的特性，使其在近年来发展迅速。

生物传感器在食品、制药、化工、临床检验、生物医学、环境监测等各个领域具有广泛的应用前景。随着分子生物学、微电子学、光电子学、微细加工技术和纳米技术等新学科和新技术的结合，生物传感器正在改变传统医学和环境科学的面貌。通过生物传感器，可以实现对生物样本中特定生物分子快速、准确的检测。生物传感器的设计和应用不仅提高了检测的灵敏度和选择性，还大大简化了检测过程，同时降低了成本。

生物传感器在现代科学技术领域中具有重要意义，不断推动着生物医学、环境保护、食品安全等领域的发展。生物传感器的研究开发已成为世界科技发展的新焦点，是 21 世纪新兴高新技术产业的重要组成部分，具有重要的战略意义。其不断创新和应用将为人类社会带来更多福祉，推动科技进步和产业发展。

（1）生物传感器的定义及结构

生物传感器是一种对生物物质敏感并将其浓度转换为电信号进行检测的仪器，是由固定化的生物敏感材料作为识别元件（包括酶、抗体、抗原、微生物、细胞、组织、核酸等生物活性物质）、适当的理化换能器（如氧电极、光敏管、场效应管、压电晶体等）及信号放大装置构成的分析工具或系统。生物传感器具有接收和转换生物信息的功能，可在医学、生命科学、环境监测等领域发挥重要作用。

生物敏感材料主要负责与目标分子相互作用，识别目标物质，并产生特异性信号。这些敏感材料可以是生物物质，如抗体、酶、核酸、细胞等，也可以是类似生物物质的合成物质，如适配体、多肽、分子印迹聚合物等。换能器则负责将敏感材料与目标分子之间的相互作用转换成可测量的信号，这些信号可以是电信号、光信号、声信号等。比如，酶催化特定的物质发生化学反应后产生电信号，或者生物抗体捕获特定的抗原后，通过标记的荧光或其他发光物质来转换成光信号。

（2）生物传感器的分类

生物传感器主要有下面四种分类命名方式。

① 按生物传感器中分子识别部分分类命名，可分为五类：酶传感器、微生物传感器、细胞器传感器、组织传感器和免疫传感器，如图 10-6 所示。

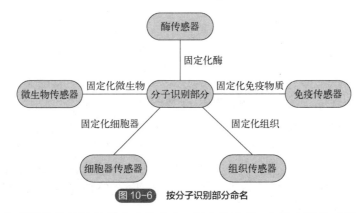

图 10-6　按分子识别部分命名

② 按生物传感器的信号转换部分分类命名，可分为六类：生物电极传感器、光生物传感器、半导体生物传感器、压电晶体生物传感器、热生物传感器、介体生物传感器等，如图 10-7 所示。

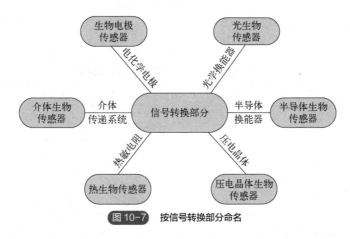

图 10-7　按信号转换部分命名

③ 以被测目标与分子识别元件的相互作用方式进行分类命名，可分为生物亲和型、代谢型或催化型生物传感器。

④ 根据检测对象的多少命名，可分为单功能型生物传感器（单一化学物质为检测对象）和多功能型生物传感器（可同时检测多种微量化学物质）。

（3）生物传感器工作原理

生物传感器利用被测物质通过扩散进入生物敏感膜层，在那里经历分子识别、特异性结合并引发化学变化或物理变化，这些变化会产生生物化学现象或新的化学物质，随后被相应的敏感组件转换成可定量且可传输处理的电信号。通过这种方式，生物传感器能够准确地测量被测分子的数量，如图 10-8 所示。

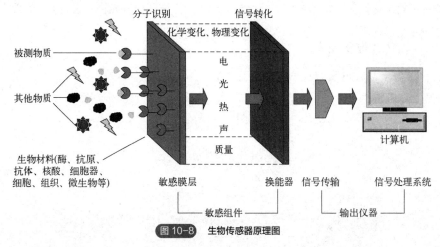

图 10-8　生物传感器原理图

生物传感器的检测机理取决于生物分子识别元件对目标检测分子识别与相互作用。酶是生物传感器最常用的生物分子识别元件，酶的催化过程可以产生很多可以测量的物理量，如电子、光、热等。酶也具有很高的选择性。临床领域最常用的酶生物传感器已设计用于尿素、乳酸、葡萄糖、谷氨酸和胆固醇的测量。最近，许多研究人员一直在研究基于酶的生物传感器在食物病原体、重金属和杀虫剂领域的检测。

生物分子识别元件是利用生物体内具有特异性功能的物质制成的膜，与被测物质相接触时会伴有物理化学反应，选择性地"捕捉"自己感兴趣的物质，对生物分子具有选择作用。根据生物敏感膜选材的不同，分子识别元件可以制成酶膜、全细胞膜、组织膜、免疫膜、细胞器膜、具有生物亲和力的物质膜、核酸膜、模拟酶膜等，如表 10-3 所示。

表 10-3　生物传感器的分子识别元件

分子识别元件	生物活性材料
酶膜	各种酶类
全细胞膜	细菌、真菌、动植物细胞
组织膜	动植物组织切片
免疫膜	抗体、抗原、酶标抗体等
细胞器膜	线粒体、叶绿体
具有生物亲和力的物质膜	配体、受体
核酸膜	DNA、RNA
模拟酶膜	高分子聚合物

在制备生物传感器时，分子识别元件首先通过各种技术制备成生物敏感膜，然后通过化学或物理手段将其固定在传感器的表面。目前常用的固化方法包括吸附法（包括物理吸附法和化学吸附法）、共价键合法（包括重氮法、叠氮法、缩合法、溴化氰法和烷化法等）、交联法（包括酶交联辅助蛋白交联法、吸附交联法和载体交联法）以及包埋法（包括基质包埋法和微胶囊包埋法等）。这些方法确保了分子识别元件能够稳固地附着在传感器表面，从而提高了传感器的性能。固化方法的选择通常根据分子识别元件的性质和传感器的具体需求来确定。

（4）生物传感器的功能

生物传感器实现以下三个功能：

① 感受：提取出动植物发挥感知作用的生物材料，包括生物组织、微生物、细胞器、酶、抗体、抗原、核酸、DNA 等。可实现生物材料或类生物材料的批量生产，反复利用，降低检测的难度和成本。

② 观察：将生物材料感受到的持续、有规律的信息转换为人们可以理解的信息。

③ 反应：将信息通过光学、压电、电化学、温度、电磁等方式展示给人们，为人们的决策提供依据。

（5）生物传感器的特点

传感器是一种特殊设备，用于感知、采集和处理信息。生物传感器属于一类特殊的传感器，其敏感（识别）元件采用酶、抗体、核酸、细胞等生物活性单元，具有高度的选择性，用于对被测物质进行感知。

与传统传感器技术相比，生物传感器具有以下技术特点：

① 专一性强：许多生物传感器只对特定的物质起反应，并且不受颜色、浓度等因素的影响，这使得生物传感器在特定目标物的检测上具有很高的选择性。

② 准确度和灵敏度高：现代生物传感器的相对误差一般可以达到 1%。由于生物敏感层分子的高度特异性和灵敏性，生物传感器能够检测到含量极低的目标物质。

③ 无需样品预处理：生物传感器通常由高选择性的生物材料构成，因此在样品检测之前通常不需要进行复杂的预处理步骤。这使得样品的分离和检测能够同时完成，并且在测定过程中通常不需要加入其他试剂。

④ 快速响应：许多生物传感器可以在 1 分钟内获得结果。由于在无试剂的条件下操作（缓冲液除外），生物传感器操作简单、迅速，并且所需样品用量较少。

⑤ 多功能性：在生产控制中，一些生物传感器能够获得复杂的物理化学传感器所需的综合信息，这使得生物传感器在不同应用领域具有多功能的优势。

⑥ 成本效益：固定化的生物活性物质作为生物传感器的敏感元件，具有重复使用的能力，从而降低了成本。在连续使用时，每次测定只需较少的费用。这克服了以往酶法分析试剂费用高、化学分析繁琐复杂等问题。

⑦ 多样性：生物传感器可以用于各种不同的生物和化学物质的检测，包括分子、细胞、微生物等，展现了多样性和通用性。

⑧ 明确性：有的生物传感器能够可靠地指明微生物培养系统内的供氧状况和副产物的产

生。同时，它们还指明了增加产物得率的方向。

⑨ 生物相容性：可进入生物体内，如安放于静脉或动脉中的葡萄糖传感器，能持续不断地检测血糖含量，并将指令传给植入人体的胰岛素泵，控制胰岛素释放量，从而使糖尿病患者得到解放。

10.2.2　几种常用的生物传感器

（1）酶传感器

酶传感器是一种利用被测物质与不同类型的生物活性酶在化学反应中产生或消耗一定物质量，通过电化学装置将这种物质量转换成电信号的装置。酶传感器也称为"酶电极"，由生物酶膜和各种电极（如离子选择电极、气敏电极、氧化还原电极等）组合而成。这种传感器能够选择性地检测特定成分，并通过电信号输出结果。基本原理示意图如图 10-9 所示。

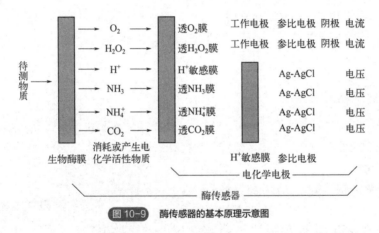

图 10-9　酶传感器的基本原理示意图

酶传感器具有的特点：①操作简单；②体积小；③便于携带；④便于测试。其广泛应用于检测血糖、血脂、氨基酸、青霉素、尿素等物质的含量。

酶传感器可分为电流输出型和电压输出型，如表 10-4 所示。电流输出型酶传感器是由酶催化相关物质的电极反应所得到电流来确定物质的浓度，一般采用氧电极、H_2O_2 电极等；电压输出型酶传感器通过测量敏感膜的电位来确定与催化反应有关的各种物质的浓度，一般采用 NH_3 电极、CO_2 电极、H_2 电极等。

酶的固化是酶传感器研究的关键环节，能保持生物活性单元的固有特性，避免自由活性单元应用上的缺陷。目前已有的酶的固化技术如图 10-10 所示，有吸附法、交联法、共价键合法、包埋法。

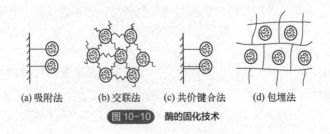

(a) 吸附法　　(b) 交联法　　(c) 共价键合法　　(d) 包埋法

图 10-10　酶的固化技术

表 10-4　酶传感器的分类

检测方式		被测物质	酶	检测物质
电流输出型	氧检测方式	葡萄糖	葡萄糖氧化酶	O_2
		过氧化氢	过氧化氢酶	
		尿酸	尿酸氧化酶	
		胆固醇	胆固醇氧化酶	
	过氧化氢检测方式	葡萄糖	葡萄糖氧化酶	H_2O_2
		L-氨基酸	L-氨基酸氧化酶	
电压输出型	离子检测方式	尿素	尿素酶	NH_4^+
		L-氨基酸	L-氨基酸氧化酶	NH_4^+
		天门东酰胺	天门冬酰胺	NH_4^+
		L-酪氨酸	酪氨酸脱羧酶	CO_2
		L-谷氨酸	谷氨酸脱羧酶	NH_4^+
		青霉素	青霉素酶	H^+

（2）免疫传感器

免疫传感器是一种利用抗原（抗体）的识别特性开发的生物传感器。当病原体或其他异种蛋白（抗原）侵入动物体内时，该动物体会产生能够识别并清除这些异物的抗体。

免疫传感器可分为两类：非标识免疫传感器和标识免疫传感器。非标识免疫传感器，也称为直接免疫传感器，利用抗原或抗体在水溶液中两性解离的电荷特性，其中一种被固定在电极表面或膜上，当另一种与之结合形成抗原-抗体复合物时，膜的电荷密度会发生改变，从而引起膜的 Donnan 电位和离子迁移的变化，最终导致膜电位的改变；标识免疫传感器，又称为间接免疫传感器，利用酶的标记剂来增加免疫传感器的检测灵敏度。抗体的固定包括直接法和间接法。直接法包括吸附法、包埋法、交联法和共价键合法；间接法包括生物素-亲和素体系、自组装单层膜和蛋白 A 等间接固定。

（3）微生物传感器

微生物传感器是一类利用微生物（例如细菌、真菌等）作为生物识别元件的传感器，用于检测和监测特定化合物或环境条件。微生物传感器的感受器是含有微生物的膜，工作原理是微生物会消耗待测溶液中的溶解氧，放出热量或者光，达到定量检测待测物质的目的。

微生物传感器根据对氧气的反应情况分为呼吸机能型微生物传感器和代谢机能型微生物传感器。如图 10-11、图 10-12 所示。

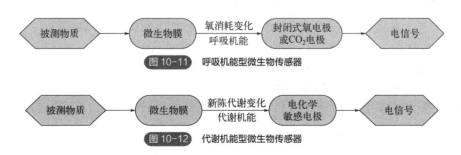

被测物质 → 微生物膜 →（氧消耗变化 呼吸机能）→ 封闭式氧电极 或CO_2电极 → 电信号

图 10-11　呼吸机能型微生物传感器

被测物质 → 微生物膜 →（新陈代谢变化 代谢机能）→ 电化学敏感电极 → 电信号

图 10-12　代谢机能型微生物传感器

呼吸机能型微生物传感器由固定化（固化）的好氧型微生物膜和氧电极（或 CO_2 电极）组成，其测定原理基于微生物的呼吸活性。而代谢机能型微生物传感器则基于微生物的代谢活性，当微生物摄取有机化合物并生成各种代谢物时，其中会含有能在电极上产生电活性的物质。通过使用安培计，可以测量到产生的氢、甲酸和各种还原型辅酶等代谢物的电流信号，而使用电位计则可以测量到 CO_2、有机酸（H^+）等代谢物的电势变化。这些测量结果能够提供有机化合物浓度的信息。

微生物传感器的结构与酶传感器相比，主要区别在于将酶传感器中的固定化酶膜替换为固定化的微生物膜。固定化微生物膜的方法与固定化酶膜类似，可以采用吸附、包埋、交联或共价键合等技术。然而，目前常用的方法是通过离心、过滤或混合培养，将微生物附着在醋酸纤维素膜、滤纸或尼龙等材料的膜上。这种方法具有较高的灵敏度，能够实现微生物传感器的有效制备。

10.3　生物传感器的应用

生物传感器的广泛应用已经成为生命科学领域中的一项重要创新。通过利用生物体内天然的生物识别和响应机制，生物传感器能够以高度特异性和敏感性检测目标分子，为医学、环境监测、食品安全、生命科学研究等多个领域提供了强大的工具。其独特的优势使得生物传感器成为实现实时监测、精准诊断和有效控制的关键技术之一。在以下的应用示例中，将探索生物传感器在医疗健康、环境保护、食品安全等方面的卓越表现，展示其在不同领域中的深远影响。这些应用突显了生物传感器在解决现实问题中的创新性，为推动科技发展和提高生活质量发挥着重要的作用。

（1）生物传感器的应用实例

① Clark 氧电极。Clark 氧电极是一种广泛应用于液相氧传感器的设备，其原理是利用溶液中的溶解氧与电极表面发生氧化还原反应，产生可测量的电流信号。其工作原理如图 10-13 所示，在电极结构中，阳极和阴极浸入溶液中，通过一个通透膜，氧分子可以扩散到电极表面。在阴极，氧气发生还原反应，导致电流的产生，而这个电流的大小与溶液中的氧含量成正比。

在实际应用中，为了避免其他物质对测量的影响，通常采用 Teflon 等材料制成的膜将电极部分与反应腔隔离。这种膜能够让氧分子通过并到达阴极，在阴极上发生电解反应消耗氧气，产生的电流信号被连接的测量仪器记录下来，通过测量电流信号的大小，准确地确定溶液中的氧含量。

Clark 氧电极因其简单可靠的原理和操作方式，在生物医学、环境监测等领域得到了广泛的应用。

② 梅毒抗体传感器。如图 10-14 所示是梅毒抗体传感器的工作原理，参考膜是不含抗原的乙酰纤维素膜，抗原膜表面覆盖着梅毒抗原，容器 1 和容器 3 用于容纳基准电极和测量电极，而容器 2 则用于注入待测血清样本。

当待测血清样本进入容器 2 时，如果样本中存在梅毒抗体，这些抗体会与抗原形成复合体。由于抗体带有正电荷，这些复合体会导致抗原膜表面的负电荷减少，从而引起膜的电位变化。这种电位变化可以通过测量连接在抗原膜和参考膜上的电极之间的电位差来检测。如果存在梅毒抗体，电位差将随之变化，以此检测血清中梅毒抗体的存在。

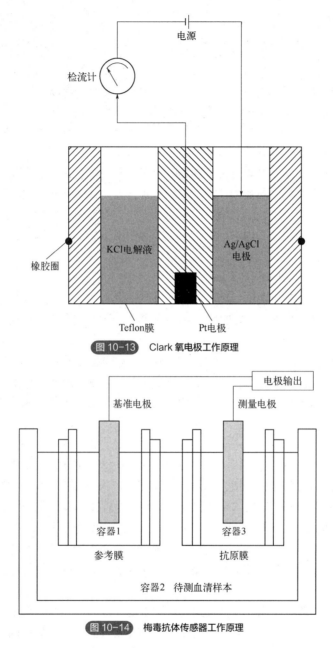

图 10-13 Clark 氧电极工作原理

图 10-14 梅毒抗体传感器工作原理

　　由于该传感器利用了抗原与抗体之间的特异性结合，具有高度的灵敏性和特异性，因此，它能够快速、准确地检测出血清中是否存在梅毒抗体，为临床医生提供了重要的诊断工具，有助于及早发现患者的感染情况，采取相应的治疗和预防措施。

（2）生物传感器的应用领域

　　① 在医学领域的应用：

　　a. 中医针灸传感针。基于中医针灸针的传感针是以中医针灸针为基体，传感人体微区中的温度、pH 值、氧分压、多巴胺、Ca^{2+}、K^+、Na^+ 等信息的一种特殊传感针。既能实时传感出人体微区中各种生化参数，进行人体微区的动态监测，又能按中医针刺实施治病理疗法。

b．生物芯片。在国外，研发了一种半导体生物芯片，它由一个参考电极和一个 pH 值量子场效应晶体管感应膜组成。在这个感应膜上固定了酶和微生物，这些固定的酶和微生物分别与待测物发生反应时，会引起 pH 值的变化，从而导致输出电流的改变。

c．葡萄糖检测。研究人员寻求可穿戴式生物传感器，这种传感器可以通过皮肤上的汗水监测患者的葡萄糖水平。得克萨斯大学达拉斯分校已经开发出一种传感器，可以检测汗液中的皮质醇，并提供来自周围汗液的实时数据（所显示的）。近年出现了一种可以集成到微流控芯片中的光纤葡萄糖传感器，是可以测量血糖水平的平价便携式设备。

d．检测 DNA 突变。电石墨烯生物传感器芯片可能是第一种被用作生物医学植入物，可以实时读取和检测 DNA 突变的芯片。该技术可以引领全新一代的诊断方法，因为生物传感器芯片可用于进行活检和详细的 DNA 测序。由于芯片连接到石墨烯晶体管，因此能够以电子方式运行——成为第一个将动态 DNA 纳米技术与高分辨率电子传感相结合的产品。

② 在环境监测领域上的应用：

a．水质监测。生化需氧量（BOD）是衡量水体有机污染程度的重要指标，BOD 的研究对于水质监测及处理都是非常重要的，此研究也成为水质检测科技发展的方向。BOD 的传统标准稀释法所需时间长，操作繁琐，准确度差，BOD 传感器不仅能满足实际监测的要求，还具有快速、灵敏的特点。

b．大气质量监测。生物传感器可监测大气中的 CO_2、NO、NH_3 及 CH_4 等。一种采用地衣组织研制的传感器有望用于对大气、水和油等物质中苯的浓度的监测。用多孔渗透膜、固定化硝化细菌和氧电极组成的微生物传感器，可测定样品中亚硝酸盐含量，从而推知空气中 NO 的浓度。

③ 在食品工程中的应用：

a．微生物和毒素的检验。食品中存在病原微生物会对消费者健康造成严重危害，而食品中的毒素种类繁多且具有较高毒性，可能导致癌症、畸形和突变等疾病。因此，为了加强对食品中病原微生物和毒素的控制，需要采用快速、灵敏的生物传感器检测方法，并及时采取防范措施。

b．食品添加剂的分析。亚硫酸盐通常用作食品工业的漂白剂和防腐剂，采用亚硫酸盐氧化酶为敏感材料制成的电流型二氧化硫酶电极可用于测定食品中的亚硫酸盐含量。又如饮料、布丁、醋等食品中的甜味素，可采用天冬氨酶结合氨电极测定。此外，也可用生物传感器测定色素和乳化剂。

④ 在军事医学领域的应用：在军事医学领域，及时快速检测生物毒素是防御生物武器的有效措施。生物传感器已广泛应用于监测多种细菌、病毒及毒素，如炭疽芽孢杆菌、鼠疫耶尔森菌、埃博拉出血热病毒以及肉毒杆菌类毒素等。生物传感器在军事医学中发挥着重要作用，如检测霍乱毒素的生物传感器，能在 30min 内检测出霍乱毒素，而且有较高的敏感性和选择性，操作简单。

生物传感器可以取代常规的化学分析方法，因此，它的出现可以说是一场技术革命。人类基因组计划的实施大大加速了与生物学、医学、信息学等学科息息相关的各类新型生物传感器的发展，这给当前生物传感器的研究提供了前所未有的发展机遇。

 思考题与习题

（1）气体传感器可分为哪几类？简述半导体式气体传感器的工作原理。

（2）简述氯化锂湿敏电阻的基本原理。

（3）简述半导体陶瓷湿敏电阻的感湿原理。

（4）举例说明化学传感器在生活中的应用。

（5）简述生物传感器的结构和功能。

（6）简述生物传感器的工作原理。

（7）生物传感器敏感膜的固化方法有哪些？酶膜、抗体和微生物的固化方法有哪些异同？

第11章

辐射式传感器

本章思维导图

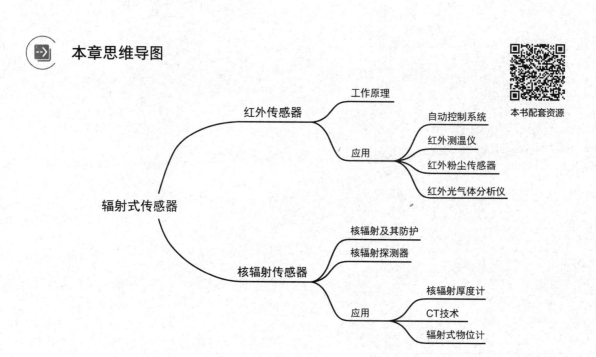

本书配套资源

辐射式传感器
- 红外传感器
  - 工作原理
  - 应用
    - 自动控制系统
    - 红外测温仪
    - 红外粉尘传感器
    - 红外光气体分析仪
- 核辐射传感器
  - 核辐射及其防护
  - 核辐射探测器
  - 应用
    - 核辐射厚度计
    - CT技术
    - 辐射式物位计

本章学习目标

（1）了解红外辐射和核辐射的概念；

（2）掌握红外传感器和核辐射传感器的工作原理；

（3）了解红外传感器和核辐射传感器的分类、组成、特点及应用。

11.1 红外传感器

红外传感器的应用非常广泛，从日常生活到高度专业的领域都有所涉及。在家庭中，它们用于自动照明控制，例如当检测到有人进入房间时，灯光自动打开。在工业自动化中，红外传感器用于检测物体的位置、监控生产过程，以及确保设备的安全运行。医疗领域使用红外传感器测量体温，以无接触方式监测患者的生命体征。军事和安全领域使用红外传感器进行夜视、目标跟踪以及导弹导航等任务。随着技术的不断发展，红外传感器也在不断改进，新型红外传感器采用微电子技术，提高了灵敏度和分辨率。此外，通过红外成像技术，可以生成物体的红外图像，使其在医疗、安全和军事领域有更多的应用潜力。红外传感器由两部分组成：红外辐射源和红外检测器。

11.1.1 红外传感器的工作原理

（1）红外辐射（源）

红外辐射简称红外光，是一种位于可见光谱光线之下的电磁辐射。它属于电磁波的一种，频率范围大致为 $3×10^{11}～4×10^{14}$Hz，波长大约为 $0.76～100$μm。其频率和波长高于微波，但低于可见光，因此是人眼无法直接看到的。按照红外光的波段不同，可以将红外光划分为远红外、中红外、近红外和极远红外。其中，远红外主要用于红外光加热、夜视设备和一些通信应用；中红外波长与物质的振动和转动能级相互作用较强，因此在化学分析、气体检测等领域有广泛应用；近红外对于生物体组织的穿透性较好，因此在医学、食品检测、农业等领域有许多应用；极远红外可应用于天文观测和军事。电磁波谱图以及红外波段划分如图 11-1 所示。

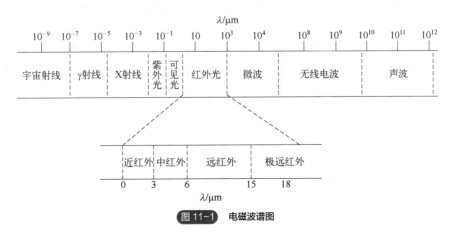

图 11-1 电磁波谱图

发射红外电磁波的物体皆称为红外辐射源。红外辐射的产生源于物体的热量，根据温度的不同，物体的分子和原子以不同的方式振动和发射能量。这些振动产生的电磁波以红外光的形式传播，振动的强度和特性与物体的温度有关，不同振动产生不同波长的红外光。通常较高温度的物体会发出更多强度更高的红外辐射。

红外光是电磁波的一种形式，具有电磁波的基本特性，如散射、吸收、反射、折射、干涉、衍射和多普勒效应等。红外光在介质中是通过介质中的原子和分子振动传播的，传播方式主要有两种：

① 吸收和再辐射。这是红外辐射在介质中传播的主要方式之一。当红外辐射通过介质时，介质中的原子和分子可以吸收辐射中的能量，并转化为振动能量。随后，它们再次辐射出与吸收时相同频率的红外辐射。这种吸收和再辐射过程持续传播，使得红外辐射在介质中以较慢的速度传播。这种传播方式在液体和固体中很常见。

② 散射。在某些情况下，红外辐射会被介质中的原子或分子散射。这意味着辐射的方向发生改变，但其频率和波长保持不变。这种散射会导致红外辐射在介质中向不同方向传播，而不是直线传播。散射通常在气体中更为突出。

需要注意的是，不同类型的介质对红外辐射的传播有不同的影响。一些介质对红外辐射具有较高的透明性，允许辐射轻松穿透，而另一些介质则对辐射吸收更多能量，导致减弱或衰减。因此，红外辐射的传播性质受到介质的组成和性质的影响，红外辐射的传播速度公式为

$$c = \lambda f \tag{11-1}$$

式中　c、λ、f——红外辐射的传播速度、波长和频率。

（2）红外检测器

红外传感器通常由多个主要组件组成：红外光源、光学透镜或窗口、光电元件、信号处理电路等。红外检测器是光电元件的一部分，也是红外传感器的核心部分，专门用于捕捉并测量红外辐射。这些检测器通常包括红外敏感材料，如铟锑化物或汞钡钛酸锶，以及电子元件来将红外辐射转换为电信号。当物体发射或反射红外辐射时，红外检测器会感应并产生电流或电压信号。这些信号的特性（幅度、频率、时间变化等）取决于所用材料以及红外辐射的波长和强度。通过分析这些信号，可以获取有关物体的信息，如其温度、形状、材质或位置。

红外检测器根据工作原理可分为两种主要类型：热红外检测器和光电式红外检测器。热红外检测器基于物体的温度差异来检测红外辐射；光电式红外检测器使用特定材料的光电效应，将红外光子转化为电子信号。

① 热红外检测器。热红外检测器的工作原理基于热量的辐射。根据斯特藩-玻尔兹曼定律，所有物体都有某一温度下的热辐射。热辐射的强度与物体的温度成正比，较高温度的物体会发出更多的红外辐射，辐射波长通常位于中红外波段，即在可见光波段之外。热红外检测器工作原理如图11-2所示。热红外检测器感知并测量物体发出的红外辐射后，引起自身材料温度升高，然后利用热释电元件的热释电效应将热能转化为电信号，产生电流或电压信号，整个过程能量是"光—热—电"的变化，而电信号的幅值或频率取决于检测到的红外辐射的强度以及检测器的特性。电信号由检测器内置的电子电路进行处理，包括调整信号的增益及滤波和放大，以便进行后续的分析和测量。处理后的信号可以被输出到外部系统，用于显示、记录、分析或触发相应的操作。信号可以是模拟信号（如电压或电流）或数字信号，具体取决于传感器的设计和应用需求。

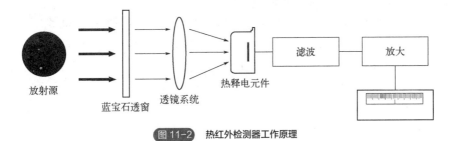

图 11-2　热红外检测器工作原理

上述过程中，热释电元件是关键的元件，如图 11-3 所示。热释电元件利用了热释电效应实现"光—热—电"的转换。热释电元件结构是把具有热释电效应的晶体薄片两面镀上电极，其厚度一般为 5～50μm，构造成类似于电容元件的形状，并将透明电极涂上黑色膜使晶体有利于吸收红外辐射。晶体是一种具有排列有序结构的材料，其中的分子或原子可能存在偏移，导致材料具有电极化性质。极化强度 P 是衡量晶体电极化程度的物理量。当红外辐射照射到极化的晶体表面时，能够使晶体内部的分子或原子振动，增加晶体的整体温度。这种振动可以导致材料结构的略微变化，释放表面附近的电荷。释放电荷导致晶体表面的电荷密度减小，从而降低了晶体的整体极化强度 P，这种现象被称为热释电效应。

在固定温度下，热释电材料的极化强度和电荷状态可能趋于平衡。如图 11-4 所示，极化产生的电荷在材料中可能会被附集，同时可能存在电荷中和的过程，即正负电荷重新结合，使得整体电性相对较弱，基本不显电性。为了显示出电性，需要引入光调制器，该器件的作用是通过光调制来改变材料的电荷状态，这可以通过调控入射在热释电材料上的光信号来实现。光调制器通常通过改变入射光的频率或强度来影响材料的电荷状态，使其变得更加显著。光调制器的入射光频率必须大于电荷中和时间的频率，即

$$f > \frac{1}{\tau} \tag{11-2}$$

$$\tau = \frac{\varepsilon}{\sigma} \tag{11-3}$$

式中　τ ——中和的平均时间；

　　　ε ——介电常数，与介质的性质有关；

　　　σ ——电导率。

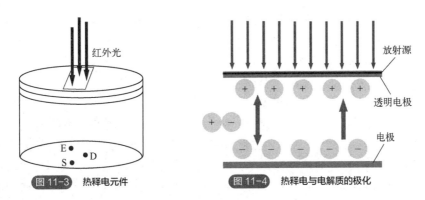

图 11-3　热释电元件　　　　图 11-4　热释电与电解质的极化

这个要求确保了光调制的效果，使得通过光调制器对热释电材料的影响能够显著地改变电

荷状态，从而在特定条件下表现出明显的电性。

热释电元件可视为电流源，其等效电路如图 11-5 所示，热释电元件检测到辐射变化产生电流，电流 I 为

$$I = S\frac{dP}{dt} = Sg\frac{dT}{dt} \tag{11-4}$$

式中　S——元件截面积；

　　　g——热释电系数；

　　　P——极化强度；

　　　t——时间；

　　　T——温度。

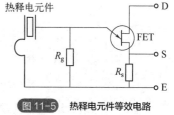

图 11-5　热释电元件等效电路

电流通过热释电元件时，会遇到内部电阻，这个电阻通常被建模为串联在电流源后面。这个电阻反映了热释电材料对电流的阻碍程度。其电压 U 为

$$U = IZ = S\frac{dP}{dt}Z \tag{11-5}$$

式中　Z——阻抗。

② 光电式红外检测器。光电式红外检测器利用材料的光电效应来实现检测，即当材料受到红外辐射照射时的电子结构会发生变化，导致电荷载流子的生成。这些生成的电荷载流子会产生电流，从而生成电信号。

光电式红外检测器对光照强度非常敏感，反应非常快速，可以在低光条件下工作。缺点是检测的红外辐射的波长范围有限，因此在某些应用中可能需要其他类型的红外检测器，如铟锑化物检测器或汞钡钛酸锶检测器。

11.1.2　红外传感器的应用

（1）自动控制系统

通过红外传感器检测物体的存在或接近距离，触发相应的自动控制操作。以自动门为例，其工作原理如图 11-6 所示。

自动门红外传感器通常包括两个主要组件：发射器和接收器。发射器（红外光源）通常是一只红外发光二极管（IR LED），发射红外光束。接收器通常是红外光敏二极管（IR photodiode）或其他类型的光电二极管，位于与发射器相对的位置，用于接收红外光束反射的信号。

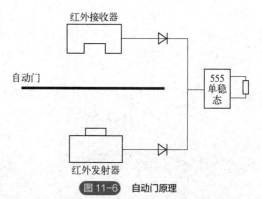

图 11-6　自动门原理

其工作原理是：当没有物体靠近传感器时，发射器发射的红外光束会遇到接收器，产生一个基准信号；当有物体靠近传感器时，物体会反射红外光束，这个反射的光束被接收器检测到，导致接收器产生一个信号变化，传感器通过检测这一变化来识别物体的存在；一旦物体离开，信号恢复到基准状态，触发相应的操作。类似应用还有电梯、自动水龙头

和自动扶梯。

红外传感器可以确保自动控制系统能够及时、可靠地检测物体的接近或活动，从而触发对应的操作。这些应用改善了生活的便利性，提高了能源效率，并在公共场所中提供了更高的安全性。

（2）红外测温仪

当新冠肺炎大流行时，在机场、高铁站等大型公共场所中，红外测温仪器可以在不接触人体的情况下实现大规模快速体温测量，避免了传统体温测量方式中可能存在的交叉感染风险。

红外测温仪如图 11-7 所示，其工作原理基于物体发射的红外辐射与其温度之间存在的固定关系，这一关系通过普朗克的黑体辐射定律进行描述。物体在高于绝对零度时会发射红外辐射，红外测温仪中的红外检测器检测到这些辐射并将其转换为电信号。电信号随后被放大和数字化，经过微处理器根据物体的发射率和环境因素调整后计算出准确的温度值。最终，处理过的温度数据显示在测温仪的屏幕上，使用户能非接触地迅速读取物体表面的温度。这种技术已广泛应用于医疗、工业等多个领域。

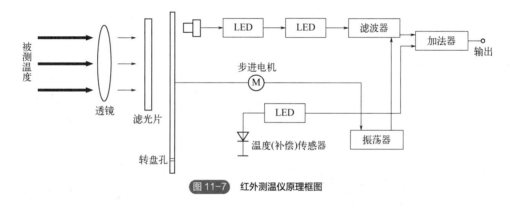

图 11-7　红外测温仪原理框图

（3）红外粉尘传感器

红外粉尘传感器的结构相对简单，主要由红外 LED 光源和光敏探测器组成，其工作过程如图 11-8 所示。光源采用红外 LED，利用光的散射原理工作。当 LED 发射光线遇到粉尘时，光线会产生反射，光敏探测器接收到这些反射光，并检测其光强。根据反射光的强度，传感器生成不同的脉冲信号，通过脉冲信号的大小判断粉尘的浓度。当环境中没有检测到粉尘时，光敏探测器输出低脉冲信号；反之，当检测到粉尘时，输出高脉冲信号。这种设计充分利用了光的散射现象，通过检测光的反射来实现对粉尘浓度的检测。

（4）红外光气体分析仪

红外光气体分析仪的原理是基于不同气体分子对红外光的吸收特性不同。每种气体分子都有其独特的吸收光谱，即它们在红外光谱范围内吸收和透射光的方式是不同的。这些吸收光谱是由气体分子的振动和转动引起的。

当红外光通过待测气体时，气体中的分子会吸收特定波长的红外光，这些被吸收的波长对应了气体分子的特定振动模式。通过测量样品前后红外光的强度差异，可以确定气体样品中的成分。不同气体对红外光的投射光谱如图 11-9 所示，其中，CO 气体对波长为 4.65μm 左右的红外光有很强的吸收能力，C_2H_2 的吸收带位于 3.18μm、7.56μm 和波长大于 12.5μm 的范围。

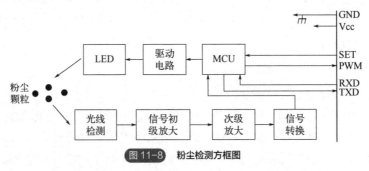

图 11-8　粉尘检测方框图

MCU—微控制器；GND 和 Vcc—接地连接和电源；SET—设定控制端口；PWM—脉宽调制控制端口，用于控制 LED 的亮度；

RXD 和 TXD—接收和发送端口，用于与外部设备通信

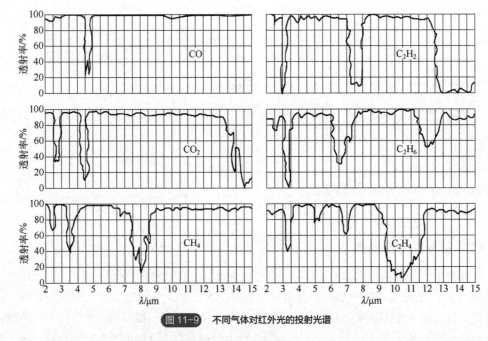

图 11-9　不同气体对红外光的投射光谱

　　总之，红外传感器已经成为现代科技中不可或缺的一部分，其应用领域广泛，从提高生活质量到强化军事和安全控制，都发挥了不可或缺的作用。随着技术的不断发展，可以期待有更多创新的红外传感器的应用来继续服务于生活和各行各业。

11.2　核辐射传感器

　　核辐射传感器是一种用于测量和检测环境中核辐射水平的专用装置，用于确保安全和监控潜在的核辐射风险。这些传感器通常使用不同的技术来检测不同类型的核辐射。核辐射传感器的主要组成部分包括探测元件、信号转换器、显示器或记录装置、外壳、屏蔽和电源等，其中，

探测元件是传感器的核心部分，与核辐射相互作用，并产生可测量的信号。

11.2.1 核辐射及其防护

放射性物质中的不稳定原子核自发性地经历核变化的过程叫作衰变，这个过程通常伴随着粒子或辐射的释放，如 α 粒子、β 粒子、γ 射线等，这些释放出来的粒子流称之为核辐射。

核辐射主要分为三种主要类型，即 α 射线、β 射线和 γ 射线。这些辐射类型具有不同的性质和特点：

① α 射线是放射性同位素原子核发出的 α 粒子。α 粒子是一种带有正电荷的高能粒子，通常由两个质子和两个中子组成。α 射线具有相对较大的质量，大约是电子的 7300 倍，因此在物质中的穿透能力相对较小，通常可以被纸张、衣物或几毫米的空气阻挡。在物质中的运动速度相对较低，从核内射出的速度约为 20km/s。α 射线的电离效应是指 α 粒子与物质中的原子或分子相互作用时，能够剥离原子内的电子，从而产生带电离子对和自由电子。这一过程会导致物质中的电离，形成带正电荷的离子和带负电荷的自由电子，从而改变物质的电荷状态。因此，在气体中的放电、电离室和核物理实验中具有应用价值。

② β 射线是放射性同位素原子核发出的 β 粒子。β 粒子有两种主要类型，分别是 β 负粒子（β$^-$）和 β 正粒子（β$^+$）。β$^-$粒子是带负电的电子，而 β$^+$粒子是带正电的电子。它们的性质和行为略有不同，但都是通过核衰变产生的。

β 粒子的质量仅为 α 粒子的 1/8000，因此 β 粒子相对更容易获得高能量，速度通常比 α 粒子更接近光速。由于速度和质量的差异，β 粒子通常比 α 粒子具有更大的穿透能力。β 粒子可以穿透纸、塑料、皮肤和一些组织，通常会在物质中相对短的距离内与物质发生相互作用，导致电离效应。

③ γ 射线是高能电磁辐射的一种，是一种电磁波，也被称为伽马射线。它们不同于 α 粒子和 β 粒子，因为它们没有质量或电荷，因此电离能力较弱，但具有非常高的能量。由于 γ 射线的高能量，它们具有很大的穿透能力，可以穿透物质而不与之发生直接的电离效应。这使得 γ 射线在工业、医学和科学研究中具有广泛的应用，用于无损检测、放射性治疗和核物理实验。

尽管核辐射在许多方面具有有益应用，但不当地或过度地暴露于核辐射可能对人类健康和环境构成潜在威胁。因此，有必要进行有效的辐射监测、防护和管理，以降低辐射风险。以下是核辐射安全的一些原则和实践：

a. 辐射监测：使用核辐射传感器来测量和监测辐射水平。这有助于确定潜在辐射源，监测工作场所或环境中的辐射水平，并确保其在可接受范围内。

b. 辐射防护：实施辐射防护措施，以降低工作者的辐射暴露。这可能包括使用防护衣物、屏蔽材料和辐射防护设备。

c. 辐射源管理：有效管理和跟踪放射性物质的使用、储存和处置，确保放射性废物的妥善处理和存储。

d. 遵守法规和标准：严格遵守国家和国际辐射安全法规和标准，以确保辐射操作的合法性和安全性。

e. 教育和培训：对从业人员提供辐射安全教育和培训，使他们了解辐射的危险性，学会正确使用辐射设备，并采取适当的安全措施。

核辐射安全是一个复杂而重要的领域，涉及广泛的应用领域和众多的利益相关者。了解核辐射的性质、应用和安全管理原则是确保人们的健康和环境安全的关键一步。综合利用核辐射的好处，同时采取适当的控制和预防措施，可以确保核辐射在社会和科学发展中发挥更大作用。

11.2.2 核辐射检测器

核辐射检测器是核辐射传感器的重要组成部分。其工作原理是不同类型的核辐射与检测器中的物质相互作用，产生特定的电信号，这些电信号可以被用来测量和分析以确定辐射的性质、能量和强度。常见的核辐射检测器包括：Geiger-Müller 计数器、闪烁计数器、半导体检测器、同位素检测器等。

（1）Geiger–Müller 计数器

Geiger-Müller（盖革-米勒）计数器是一种广泛用于检测核辐射的检测器，如图 11-10 所示，它包括一个封闭的管状检测器（金属管），内部充满气体（通常是氩气和氮气的混合物），在管状检测器的一侧是辐射粒子进入窗口，另一侧是金属丝。正常情况下，金属丝正极与金属壁负极之间有略低于惰性气体的击穿电压，因此管内气体不放电。当核辐射粒子以高速状态进入管中，它们与气体相互作用，引发气体电离，产生电子-离子对。这些电子-离子对受到电场的影响，产生电流，形成电脉冲，每个脉冲代表一次核辐射事件，可以被计数器记录，从而确定辐射水平，使 Geiger-Müller 计数器成为监测 α 粒子、β 粒子和 γ 射线的有用工具。

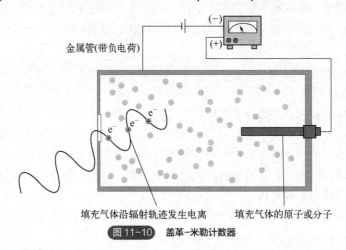

图 11-10　盖革-米勒计数器

（2）闪烁计数器

闪烁计数器如图 11-11 所示，由光电检测器、电子系统和数据采集系统几个主要部分组成。数据采集系统中的闪烁材料是其中的核心部分，它与入射核辐射相互作用并发出可见光或紫外光闪烁；光电检测器将光信号转化为电流或电压信号；电子系统对信号进行放大、滤波和数字化；光电检测器外壳用于防止外部辐射干扰；数据采集系统用于记录和分析闪烁信号，提供有关核辐射性质、能量和强度的信息。

闪烁体是核辐射检测中常用的闪烁材料，可根据其化学成分可分为无机闪烁体和有机闪烁体。无机闪烁体包括氧化铯（Cs_2O）、氧化钠（Na_2O）、硫化锌（ZnS）等，能够以可见光或紫外光的形式发出闪烁，通常用于测量高能核辐射。有机闪烁体，如液闪矿物油和有机闪烁塑料，适用于测量低能核辐射，如 β 粒子。此外，还存在有机无机混合闪烁体，将两种材料的特性相结合，以满足特定的探测需求。按照物质的形态可分为液态、塑料和玻璃等。液态闪烁体包含有机溶剂中的闪烁分子，用于测量放射性同位素活度。塑料闪烁体由有机聚合物制成，适用于便携式应用。玻璃闪烁体使用玻璃材料制成，具有一定的抗辐射特性。它们适用于高放射性环境下的核辐射监测。不同类型的闪烁体适用于不同核辐射探测应用，具有不同的性能特点，可根据具体测量要求和环境条件进行选择。当核辐射粒子与这些闪烁材料相互作用时，它们会激发材料内的原子，导致发出可见光或紫外光。发射的光被称为闪烁光，其强度与入射辐射的能量成正比。光信号被光电检测器捕捉后，经电子系统、数据采集系统进行放大和分析等以确定辐射水平和能量。闪烁计数器在核物理研究、核医学、放射性同位素的测量以及核辐射监测等领域中被广泛使用。

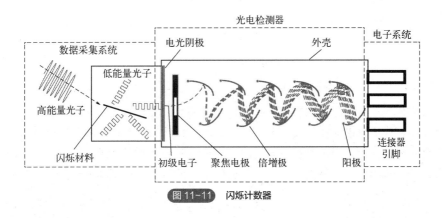

图 11-11　闪烁计数器

（3）半导体检测器

半导体检测器利用半导体材料的电子学性质来检测核辐射，常由高纯度硅（Si）或锗（Ge）等半导体材料制成。半导体材料中的原子结构具有能带结构，其中包含价带和导带。核辐射与半导体材料相互作用时，会在半导体中产生带电粒子对，即电子-空穴对。

11.2.3　核辐射传感器的应用

（1）核辐射厚度计

核辐射厚度计是一种用于测材料厚度的仪器。核辐射厚度计有多种不同类型，但主要工作原理均是利用辐射在物质中的衰减特性来确定材料的厚度。射线束穿过物质层后其强度衰减公式为

$$J = J_0 e^{-\mu_m \rho x} \tag{11-6}$$

式中　J——穿过厚度为 x mm 的物质后的辐射强度；

　　　J_0——射入物质前的辐射强度；

　　　x——吸收物质的厚度；

　　　μ_m——物质的质量吸收系数；

　　　ρ——被测材料的密度。

以下是一些主要类型的核辐射厚度计：

① 透射法厚度计。如图 11-12 所示，这种厚度计使用一个放射源和一个传感器，被测材料位于放射源和传感器之间。不同的放射源和不同的材料对应的辐射强度和吸收系数不同，放射源常用的 β 射线或 γ 射线从源穿过被测材料后被传感器吸收。传感器测量透射辐射的强度，产生对应材料厚度的输出电流，电流信号经放大后可以计算出材料的厚度并显示在仪表上。透射法厚度计通常用于金属、纸张、塑料和其他材料的厚度测量。

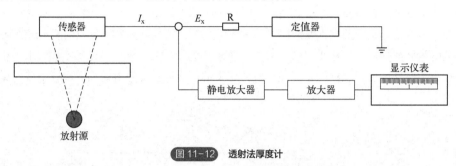

图 11-12　透射法厚度计

② 反射法厚度计。如图 11-13 所示，反射法厚度计也使用放射源和传感器，但放射源和传感器放在被测材料的同一侧。辐射从放射源出发，通过被测材料，反射回传感器，反射强度对应材料厚度，据此测量被测材料的厚度。传感器和放射源的位置通常需要经过精心安排，以确保准确测量并最小化测量误差，布置方式会因具体的应用和测量要求而有所不同。反射辐射的强度与材料的厚度相关，这种类型的厚度计适用于涂层、薄膜和液体材料的厚度测量。

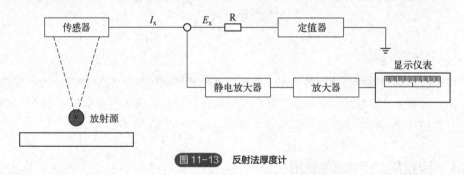

图 11-13　反射法厚度计

③ 质子辐射厚度计。质子辐射厚度计使用质子束，通过测量质子的散射或能量损失来确定材料的厚度。它们适用于测量生物医学材料、金属、半导体和其他材料的厚度。

④ X 射线厚度计。X 射线穿过被测材料，射线强度的变化与材料厚度对应，传感器通过检测透射 X 射线的强度来测量材料的厚度。这种类型的厚度计广泛用于工业领域。

（2）CT 技术

计算机断层扫描（CT）是一种医学影像学技术，通过使用 X 射线辐射和计算机处理技术，可以生成具有高空间分辨率的横截面图像。相较于传统 X 射线检查，CT 技术提供了更详细、更准确的内部结构信息。

CT 利用 X 射线的穿透能力和计算机重建技术，通过获取不同方向上的 X 射线投影图像，然后利用计算机算法将这些投影图像重建成横截面图像。CT 的原理是通过测量 X 射线在不同组织和结构中的吸收程度，生成高分辨率的体内图像。

CT 主要由以下部分组成：

① 射线源（X 射线源）。CT 系统中的射线源通常是一个 X 射线管，射线管产生高能量的 X 射线穿透被测对象（如患者的身体或其他物体）。射线源通常位于旋转的环形结构中，可以围绕被测对象旋转，从不同的角度发射 X 射线。

② 传感器。传感器通常位于与射线源相对的位置，也围绕被测对象旋转。传感器的任务是测量穿过被测对象的 X 射线的强度。当 X 射线透过被测对象并被传感器捕获时，传感器产生电信号，这些信号的强度与穿过被测对象的 X 射线量有关。

③ 旋转机构。旋转机构用于使射线源和传感器以圆周轨迹绕被测对象旋转。通过在不同角度获取 X 射线投影图像，CT 系统能够获得横截面图像的信息。

④ 数据采集系统。数据采集系统负责记录从传感器获得的 X 射线强度数据，并将这些数据传送到计算机系统进行后续处理。

⑤ 计算机系统。计算机系统是 CT 系统的核心，使用数学算法和重建技术，将从不同角度获得的 X 射线投影数据转换成横截面图像。计算机还负责控制整个 CT 扫描过程。

（3）辐射式物位计

辐射式物位计是一种用于测量容器中液体液位、粉末或颗粒物料料位的设备。它利用辐射源和检测器之间的辐射传输来确定物位，根据辐射能量的吸收程度来计算物位的高度。辐射式物位计如图 11-14 所示，通常由一个辐射源和一个或多个检测器组成，左侧 I_0 为辐射源，右侧为检测器。辐射源会产生特定能量的辐射，通常是放射性同位素，如钴-60 或锗-68。检测器用于测量经过物料后变化了的辐射强度。辐射源发出的辐射穿过容器中的物料，一部分被物料吸收，另一部分通过物料并到达检测器。辐射通过物料的变化程度取决于物料的密度、厚度和组成。检测器接收到辐射后，输出信号与辐射的吸收程度成函数关系，据此可以确定物料的物位。

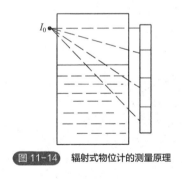

图 11-14　辐射式物位计的测量原理

思考题和习题

（1）图 11-15 为红外测温系统，其中测温用红外检测器是热释电元件，请回答下列问题：

① 电路中温度传感器的作用是什么？

② 透镜和滤光片的作用是什么？

③ 介绍热释电测温原理，热释电元件工作时，信号经过了怎样的转变过程？

（2）简述什么是热释电效应。

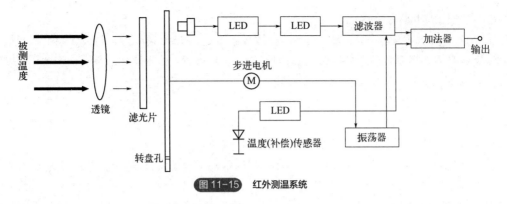

图 11-15 红外测温系统

（3）红外检测器有哪些类型？

（4）X射线穿过被测材料的辐射强度与什么有关系？

（5）请列举两种常见的核辐射传感器，并说明它们的工作原理。

第12章

智能传感器

本书配套资源

本章思维导图

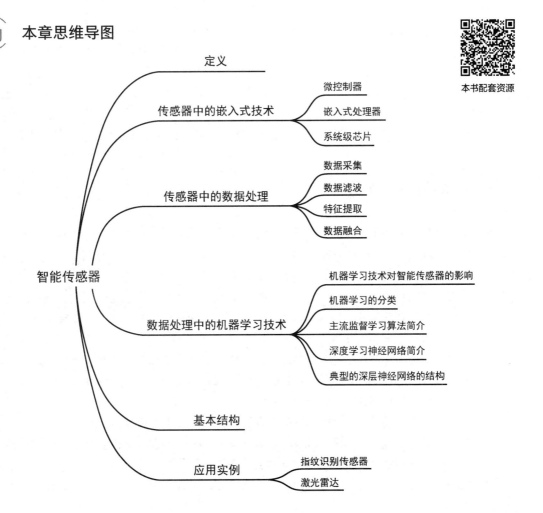

本章学习目标

（1）掌握智能传感器的定义；

（2）了解智能传感器中的嵌入式技术；

（3）掌握 A/D 转换的步骤及 A/D 转换器的分辨率；

（4）了解智能传感器数据处理中的机器学习技术；

（5）了解智能传感器的基本结构；

（6）了解智能传感器的应用实例。

智能传感器可以翻译作"smart sensor"，也可翻译作"intelligent sensor"。在人工智能广泛应用的今天，似乎使用"smart sensor"可以更突出智能传感器的特点。

在之前的章节中，提到传感器的诸多特性，如温度漂移和补偿问题等，这是使用和维护传感器的工程人员所面临的挑战和要求，也是传感器产品研发工程师的努力方向和机会。从使用方便的角度来看，一台可以自动进行温度补偿的传感器显然比不包含自动温度补偿的传感器更易于使用，也更能为传感器的生产厂家带来竞争力和利润空间。

传统的传感器利用物理、化学或生物特性将检测的物理信号转化为电信号。智能传感器根据传感器信号种类或者检测能力的扩展可以大致分为两类：一类是从可以检测的物理量类型来看，传感器主要依靠新的物理、化学或生物的规律的发现和应用，将新类型的物理信号转化为电信号，从而实现传感器检测范围的扩展；另一类传感器是在已经能够检测的物理量类型基础上，通过信号处理和分析技术，对检测信号进行处理和分析，实现对其他信号的估计，这也是当前智能传感器发展的一个重要方向。本章介绍和讨论的智能传感器是具有信号处理能力的第二类传感器。

12.1 智能传感器的定义

智能手环通过安装光电传感器，可以检测佩戴者的脉搏信号。将佩戴者的脉搏信号记为函数 $f(t)$，该信号通过光电传感器的检测和信号调理之后，可以得到对应的电信号 $v(t)=g(f(t))$。然而，对于智能手环的研发人员而言，需要实时检测佩戴者是否突发心脏疾病以便进行预警和抢救，所需要得到的传感器的输出结果是"判断是否突发心脏疾病"的信号 $h(t)$。因此，研发人员需要使用信号处理和模式识别的算法对 $v(t)$ 进行处理和分析，最终输出一个判断是否突发心脏疾病的开关量信号 $h(t)=h(v(t))$。

随着这一类智能手环产业生态的发展，制造商将传感器模块和信号处理模块集成到一个片上系统之中，形成了采集脉搏信号经运算分析后输出佩戴者是否发生心脏疾病的信号的传感器。这就是一种典型的智能传感器。

在智慧农业的应用场景中，智能控制系统需要大量的分布式传感器，用于检测土壤的湿度、温度以及二氧化碳浓度等参数。因为涉及分布式部署的关系，研发人员需要对不同的传感器进行编号（设置 ID），同时绑定传感器与空间位置的关系，这样系统才能更好地通过传感器采集到各个点的数据，进而更准确地估计场空间的分布数据。然而，对传感器 ID 的配置以及地点的标注等工作无疑是繁杂的。另外，在实际生产运营过程中，传感器更换、配置等复杂操作对运营人员的技术门槛要求比较高，这无疑也会提高智慧农业的运营成本。通过借助 UWB（即超宽带，一种无线通信技术，全称为 ultra-wideband）等技术，系统是可以在传感器节点通信的同时实现空间中节点的三维互定位的。这样，利用 UWB 技术实现传感器的自组网和自定位，便可以使智慧农业场景下传感器的更换通过"傻瓜式"的操作完成，大大降低了运营人员的技术门槛和运维成本。这也是一类典型的智能传感器。

从上面的两个例子中可以看出，智能传感器是一种集成了传感器、数据处理和通信功能的智能感知设备。它在具备现有传统传感器感知和测量被测物理量功能的同时，也具备信息采集、处理、交换和分析判断的能力。这种传感器是集成化传感器与微处理器相结合的产物，普遍具有通信与板载诊断等功能。智能传感器通过软件技术可实现高精度的信息采集，并且硬件成本低，也具有一定的编程自动化能力和多样化的功能。

智能传感器还能将检测到的各种物理量储存起来，并按照指令处理这些数据，从而创造出新数据。智能传感器之间能进行信息交流，并能自我筛选应该传送的数据，舍弃异常数据，完成数据分析和统计计算等工作。它还可以对环境影响量进行自适应、自学习，并具有超限报警、故障诊断等功能。智能传感器通常具有以下特点：

① 感知能力。智能传感器能够感知周围环境的各种参数，如温度、湿度、光照、压力、加速度等，通过内置的传感器实现数据的采集和感知。

② 数据处理。智能传感器内置了处理器核心，能够对采集到的数据进行实时处理和分析，提取出有用的信息，并进行数据压缩、滤波、特征提取等处理操作。

③ 通信能力。智能传感器通常具有通信模块，支持多种通信方式，如 Wi-Fi、蓝牙、LoRa、NB-IoT 等，能够将处理后的数据传输到其他设备或云端，实现远程监测和控制。

④ 自主决策。智能传感器内置的处理器具有一定程度的自主决策能力，根据预设的算法或规则对数据进行分析和判断，触发相应的动作或事件。

⑤ 节能设计。智能传感器通常采用低功耗设计，能够在保证性能的同时，尽可能地降低功耗，延长设备的使用时间。

总的来说，智能传感器是一种高精度、高可靠性、高分辨率、自适应性强、性价比高的传感器，被广泛应用于各种自动化控制系统中。

12.2　智能传感器中的嵌入式技术

嵌入式技术在智能传感器领域发挥了关键作用，为其发展奠定了重要基础。从硬件结构上来看，智能传感器可以看作传统传感器和嵌入式技术的结合产物。基于嵌入式技术，智能传感器可以实现如下特性：

① 小型化和低功耗设计。嵌入式系统的小型化和低功耗设计为智能传感器的发展提供了基础。通过优化硬件设计和使用低功耗处理器，智能传感器可以在资源受限的环境下运行，并且能够长时间工作而不需要频繁更换电池。

② 传感器接口与数据处理。嵌入式系统为传感器提供了接口和数据处理功能。它们能够通过各种接口与传感器通信，并对传感器获取的数据进行实时处理、滤波、校准等操作，提高数据的准确性和可靠性。

③ 数据通信。利用嵌入式系统可以集成各种通信技术，如 Wi-Fi、蓝牙、Zigbee 等，使智能传感器能够与其他设备或网络进行无线通信。这为传感器数据的远程监测、控制和管理提供了可能。

④ 数据安全。利用嵌入式系统可以实现数据安全和隐私保护的基础功能，如数据加密、身份验证、访问控制等功能，这些功能对于保护智能传感器中的敏感数据和系统安全至关重要。

随着人工智能技术的发展，利用嵌入式实现的智能技术，对诸如视觉传感器等依赖人工智能算法的智能传感器设计与开发起到了重要的奠基作用。

从硬件平台的角度出发，智能传感器领域中使用的嵌入式技术主要包括微控制器、嵌入式处理器和系统级芯片（SoC）。这些硬件平台在智能传感器领域具有不同的特点和适用范围。

（1）微控制器（microcontrollers）

微控制器是一种集成了处理器核心、存储器、外设接口和时钟电路等功能的微型计算机系统。微控制器通常集成了一个或多个处理器核心，用于执行传感器的控制算法、数据处理、数据通信和用户交互等功能。这些处理器核心通常是低功耗、高性能的，能够满足智能传感器对处理能力的需求。微控制器通常具有丰富的外设接口，如通用输入/输出（GPIO）、串行通信接口（UART、SPI、I2C）、模数转换器（ADC）、数模转换器（DAC）等。这些接口可以与传感器、存储器、通信模块等外部设备进行连接和通信，实现传感器的数据采集、控制和通信功能。

在很多应用场景中，智能传感器通常需要长时间运行，并且通常由电池供电，因此低功耗设计是微控制器的重要特点之一。微控制器通常采用优化的低功耗设计，包括低功耗处理器核心、睡眠模式、低功耗外设等，以最大程度地延长电池寿命。

某些微控制器具有实时操作系统（RTOS）支持，这使得它们能够在需要实时响应的应用中执行任务调度、事件处理、任务管理等功能。RTOS 可以确保传感器系统对事件的快速响应，并满足实时性要求。

微控制器通常具有安全和可靠性功能，包括内置的硬件安全功能、存储器保护、通信加密等。这些功能可以帮助保护智能传感器系统的安全性和稳定性，防止潜在的安全威胁和故障。

借助微控制器的上述基础特点，微控制器可以与传统的传感器进行一体化集成构成智能传感器，使得微控制器可以对传统传感器采集到的信号进行一些处理和运算，也可以转化为便于工程应用的接口，例如通过各种总线输出或者工业标准的模拟量输出等形式，便于应用过程的系统集成。

微控制器的概念最早出现在 20 世纪 70 年代，当时的微控制器主要用于工业控制和嵌入式系统中。这些早期的微控制器通常具有较低的处理能力和存储容量，但已经具备了基本的控制和数据处理功能。随着半导体技术和集成电路技术的不断进步，微控制器的性能、集成度和功耗等方面得到了显著提升。新的制造工艺、设计技术和功能集成使得微控制器在处理能力、存储容量、外设接口等方面都取得了长足的进步。

（2）嵌入式处理器（embedded processors）

嵌入式处理器具有更强大的处理能力和更多的外设接口，能够处理更复杂的任务和数据。针对这一类信号处理需求的嵌入式系统，主要依赖于 DSP（数字信号处理器，digital signal processor）和 FPGA（现场可编程门阵列）两种嵌入式处理器技术。

在智能传感器中，DSP 技术扮演着重要角色。它能够对传感器采集的信号进行高效、实时的数字信号处理。DSP 技术适用于各种传感器，包括图像传感器、声音传感器、运动传感器、环境传感器等。它能够帮助传感器对不同类型的信号进行高效处理和分析，实现智能化和自适应性。DSP 通常搭载了高性能的处理器核心，能够快速有效地执行各种复杂的信号处理算法。这些处理器核心通常具有高性能、低功耗的特点，能够满足智能传感器对处理能力和功耗的要求。

在此基础上，DSP 技术能够对传感器采集的原始信号进行各种信号的处理操作，包括滤波、降噪、谱分析、特征提取等。这些处理操作能够提取出信号中的有用信息，为后续的数据分析和决策提供支持。在开发便携性方面，DSP 通常集成了丰富的数字信号处理算法库，包括滤波器、傅里叶变换、小波变换、卷积等。

和微控制器的控制通用性不同，DSP 通常具有强大的实时处理能力，能够在短时间内对大量的数据进行实时处理。这使得智能传感器能够及时响应环境变化，并快速做出相应的决策和控制。针对智能传感器应用场景，DSP 通常采用了低功耗设计，以满足传感器系统对长时间运行和电池供电的要求。低功耗设计能够有效延长传感器的工作时间，提高系统的稳定性和可靠性。当然，DSP 通常也具有丰富的通信接口，能够与其他设备或系统进行数据交换和通信，如 UART、SPI、I2C、以太网等，使得智能传感器能够与外部设备或网络进行通信和数据交换。

可以看出，微控制器和 DSP 相比，微控制器更适合于智能传感器中通用性的控制和通信传输等功能，而 DSP 则更擅长信号处理和运算方面的功能。微控制器和 DSP 的相同点是在硬件基础上做软件编程进行开发。这种开发方式相对成本较低，难度也较低，但在面临一些高实时性要求的场景时，在响应的实时性上还面临较大挑战。因此，在实时性要求很高的智能传感器中，广泛使用基于 FPGA 的相关技术进行实现。

FPGA 是一种可编程逻辑器件，它具有灵活性高、可重构性强的特点。与传统的固定功能集成电路不同，FPGA 的逻辑功能和连接结构可以通过编程方式进行配置和修改，这使得 FPGA 适用于各种需要高度灵活性和定制化的应用场景。

FPGA 通常由可编程逻辑单元（PLU）、可编程连接资源、存储器、时钟管理单元等组成。可编程逻辑单元包括查找表（LUT）、寄存器、算术逻辑单元（ALU）等，用于实现逻辑功能。可编程连接资源用于将逻辑单元连接起来，构成特定的逻辑功能。存储器用于存储配置信息和中间数据。时钟管理单元用于产生时钟信号和控制时序。

FPGA 的工作原理是基于可编程逻辑和可编程连接的思想。在配置过程中，用户通过编程工具将逻辑功能描述转换成配置文件（如 Verilog 或 VHDL），然后将配置文件下载到 FPGA 芯片中。FPGA 芯片根据配置文件对可编程逻辑单元和连接资源进行配置，从而实现特定的硬件功能。

在智能传感器中，FPGA 通常被用于实现特定的硬件功能，如加速数据处理、执行实时信号处理、实现高度并行的算法等。它可以根据具体应用的需求进行编程和配置，从而实现定制化的硬件加速和功能扩展。FPGA 在智能传感器中的应用可以提高系统的性能、灵活性和可扩展性，满足不同应用场景的需求。FPGA 在智能传感器中的应用场景包括但不限于：

① 高速数据处理。FPGA 可以实现对传感器采集的大量数据进行高速处理，如数据滤波、数据压缩、特征提取等。

② 实时信号处理。FPGA 可以实现对实时信号的快速处理和响应，如图像处理、声音处理、

雷达信号处理等。

③ 并行算法加速。FPGA 的并行处理能力使其非常适合实现并行算法，如并行滤波、并行 FFT（快速傅里叶变换）等。

④ 硬件加速。FPGA 可以作为硬件加速器嵌入智能传感器系统中，加速特定的算法或应用，如深度学习推理加速、密码学加速等。

目前，FPGA 的主要技术厂家有：Xilinx、Altera（被 Intel 收购后改名为 Intel FPGA）、Lattice Semiconductor 及 Microchip Technology 旗下的 Microsemi 等。中国的 FPGA 技术厂家和开发生态在近年来得到了迅速发展，紫光展锐、中天微、东方神舟、北京卓志等厂商在 FPGA 领域取得了显著的成绩；开发生态方面，开发工具链、IP 核库、开源社区、开发板和开发套件等提供了丰富的资源和支持，为开发者提供了广阔的发展空间和机会。

（3）系统级芯片（system on chip，SoC，也称单片系统）

在智能传感器中，SoC（system on chip）技术的应用非常广泛，它将多个功能模块集成到一个芯片上，从而实现了高度集成化、低功耗、高性能的特点。

首先，SoC 技术具有高度集成化。SoC 技术将传统的处理器、内存、外设等功能模块集成到一个芯片上，实现了高度集成化。这样可以减少系统中组件的数量和复杂度，节约 PCB（印制电路板）空间，降低系统成本，提高系统可靠性。

其次，SoC 技术中普遍使用多核处理器。SoC 中通常集成了多个处理器核心，如 CPU、GPU（图形处理单元）、DSP 等，可以实现多核并行计算。这样可以提高系统的处理能力和并行计算能力，适用于复杂的算法和应用场景，如图像处理、语音识别、深度学习等。基于此，SoC 通常集成了强大的图像处理引擎，支持图像采集、图像处理、图像压缩等功能。这样可以实现高清晰度的图像采集和处理，适用于智能监控、智能驾驶、智能摄像头等应用场景。

SoC 中通常集成多种通信接口，如 UART、SPI、I2C、以太网、Wi-Fi、蓝牙等，可以与外部设备或网络进行数据交换和通信。这样可以实现智能处理器与外部设备或云端的连接和数据传输，适用于物联网、智能家居、智能制造等应用场景。SoC 技术通常采用低功耗设计，包括低功耗处理器核心、功耗管理单元、节能模式等。这样可以延长设备的工作时间，提高系统的续航能力，适用于移动设备、便携式设备等应用场景。

另外，SoC 中通常集成了硬件加速器，如加密引擎、视频编解码器、图像处理器等，可以加速特定的算法或应用。这样可以提高系统的性能和效率，适用于加密解密、视频处理、图像识别等应用场景。并且 SoC 技术可以根据具体应用的需求进行定制化设计，包括处理器核心选择、外设接口配置、通信接口定制等。这样可以满足不同应用场景的需求，提供定制化的解决方案，适用于各种嵌入式系统和智能设备。

综上所述，SoC 技术在智能传感器中具有广泛的应用，可以实现高度集成化、多核并行计算、强大的图像处理能力、多种通信接口、低功耗设计、集成硬件加速器、高度定制化等特点，为各种智能设备和嵌入式系统提供了强大的计算和处理能力。特别的，随着人工智能技术的发展高潮和广泛应用，人工智能领域的 SoC 技术在近年来得到了快速的发展，主要的技术厂家包括英伟达（NVIDIA）、英特尔（Intel）、高通（Qualcomm）、华为（海思）及联发科技（MediaTek）等，为开发者提供了技术支持和资源。

在智能传感器领域，不同的硬件平台适用于不同的应用场景和需求。选择合适的硬件平台可以根据传感器的功能要求、成本预算、功耗限制和体积大小等因素进行考虑。随着技术的发展和进步，嵌入式系统硬件平台的性能将不断提升，为智能传感器领域带来更多的创新和应用机会。

12.3　智能传感器中的数据处理

利用嵌入式系统，可以实现在传统传感器检测数据的基础上对采集到的数据进行进一步的处理，并将处理后的数据转换成期望的通信接口所需的格式。关于数据格式转换的工作，主要涉及计算机网络、通信协议栈以及嵌入式开发等方面的技术，读者可以参考相关的书籍和文献了解和学习具体的通信协议和实现技术。接下来将讨论智能传感器技术中关于数据处理相关的工作。智能传感器中的数据处理技术涵盖了多个方面，包括数据采集、数据滤波、特征提取和数据融合等。

12.3.1　数据采集

智能传感器能采集多种类型的传统传感器模块的输出数据，一般而言，采集的数据需要经过 A/D（模数）转换，将信号转换为数字信号便于利用嵌入式设备进行数据处理。

A/D 转换（analog-to-digital conversion）是将模拟信号转换为数字信号的过程，是数字系统中的一项基本操作。以下对 A/D 转换的主要知识进行详细介绍。

A/D 转换的基本原理是将连续的模拟信号转换为离散的数字信号。这一过程通常包括三个步骤：采样、量化和编码。

① 采样是指在连续时间内对模拟信号进行离散取样，获取一系列离散的采样点。

② 量化是指将采样点的幅度值映射到有限数量的离散级别上，即将模拟信号的连续值转换为离散的量化值。

③ 编码是指将量化后的离散数值转换成二进制形式，生成数字信号。

A/D 转换器（ADC）主要有以下几种类型，根据转换过程和特性的不同可分为：

① 逐次逼近型。逐次逼近型 A/D 转换器采用逐步逼近的方法，从最高位开始，逐位地比较输入信号和一个内部参考电压，确定每一位的值，最终得到数字输出。它具有较高的转换精度和速度，并且不需要外部元件（如运算放大器）支持。

② 积分型。积分型 A/D 转换器通过对输入信号进行积分，将积分结果与一个参考电压进行比较，实现模拟信号到数字信号的转换。它对输入信号的变化比较敏感，因此具有较高的转换精度。

③ Δ-Σ 调制型。Δ-Σ 调制型 A/D 转换器采用 Δ-Σ 调制技术，通过高速 Δ-Σ 调制和数字滤波，实现高分辨率的 A/D 转换。它具有高的噪声抑制能力和低的非线性误差，适用于对信号精度和动态范围要求较高的应用。Δ-Σ 调制型 A/D 转换器常见于音频采集、传感器测量和高精度仪器等领域。

④ 管道型。管道型 A/D 转换器将 A/D 转换过程分解成多个阶段，每个阶段处理部分转换任务，从而实现高速、高精度的转换。它采用了并行处理的方法，将输入信号拆分成多个子信号，分别经过各个阶段进行处理，然后再将结果组合起来。管道型 A/D 转换器通常具有较高的

转换速度和较低的功耗，适用于需要高速、高分辨率的应用场景，如通信系统、雷达系统和高速采样系统。

A/D 转换器的主要参数有分辨率、采样率、精度和信噪比四个方面。

① A/D 转换器的分辨率是指其能够区分的最小量化级别，通常以位数（bit）表示，如 8 位、10 位、12 位等。位数越大，分辨率越高，A/D 转换器能够表示的信号范围就越广，精度也就越高。

举例说明分辨率的意义：假设一个 A/D 转换器，其分辨率为 8 位，即能够将输入信号分成 256 个量化级别（2 的 8 次方）。对于一个 4～20mA 的输入范围，每个量化级别的大小约为 0.0625mA。这意味着该 A/D 转换器能够将输入信号分成 256 个均匀间隔的电流级别，并将每个电流级别表示为一个 8 位的二进制数。

如果输入信号的幅度为 8.01mA，则在该 A/D 转换器上的输出为 8.01mA / 0.0625mA ≈ 128，换句话说，输入信号 8.01mA 将被近似为二进制数的 128，即 10000000。这里需要注意的是，A/D 转换的过程从数据类型变化的角度来看，是一个从实数映射到整数的过程，因此存在精度的损失。如上例，从 8mA 到 8.0625mA 之间的电流，在量化的过程中都会近似为 128，也就是细微的差异不能被体现出来了。

同样，仍然对于 4～20mA 的信号，如果使用 12 位的 A/D 采样，那么满量程将被分成 4096 个均匀间隔。此时，8.01mA 的电流对应的是 2050，而同样都对应 2050 的模拟量值的范围缩小到 8.0078125mA 至 8.0117188mA 了。也就是说，分辨率越高，数字量刻画的尺度就越精细。

在实际应用中，分辨率是衡量 A/D 转换器性能的重要指标之一。较高的分辨率意味着 A/D 转换器能够捕获和表示更多的细节和动态范围，因此在需要更高精度和更准确数据的应用中，通常会选择具有更高分辨率的 A/D 转换器。

② 采样率是指 A/D 转换器每秒钟进行采样的次数，通常以赫兹（Hz）表示。采样率决定了 A/D 转换器能够捕获和表示的信号频率范围，是衡量 A/D 转换器性能的重要指标之一。确定采样率的主要参考依据是奈奎斯特-香农采样定理，即在采样过程中，采样率至少是信号最高频率的两倍才能准确地重构原始信号。因此，采样率应该高于被采样信号的最高频率，以确保不会出现混叠现象。A/D 转换器的采样率受到信号频率、转换速度和分辨率等因素的影响。

例如，对于音频信号的采样，其最高频率通常为 20kHz 左右。根据奈奎斯特-香农采样定理，为了准确地重构这种信号，A/D 转换器的采样率至少应为 40kHz。因此，音频的标准采样率为 44.1kHz，略高于最低要求的采样率，以确保音频信号的质量。

在一些特殊应用中，需要更高的采样率，以便捕获更高频率的信号或更快速的信号变化。例如，在雷达系统、高速数据采集系统和通信系统中，通常需要使用高达数 GHz 的采样率来满足特定应用的需求。

③ 精度是指 A/D 转换器输出数字信号与输入模拟信号之间的误差，通常以百分比误差或最大 LSB（least significant bit，最低有效位）误差表示。精度是衡量 A/D 转换器性能的重要指标之一，直接影响到转换结果的准确性和可靠性。A/D 转换器的精度是由两个主要因素决定的：分辨率和非线性误差。分辨率越高，A/D 转换器精度也就越高；而非线性误差是指 A/D 转换器输出的数字信号与输入模拟信号之间的偏差，主要包括差分非线性误差和积分非线性误差。

对于一个 A/D 转换器，其分辨率为 12 位，即能够将输入信号分成 4096 个量化级别。如果在理想情况下，输出的数字信号与输入信号完全一致，那么 A/D 转换器的精度为 100%。然而，在实际应用中，由于各种因素的影响，A/D 转换器的输出会存在一定的误差，这就是非线性误差的体现。

A/D 转换器的精度受到多个因素的影响，例如：内部噪声会被引入 A/D 转换器的输出中，降低转换精度；A/D 转换器的精度受到参考电压稳定性的影响，参考电压的稳定性越高，转换精度越高；另外，温度变化会导致 A/D 转换器的精度等性能参数发生变化。

④ 信噪比（SNR）是衡量信号质量的一个重要指标，特别是在 A/D 转换器中，它描述了转换后的数字信号中有用信号与噪声的比例。高信噪比意味着噪声水平较低，信号更加清晰，从而可以提供更准确的数据。对于 A/D 转换器来说，信噪比通常由以下几个因素决定：

量化精度：A/D 转换器的位数，即它能分辨的最小信号变化，对信噪比有直接影响。位数越高，量化精度越高，信噪比通常也越好。

量化噪声：由于信号被量化成有限数量的级别，会产生量化误差，这种误差表现为量化噪声。

热噪声：也称为白噪声或约翰逊-奈奎斯特噪声，由电子元件的热运动引起，与温度和电阻有关。

参考电压：A/D 转换器的参考电压稳定性直接影响信噪比，不稳定的参考电压会导致信噪比降低。

采样率：如果采样率过低，可能导致混叠现象，即高频信号被错误地表示为低频信号，这会降低信噪比。

外部干扰：电磁干扰（EMI）和其他类型的外部噪声也会影响信噪比。

总的来说，信噪比是评价 A/D 转换器性能的关键指标之一，它直接影响到转换后的数字信号的质量和可靠性。通过优化设计和采用适当的技术，可以提高 A/D 转换器的信噪比，从而提升整个系统的性能。

综上所述，A/D 转换器的性能参数和类型要根据实际的工程需求来选型确定，尤其需要注意的是，A/D 转换器中的分辨率参数和精度参数是不太一样的，高分辨率是实现高精度的基础，但是不能直接确定高分辨率的转换器的精度就一定高。

12.3.2　数据滤波

在完成数据采集后，智能传感器通常要通过数据滤波技术去除噪声、平滑信号或提取有效信息。目前，常见的数据滤波如下：

（1）移动平均滤波

移动平均滤波是一种简单有效的滤波方法，常用于去除数据中的高频噪声或周期性干扰，同时平滑数据以便于观察趋势。它的原理是将一段时间内的数据进行平均处理，然后用平均值来代替原始数据，以达到滤波的目的。

移动平均滤波的原理很简单。假设有一个长度为 N 的滑动窗口，每次向前滑动一步，并在窗口内计算数据的平均值作为滤波后的输出。具体而言，对于第 i 个数据点，其滤波后的数值为前 N 个数据点的平均值。数学表达式如下：

$$x = \frac{x_{i-N+1} + x_{i-N+2} + \cdots + x_{i-1} + x_i}{N} \tag{12-1}$$

式中　x——移动平均滤波输出值；

　　x_i——第 i 个采样时刻采集到的传感器的值。

移动平均滤波具有简单易实现、计算速度快、能够有效地去除高频噪声、平滑数据的优点，但也存在对于快速变化的信号响应较慢、可能引入滞后、窗口大小的选择需要权衡、较大的窗口会导致信号的延迟、较小的窗口可能无法滤除所有的噪声等缺点。

（2）中值滤波

中值滤波是一种去除脉冲噪声的有效方法，通过对一段时间内的数据进行排序，选择中间值作为滤波后的结果。中值滤波的窗口大小可以根据需求调整。中值滤波的优点是对脉冲噪声的抑制效果好，不易受异常值的影响，但中值滤波对于频率较高的噪声效果较差，无法保留信号的原始特征。

（3）高斯滤波

高斯滤波是一种基于高斯函数的平滑滤波方法，通过对数据进行加权平均来减少噪声的影响。它的原理是使用高斯函数作为权重函数，对数据进行加权平均，使得距离中心较远的数据点对平均值的贡献较小，而距离中心较近的数据点对平均值的贡献较大。

假设有一个一维信号，其数据点为 $x_1, x_2, \cdots, x_N$，需要对这些数据进行平滑处理。高斯滤波的思想是使用高斯函数作为权重，对每个数据点进行加权平均，具体地，对于第 i 个数据点 x_i，其滤波后的数值由周围的数据点经过高斯函数权重加权平均得到。数学表达式如下：

$$x = \frac{\sum\limits_{j=1}^{N} w_j x_j}{\sum\limits_{j=1}^{N} w_j}\tag{12-2}$$

式中　x——高斯滤波的输出；

　　w_j——表示第 j 个数据点的权重，通常由高斯函数确定，且

$$w_j = e^{\frac{(j-i)^2}{2\sigma^2}}\tag{12-3}$$

式中　σ——高斯函数的标准差，控制着权重的分布范围；

　　i——当前数据点的位置。

高斯滤波能够有效地平滑数据并保留信号的主要特征，适用于多种类型的噪声，并且滤波后的结果具有较好的连续性和平滑性。然而，高斯滤波的算法实现相对复杂，需要计算高斯函数的权重系数，并且在某些情况下，高斯滤波可能会模糊图像或平滑过多，导致损失细节信息。

高斯滤波常用于图像处理、信号处理和数据处理等领域，特别是对于需要平滑数据、降噪和提取特征的任务。例如，在图像处理中，高斯滤波可用于去除图像中的噪声、平滑图像以及边缘检测前的预处理等。

（4）数字滤波器技术

数字滤波器是一种数字信号处理系统，用于对数字信号进行滤波处理，去除其中的噪声、

干扰或不需要的成分，从而提取出所需的信息或使信号满足特定的要求。数字滤波器可分为时域滤波器和频域滤波器两大类，时域滤波器直接对时域信号进行处理，而频域滤波器则先将信号变换到频域进行处理，然后再逆变换回时域。

常见的时域滤波器包括 FIR（finite impulse response，有限冲激响应）滤波器和 IIR（infinite impulse response，无限冲激响应）滤波器。FIR 滤波器的输出仅依赖于滤波器的当前输入和一些过去的输入，没有反馈。它通过对输入信号的加权和求和来产生输出信号。FIR 滤波器具有线性相位和稳定性的特点，可以很容易地实现各种类型的频率响应。FIR 滤波器的输出是输入信号与滤波器的系数之间的线性卷积，常见的实现方法包括直接形式、级联形式和频率采样形式。

IIR 滤波器的输出不仅依赖于当前的输入，还依赖于过去的输出和过去的输入。它通常包含反馈环路。IIR 滤波器具有更高的效率，可以用更少的系数实现更高的阶数，但也更容易引入不稳定性。IIR 滤波器可以通过直接形式、级联形式、双二次形式等方式实现。

常见的频域滤波器包括傅里叶变换滤波器和小波变换滤波器等。其中，傅里叶变换滤波器是将输入信号变换到频率域进行处理，然后再通过逆变换将滤波后的频率域信号转换回时域。因此，傅里叶变换滤波器可以在频率域上对信号进行灵活的处理，如频谱分析、频率选择性滤波等。常见的傅里叶变换滤波器包括低通滤波器、高通滤波器、带通滤波器和带阻滤波器等。而小波变换滤波器属于一种时频分析方法，将信号分解成不同尺度的小波基函数，实现对信号的多尺度分析。小波变换可以提供更好的时频分辨率，能够同时提供时域和频域信息。小波变换滤波器通常采用基于离散小波变换或连续小波变换的方法实现。

数字滤波器广泛应用于各种领域，如音频处理、图像处理、通信系统、生物医学工程、控制系统等。具体应用场景包括但不限于：语音信号处理、图像去噪、通信信号滤波、生物信号分析、控制系统调节等。要根据信号的特性、应用需求以及系统要求选择合适的数字滤波器类型和参数。

12.3.3　特征提取

特征提取技术的选择取决于具体的应用场景、数据类型和任务要求。特征提取可以使用传统的特征提取技术，也可以利用机器学习和深度学习技术。

当谈及传统特征提取技术时，它通常可以被划分为两个主要阶段：特征提取和模式识别。

在智能传感器中，特征提取是将原始数据转换为可用于模式识别的高层次抽象表示的过程。这一阶段旨在从原始数据中提取出最具代表性和区分性的特征。

特征提取阶段通常包括滤波、降噪、归一化等数据预处理工作，根据领域知识或特定任务的需求，选择最相关和最有区分性的特征进行特征选择的工作，以及使用各种信号处理、统计学和数学方法，将经过预处理的数据转换为具有代表性的特征向量。这些特征向量通常是原始数据的某种统计量或特征描述。特征提取的目标是减少数据的维度，保留最具代表性的信息，为后续的模式识别和分类任务提供有用的输入。

模式识别是对提取的特征进行分类、识别或决策的过程。在智能传感器中，模式识别阶段使用机器学习、模式识别或统计学方法，将提取的特征与预先定义的模式或类别进行比较，并做出相应的判断。这一阶段通常包括以下步骤：

① 训练数据准备：准备带有已知标签或类别的训练数据集，作为模型学习的输入。

② 模型训练：使用训练数据集对模型进行训练，学习特征与标签之间的关系。常见的模型包括支持向量机（SVM）、k 近邻（kNN）、决策树、神经网络等。

③ 模型评估：使用独立的测试数据集对训练好的模型进行评估，评估模型的性能和泛化能力。

④ 模式识别：使用训练好的模型对新的特征向量进行分类、识别或决策，将其分配到预定义的类别中。

模式识别的目标是自动地从提取的特征中识别出数据所代表的模式或类别，从而实现智能传感器的自动化分析和决策。

随着深度学习技术的广泛应用，基于深度学习的端到端的学习技术让一切变得简单，即通过标注数据集，利用深层神经网络（深层网络）将特征提取和识别整合到一个深层网络中，直接建立从信号到特征的映射关系。借助深层网络的优秀性能，对于深层网络结构，只要有足够的数据量进行训练，就有提升网络性能的机会。

12.3.4　数据融合

智能传感器的数据融合技术是一种将来自多个传感器或多种信息源的数据进行整合、合并和分析的方法，提高信息的完整性、准确性和可靠性。在数据融合方面，有一个经典的事例：

在 20 世纪 60 年代初期，航天探索进入了一个新的时代。在这个时期，人类渴望探索太空的奥秘，但要实现这一目标并非易事。当时的航天技术尚不成熟，而导航和控制航天器在太空中的精确位置和速度是至关重要的挑战。一位名叫卡尔曼的博士受美国航空航天局（NASA）的委托，承担的主要科研任务是设计一种方法，能够准确地跟踪和控制航天器的位置和速度，以确保它们能够准确着陆在月球表面。

在此期间，卡尔曼博士提出了一种完全不同于传统方法的新思路。他深入研究了贝叶斯概率理论，并将其应用于航天器的状态估计问题上。他提出了一种新颖的算法，将航天器的运动模型和传感器测量值相结合，以动态地更新航天器的状态估计。这一方法被称为卡尔曼滤波，很快就展现出了其强大的性能和广泛的适用性。它不仅成功地帮助了人类登月计划的实施，还被应用于导航、控制、信号处理等各个领域。卡尔曼滤波及在此基础上的扩展卡尔曼滤波、无迹卡尔曼滤波以及粒子滤波技术也被广泛应用于传感器的数据融合技术中。

从基础理论框架的角度来看，智能传感器的数据融合技术主要基于信息融合理论和统计推断理论。其中，信息融合理论的核心思想是：将来自多个传感器或多种信息源的数据进行整合和分析，以产生一个更完整、准确和可靠的信息表示。其主要原理包括：

① 多源数据整合：将来自不同传感器或信息源的数据整合在一起，构建一个综合的数据集。这些数据可能具有不同的时间、空间和特性，需要统一处理和融合。

② 信息提取与表示：从整合后的数据中提取有用的信息或特征，并将其表示为适合融合的形式，如特征向量、特征描述等。这些特征能够描述监测对象或环境的重要特性。

③ 信息融合算法：利用融合后的信息，采用适当的算法进行数据融合。这些算法可以是简单的加权平均或复杂的模型融合，旨在最大程度地提高数据的准确性和可靠性。

④ 决策与反馈：基于融合后的信息，进行决策和反馈，实现对监测对象或环境的控制和调节。这些决策可以是实时的、自适应的，根据监测数据动态调整。

统计推断理论致力于从数据中推断出模型参数或做出决策的理论框架。在智能传感器数据融合中，统计推断理论主要体现在以下方面：

① 概率建模：利用概率模型描述数据的分布特性和不确定性，例如利用贝叶斯网络描述传感器数据之间的关系和约束条件。

② 参数估计：基于观测数据，利用最大似然估计、贝叶斯估计等方法推断模型的参数，以优化数据融合过程中的模型拟合和参数选择。

③ 假设检验：使用假设检验方法评估不同模型的拟合程度，并根据检验结果选择最优模型，以确保数据融合的准确性和可靠性。

④ 决策理论：利用决策理论确定最优的决策规则或策略，根据监测数据做出最优决策，实现对监测对象或环境的有效控制和管理。

12.4　智能传感器数据处理中的机器学习技术

12.4.1　机器学习技术对智能传感器的影响

机器学习技术的发展与智能传感器息息相关，两者相辅相成，共同推动着智能化和自动化技术的发展。智能传感器产生大量的数据，而机器学习技术可以帮助处理和分析这些数据，挖掘出其中的模式、规律和异常情况，为后续决策提供支持。另外，机器学习技术可以从传感器数据中提取有价值的特征，并利用这些特征进行模式识别，实现对目标物体、环境状态等信息的自动识别和分类。智能传感器通常会使用多种类型的传感器进行数据采集，机器学习技术可以将这些异构数据进行融合，并通过优化算法实现对数据的精确分析和利用。

得益于机器学习技术的大力发展和广泛应用，智能传感器具备了更强大的智能化水平，能够通过学习和优化不断提升自身的数据处理能力和决策能力。机器学习技术为智能传感器拓展了更广泛的应用领域，例如智能交通、智能健康监测、智能环境监测等，使得智能传感器不仅能够实现基本的数据采集功能，还能够实现更复杂的数据处理和智能化决策。在数据处理效率方面，传感器产生的数据往往是海量且复杂的，机器学习技术可以帮助智能传感器高效地处理这些数据，提高数据处理的效率和准确性。

机器学习技术的发展主要可以概括为三个阶段：

首先是早期阶段。在 20 世纪 50 年代至 60 年代，机器学习的发展主要集中在基于逻辑和概率的经典方法上，如逻辑回归、线性回归、朴素贝叶斯等。这些方法虽然简单，但为机器学习的发展奠定了基础。

第二个阶段是统计学习方法兴起的阶段。在 20 世纪 80 年代至 90 年代，统计学习方法开始流行，这一时期的重要成果包括支持向量机（SVM）、决策树、随机森林等。这些方法主要基于统计学习理论，具有良好的泛化能力和稳健性，在模式识别、数据挖掘等领域得到了广泛应用。

第三个阶段是 2000 年后，机器学习进入了神经网络复兴的阶段。随着计算能力的提升和大数据的兴起，神经网络重新受到关注。深度学习作为神经网络的一种特殊形式，以其多层次、分层次的结构和强大的表征能力，成为了机器学习领域的新宠。

近年来，深度学习技术取得了许多重要进展，推动了机器学习领域的发展。研究者提出了许多新的深度学习模型架构，如卷积神经网络（CNN）、循环神经网络（RNN）、注意力机制等，不断提高模型的性能和效率。这里需要注意的是，虽然深度学习在近年来得到了快速的发展和非常广泛的应用，但是深度学习和机器学习不是等价的概念。

在机器学习算法方面，随着深度学习模型的不断加深和扩展，训练算法也在不断改进，如批量归一化、残差连接、自适应学习率调整等技术的提出，使得模型训练更加稳定和高效。近年来，迁移学习和预训练模型成为了研究的热点。通过在大规模数据上预训练模型，然后在特定任务上微调，可以显著提高模型的性能。随着各个领域机器学习技术的快速发展，跨模态学习也成为近年来的研究热点，旨在将不同传感器采集的多模态数据进行有效融合和利用，实现更全面、更准确的数据分析和处理。

12.4.2　机器学习的分类

机器学习技术可以根据其学习方式、算法类型、应用领域等多个维度进行分类。一般来说，机器学习的典型分为监督学习、无监督学习、半监督学习和强化学习四个方面。下面逐个介绍机器学习的四种类型。

① 监督学习是一种通过已标记的训练数据来训练模型，使其能够预测目标变量的数值或类别的机器学习方法。在监督学习中，算法通过学习输入数据与对应的输出标签之间的关系来构建模型。监督学习的典型应用包括分类问题和回归问题。其中，分类问题的目标是将输入数据映射到预定义的类别中。常见的分类算法包括决策树、支持向量机、k 近邻算法等。回归问题的目标是预测连续变量的值。常见的回归算法包括线性回归、多项式回归、岭回归等。

② 无监督学习是一种从未标记的数据中发现模式和结构的机器学习方法。在无监督学习中，算法不需要已知的输出标签，而是自动发现数据中的隐藏结构。无监督学习的典型应用包括聚类问题和降维问题。其中，聚类问题的目标是将数据划分为具有相似特征的组。常见的聚类算法包括 k 均值聚类、层次聚类、DBSCAN（基于密度的聚类算法）等。降维问题是无监督学习的另一种形式，它的目标是通过保留数据中最重要的特征，减少数据的维度。常见的降维算法包括主成分分析（PCA）、t 分布邻域嵌入（t-SNE）等。

③ 半监督学习是介于监督学习和无监督学习之间的一种学习方式，它利用少量的标记数据和大量的未标记数据来构建模型。标签传播是半监督学习的一种，它通过已知标记数据的信息来推广到未知标记数据，从而实现对整个数据集的标记。

④ 强化学习是一种通过与环境的交互学习来实现目标的机器学习方法。在强化学习中，智能体根据环境的反馈来调整其行为，以达到最大化预期奖励的目标。

12.4.3　主流监督学习算法简介

在智能传感器的数据处理技术中广泛使用了监督学习算法，其中主要一个原因是监督学习与传感器的研发场景非常匹配。

智能传感器输出的数据内容，是在智能传感器中传统传感器数据的数据基础上，通过函数拟合处理得到的。简单来说，智能传感器的实际输出的数据记为 $\hat{y}$，将期望传感器输出的准确数据记为 y，将核心传统传感器的测量数据记为 x，将传感器的参数记为 p，将对输出值有影响的外界信息记为 q。假设传感器预期输出的期望值与传统传感器模块测量的数据 x、传感器参数

p 以及外界信息 q 存在关系如下：

$$y = \mathcal{F}(x, p, q) \tag{12-4}$$

式中　函数 $\mathcal{F}(\cdot)$——一个位置的函数。

而智能传感器的数据处理过程，本质上可以描述为构造一个函数 $\mathcal{G}(\cdot)$ 使传感器的输出 $\hat{y} = \mathcal{G}(x, p, q)$ 与传感器期望的输出尽可能地接近，也就是如下优化问题：

$$\min \quad J = \| \hat{y} - y \| \tag{12-5}$$

因此，在解决此类问题时，一般情况下是可以获取到传统传感器模块采集的数据以及期望的传感器输出的信息的。这样，在已知数据集的基础上就可以开展监督学习的算法应用。

目前，监督学习的主要算法如下：

① 决策树。决策树是一种基于树形结构的分类算法，通过对数据的逐步分割来构建模型，每个分割节点代表一个特征，每个叶子节点代表一个类别。在智能传感器中，决策树常用于目标检测和识别任务。例如，利用图像传感器采集的图像数据，通过决策树算法识别不同类型的目标物体，如行人、车辆、交通标志等。

② 支持向量机。支持向量机是一种用于分类和回归的监督学习算法，通过在数据空间中找到最优的超平面来实现分类任务。在智能传感器中，支持向量机常用于模式识别和分类任务。例如，利用生物传感器采集的生理数据，通过支持向量机算法对不同的生理状态进行分类，如健康和疾病状态。

③ k 近邻算法。k 近邻算法是一种基于实例的学习方法，通过测量每个数据点与其最近"邻居"之间的距离来进行分类或回归。在智能传感器中，k 近邻算法常用于数据分类和模式识别任务。例如，利用环境传感器采集的数据，通过 k 近邻算法对环境状态进行分类，如晴天、多云、雨天等。

④ 逻辑回归算法。逻辑回归算法是一种用于二分类问题的线性模型，通过对输入特征的加权求和并经过一个 sigmoid 函数进行转换，来得到样本属于某一类别的概率。在智能传感器中，逻辑回归算法常用于事件预测和异常检测任务。例如，利用传感器采集的数据对事件进行预测，如交通拥堵、疾病暴发等，或检测异常行为，如盗窃、火灾等。

⑤ 随机森林算法。随机森林是一种集成学习算法，通过训练多个决策树并将它们的结果进行集成来实现分类或回归任务。在智能传感器中，随机森林常用于数据分类和预测任务。例如，利用传感器采集的图像数据对环境进行分类，如草地、树林、水域等，或预测未来的趋势和状态，如天气预报、财务预测等。

⑥ 朴素贝叶斯分类器。朴素贝叶斯分类器基于贝叶斯定理，假设特征之间相互独立，通过计算后验概率来进行分类。在智能传感器中，朴素贝叶斯分类器常用于文本分类和情感分析任务。例如，利用传感器采集的文本数据进行情感分析，判断用户的情绪状态。

⑦ 线性判别分析。线性判别分析通过对数据进行线性投影，将数据投影到低维空间，以最大化类间距离和最小化类内方差来实现分类。在智能传感器中，线性判别分析常用于生物特征识别和人体活动检测。例如，利用生物传感器采集的数据进行指纹识别，或通过加速度传感器采集的数据检测人体活动。

⑧ 多层感知机。多层感知机是一种人工神经网络，是由多个神经元组成的多层结构，通过前向传播和反向传播来训练模型。在智能传感器中，多层感知机常用于图像识别和语音识别任务。

例如，利用图像传感器采集的数据进行物体识别，或利用传声器传感器采集的数据进行语音识别。

⑨ 梯度提升机。梯度提升机是一种集成学习算法，通过串行训练多个弱学习器，并结合它们的预测结果来提升模型性能。在智能传感器中，梯度提升机常用于数据分类和回归任务。例如，利用传感器采集的数据对事件进行分类，或预测环境参数的变化趋势。

⑩ 深度学习神经网络。深度学习神经网络是一种基于多层神经元的模型，通过多层非线性变换来学习数据的高阶特征表示。在智能传感器中，深度学习神经网络常用于复杂数据的分析和预测。例如，利用深度学习神经网络对传感器采集的大规模图像数据进行分类和识别，或对传感器采集的时间序列数据进行预测和异常检测。

12.4.4 深度学习神经网络简介

在众多监督学习的算法之中，神经网络因为其独到的特点在近年来带来了一场研究和应用的浪潮，其核心性能在于：当各种算法的性能都到达瓶颈时，具有深层结构的神经网络可以通过增加大量的训练样本来提升预测精度。也就是说，众多其他算法都存在瓶颈的情况下，深层神经网络存在一个可以突破瓶颈提升性能参数的机会，就是用海量的样本数据进行训练。这也是经常看到大数据与深度学习一起出现的原因。

下面首先介绍神经元细胞的建模过程。图 12-1 展示了一个神经元细胞结构的简单示意图。神经元细胞的特性简单概括下来有如下几点：

① 神经元细胞可以接收来自多个其他神经元的信号作为输入并只有一个输出，所以是一个 MISO（多输入单输出）的环节。

② 神经的兴奋的产生和传导具有阈值特性，也就是说当兴奋没有达到阈值时，神经元细胞输出为 0；当兴奋达到阈值时，神经元细胞输出 1。

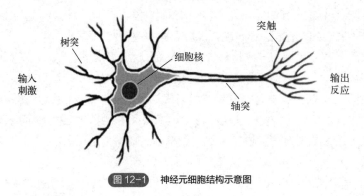

图 12-1　神经元细胞结构示意图

这样，可以对神经元细胞做简单的数学建模，首先，对于多个输入，可以使用加权求和的方式来描述，即

$$z = \boldsymbol{\omega}^{\mathrm{T}} \boldsymbol{X} \tag{12-6}$$

其中，$\boldsymbol{X}$ 为输入向量；$\boldsymbol{\omega}$ 为输入向量的权重向量。进一步，对于兴奋阈值的特性，可以使用阈值函数来描述，即

$$A = f(z,b) = \begin{cases} 1, & z > b \\ 0, & z \leqslant b \end{cases} \tag{12-7}$$

其中，A 是神经元的输出；b 是描述兴奋阈值的参数。这样就构建了一个神经元细胞的模

型。而神经网络的训练，其本质上就是调整参数 $\boldsymbol{\omega}$ 和 b 使得神经元的输出与期望的输出一致，或者说使得实际输出与期望输出 Y 的偏差最小，即

$$\arg\min_{\boldsymbol{\omega},b} J(\boldsymbol{\omega},b)=\left|A-Y\right|=\left|f(\boldsymbol{\omega}^{\mathrm{T}}\boldsymbol{X},b)-Y\right| \tag{12-8}$$

一般而言，参数使得函数得到最小值需要借助微积分中的导数作为工具。因此，为了便于实施导数运算，对兴奋阈值的描述，可以使用一个输出相似且可导的函数进行替换，例如：

$$\sigma(z)=\frac{1}{1+\mathrm{e}^{-z}} \tag{12-9}$$

其中，$\sigma(\cdot)$ 为 sigmoid 函数，同时，将阈值的描述放入加权的部分进行处理，即令 $z=\boldsymbol{\omega}^{\mathrm{T}}\boldsymbol{X}+b$，这样就可以构成一个可导的神经元的模型：

$$A=\sigma\left(\boldsymbol{\omega}^{\mathrm{T}}\boldsymbol{X}+b\right) \tag{12-10}$$

进一步，对于损失函数，也可以改写成可以求导的形式：

$$J_2=\left(A-Y\right)^2 \tag{12-11}$$

这样，就建立了一个可导的描述神经元特性的数学模型。在求该优化问题的过程中，如果目标函数是凸函数，则求解过程可以通过梯度下降法进行求解，且优化问题具有全局最优解。因此，在损失函数形式的设计上，利用一个巧妙的、便于神经网络训练的形式就是提升神经网络应用性能的一个重要渠道。

例如，在使用单个神经元识别照片中是否是猫的经典案例中，对于照片中是否是猫这一类逻辑回归问题，可以将损失函数设计成更利于复合函数求导的链式法则运算的形式，即

$$J=-[Y\ln A+(1-Y)\ln(1-A)] \tag{12-12}$$

逻辑回归最初于 20 世纪 50 年代提出，并在之后几十年中得到了广泛应用。sigmoid 函数作为逻辑回归的激活函数，是在这个时期被正式引入并广泛使用的。在过去的几十年中，它成为了解决二分类问题的重要工具，尤其是在统计学和医学等领域的研究中。随着计算机技术的发展，尤其是 20 世纪 90 年代互联网的普及，逻辑回归和 sigmoid 函数被更广泛地应用于网络搜索、广告投放等领域。

人工神经网络在之后几十年内经历了一段低谷。直到 20 世纪 90 年代，随着计算能力的提升和深度学习算法的改进，ANN（人工神经网络）重新引起了研究者的兴趣。在 21 世纪初期，深度学习领域的关键技术，尤其是反向传播算法等的发展，标志着深度学习的复兴和演进。

① 反向传播算法是训练神经网络的核心技术之一，它通过计算梯度来更新网络参数，使得网络能够逐渐收敛到最优解。21 世纪初期，研究者们对反向传播算法进行了深入研究和改进，以应对深层神经网络训练中的梯度消失和梯度爆炸等问题。其代表性研究成果之一是 2006 年 Hinton 等人提出的深度信念网络（DBN），它采用无监督预训练和逐层微调的方法成功地训练了多层网络。DBN 的出现标志着深度学习的新篇章，为后来的深度学习研究奠定了基础。

② 传统的 sigmoid 激活函数在深层神经网络中存在梯度消失的问题，这限制了网络的深度和性能。为了解决这个问题，研究者们开始探索新的激活函数，代表性研究成果是 2010 年 Hinton 等人提出的 ReLU 激活函数。相比于传统的 sigmoid 函数，ReLU 具有线性部分和非线性部分，能够在一定程度上缓解梯度消失问题，加速了深层神经网络的训练过程。

③ 深度学习模型的训练通常涉及非凸优化问题，因此优化算法的选择对模型的性能和训练

速度至关重要。21 世纪初期，研究者们对传统的梯度下降算法进行了改进，提出了一系列高效的优化算法。代表性研究成果之一是 2014 年 Kingma 和 Ba 提出的 Adam 优化算法，它结合了动量法和自适应学习率的思想，能够在不同参数和梯度的情况下自适应地调整学习率，加速了深度学习模型的训练过程。

这些关键技术的发展和代表性研究成果共同推动了深度学习在 21 世纪初期的快速发展和广泛应用，为深度学习在计算机视觉、自然语言处理、医学影像分析等领域的成功应用奠定了基础。

① 在 2019 年至 2020 年这段时期，自监督学习和迁移学习等领域取得了显著进展。自监督学习的关键思想是利用数据本身的结构和特性进行训练，而无需手动标注数据，从而降低了数据获取和标注的成本。

② 在 2020 年至 2021 年期间，深度学习领域的研究重点逐渐转向了模型的鲁棒性和可解释性。模型的鲁棒性指的是模型对于输入数据中的扰动具有较强的抵抗能力，而可解释性则是指模型的决策过程能够被解释和理解。代表性成果之一是 2021 年 Ross Wightman 等人提出的 EfficientNetV2，该模型在保持高性能的情况下，大大减小了模型的计算复杂度，提高了模型的计算效率和鲁棒性。此外，2021 年还涌现了一系列关于深度学习模型解释性和可解释性的研究工作，为理解模型的内部工作原理和决策过程提供了新的方法和思路。

③ 在 2021 年至 2022 年期间，深度学习领域继续探索模型的效率和泛化能力。特别是针对自动驾驶、医疗影像分析等对模型精度和速度要求较高的应用场景，提出了一系列高效的模型和算法。代表性成果之一就是 2022 年提出的一种基于 Transformer 架构的新型模型 EfficientViT，该模型将 Transformer 网络的注意力机制和卷积神经网络结合起来，实现了高效的图像分类和目标检测。此外，2022 年还涌现了一系列关于模型的稀疏性和压缩算法的研究成果，为减少模型参数和加速模型推理提供了新的思路和方法。

目前，深度学习领域继续关注模型的可解释性和鲁棒性。特别是在面对不确定性较大的实际应用场景时，如自然灾害预测、金融风险评估等，模型的可解释性和鲁棒性显得尤为重要。代表性成果之一是 2023 年提出的一种基于生成对抗网络（GAN）的新型模型，该模型能够生成具有可解释性的人类可读规则，从而提高了模型的可解释性和用户信任度。

此外，2023 年还涌现了一系列关于模型的认知增强和知识蒸馏的研究成果，为提高模型的鲁棒性和可靠性提供了新的思路和方法。深度学习的代表性成果和研究方向仍在不断涌现，其中包括模型的自适应学习和迁移学习、多模态融合、模型的联邦学习等。这些研究成果将进一步推动深度学习在各个领域的应用和发展。

12.4.5　典型的深层神经网络的结构

典型的深层神经网络通常由多个层组成，包括输入层、隐藏层和输出层。每一层都由多个神经元（或节点）组成，相邻层之间的神经元存在连接，每个连接都有一个权重来调节信号的传递。一些典型的深层神经网络结构主要包括：

① 多层感知机。多层感知机是最简单的深层神经网络之一，由输入层、若干隐藏层和输出层组成。每个隐藏层通常包含多个全连接的神经元，而输出层的神经元数通常对应着任务的输出类别数。多层感知机常用于分类和回归任务，如图像分类、文本分类、手写数字识别等。它被广泛用于各种领域，如医学影像分析、金融风险评估等。

② 卷积神经网络（CNN）。CNN是专门设计用于处理具有网格结构数据（如图像、视频）的深层神经网络。它包含卷积层、池化层和全连接层等组件。卷积层通过卷积操作提取图像的特征，池化层则通过降采样操作减小特征图的大小和复杂度，最后通过全连接层将提取到的特征映射到输出类别。CNN广泛应用于计算机视觉领域，包括图像分类、目标检测、图像分割等。例如，ImageNet图像分类竞赛中的AlexNet、VGG、ResNet等经典模型都是基于CNN的。

③ 循环神经网络（RNN）。RNN是一种专门用于处理序列数据（如文本、时间序列）的深层神经网络。它具有循环结构，允许信息在网络中进行循环传递。RNN的隐藏状态在每个时间步都会更新，并且可以记忆先前的信息，这使得RNN可以捕捉序列数据中的长期依赖关系。RNN常用于自然语言处理（NLP）领域，如语言建模、语音识别、机器翻译、情感分析等。此外，RNN也被广泛应用于时间序列预测等领域。

④ 长短期记忆网络（LSTM）。LSTM是一种RNN的变体，专门设计用于解决RNN中的梯度消失和梯度爆炸等问题。它通过门控机制（遗忘门、输入门、输出门）来控制信息的流动，从而更好地捕捉序列数据中的长期依赖关系。LSTM广泛应用于需要捕捉长期时间依赖关系的任务，如语言建模、机器翻译、股票预测等。它在NLP（自然语言处理）领域的应用尤为突出，如在语言生成、命名实体识别等任务中取得了显著的性能提升。

除了上述典型的深层神经网络结构以外，Transformer模型也是一种非常知名的网络模型结构。Transformer模型作为一种革命性的深度学习模型，在自然语言处理和其他序列建模任务中取得了巨大成功。Transformer模型是由Vaswani等人于2017年提出的，它摒弃了传统的循环神经网络结构，采用了自注意力机制（self-attention mechanism）来捕捉输入序列中的长程依赖关系，从而在翻译任务中取得了非常好的效果。Transformer模型由编码器（encoder）和解码器（decoder）组成，其中编码器用于将输入序列编码为上下文表示，解码器则用于生成目标序列。

12.5 智能传感器的基本结构与应用实例

智能传感器是集成了传感单元、微处理器、信号处理和通信模块的新型传感器。与传统传感器相比，它具备更高的精度、更强的适应性以及更广泛的应用范围。从结构组成来说，智能传感器集成了一个或多个传感单元及微型处理器，具备了信息数据处理能力。此外，智能传感器大多采用模块化和接口化设计，便于使用人员将其进一步集成到智能系统中。

12.5.1 智能传感器的基本结构

智能传感器主要由以下几个部分构成：能够"感受"被测量变化并输出电信号的传感单元，完成信息数据处理的微处理器，输出处理后数据的接口以及其他相关电路，如图12-2所示。传感单元能够将环境中的特定类型信息如温度、湿度、压力等物理量和酸碱度、浓度等化学量转化为电信号。传感器获取的电信号通过相关电路（预处理电路）部分的滤波、转换等步骤的处理后，发送到智能传感器的"核心"——微处理器中。微处理器存储信号并用数据处理算法进行计算分析。利用传感器中的开放接口，微处理器还可以将这些处理后的数据传输到其他设备或网络中。如前文中所言，嵌入式技术中的微处理器在智能传感器领域发挥了关键作用，为其今后长远的智能化发展奠定了重要基础。

图 12-2 智能传感器基本结构图

目前，智能传感器的结构可以归类为以下三种：

① 非集成式智能传感器：如图 12-3 所示，将传统的传感单元、信号处理电路（滤波电路、信号放大器、A/D 转化器等）和带有输出接口总线的微处理器直接组合为一个整体。这种传感器的实现难度和成本较低，是一种实现智能传感器系统的最快途径。但是由于传感器中一般只包含一种传感单元，非集成式的智能传感器大多只能够针对一种或一类环境信息进行检测。

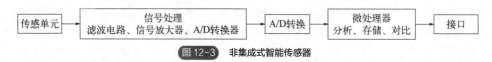

图 12-3 非集成式智能传感器

② 集成式智能传感器：如图 12-4 所示，用微机械加工技术和大规模集成电路工艺技术，将传感单元、微处理器等硬件部分通过硅基材料，直接集成在一个芯片中。这种传感器的体积十分小巧，集成度很高，可以十分方便地直接安装到开发板上。但是由于目前的技术水平和自身体积的限制，传感器的功能和种类较为单一，而且研发和使用的成本较高。

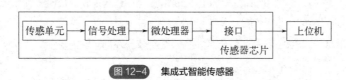

图 12-4 集成式智能传感器

③ 模块化智能传感器：与前两种智能传感器相比，模块化的智能传感器将基础硬件部分进行了模块化处理。传感器可以根据不同的实际需求，对硬件模块进行组合，以实现预期的功能。模块化智能传感器具有以下优点：不同于非集成式智能传感器的结构，模块化智能传感器大多包含多个不同类型的传感单元，可以完成多种环境数据的收集工作；除基本的信息数据收集外，传感器还能够通过其他传感单元获取的数据对传感器中微处理器的数据处理算法进行自校正，进一步提高传感器的测量精度；模块化的设计使得传感器能够通过简单的组合设计，实现对传感器的功能拓展，如物联网数据通信功能。

12.5.2 智能传感器的应用实例

目前智能传感器的设计和开发技术已经相对成熟，在军用和民用领域中都得到了广泛的应用。本部分以指纹识别传感器和激光雷达为例，讲述其工作原理和工作流程。

（1）指纹识别传感器

指纹识别传感器是目前使用范围最广，也是最为常见的生物识别传感器之一，它集成了计算机、光电技术、图像处理技术、半导体技术等，是一种综合性智能传感器。人的指纹中包含了人体的固有生理特征和行为特征，并且一般而言，一个人的指纹基本不变。因此，指纹具有唯一性和相对稳定性，是鉴别个人身份的可靠信息源。

目前指纹识别传感器的工作过程可以分为如下四个阶段：指纹图像的获取、指纹特征点的提取、特征信息的存储和数据比对。

① 指纹图像的获取方式。指纹图像的获取方式主要有以下几种：通过光学设备扫描手指的指纹获取指纹的数据，如图 12-5 所示；通过半导体指纹传感器获取指纹数据；通过超声波装置扫描获取指纹数据。

光学指纹扫描设备（光学设备）是目前智能手机、公司打卡机等设备最为常用的指纹图像传感器。利用光学的反射与折射原理，首先由光源照射手指表面，由于手指表面的凹凸情况不同，反射后的光线角度等数据会发生改变。接收反射光线的图像传感器就可以根据这些数据的变化，将指纹的信息转换为电信号，进而绘制出指纹的图像。

半导体的指纹传感器主要有两种：温差感应式指纹传感器和电容感应式指纹传感器。温差感应式指纹传感器由多个温度传感器元件构成，主要基于温度感应原理来获得指纹的图像信息。传感器接触到手指时，指纹中凸出的脊与凹入的谷之间存在温差。通过计算每个温度传感器元件获取的温度信息和元件的排列位置，即可推算出手指的指纹图像。温差感应式的指纹传感器扫描速度非常快，需要在极短的时间内完成指纹识别。由于温度传感器元件之间的热传递现象，如果时间过长，元件与手指之间的温度将趋于一致，传感器就无法获取到指纹图像的信息了。

电容感应式指纹传感器与温差感应式指纹传感器类似，由包含大约 1 万个微型化电容器的电容阵列组成，电容阵列的背面为绝缘极板，正面为指纹检测区。该传感器利用手指的皮肤作为电容阵列的一个极板，不同区域指纹的脊和谷之间的距离不等，使得每个电容单元的电容量产生变化，进而通过分析获得指纹的图像。

② 指纹识别过程。指纹识别传感器的整个识别过程如图 12-6 所示。传感器中的指纹信息采集元件（如电容感应式传感器的电容阵列）将获取的电信号发送到微处理器中，微处理器首先对图像数据进行预处理，剔除无效数据后，对图像进行二值化处理。二值化处理后的图像更加清晰，通过进一步的细化处理，微处理器便能通过图像将指纹的特征进行提取和存储。而后，使用者即可通过该传感器对自己的身份进行验证。

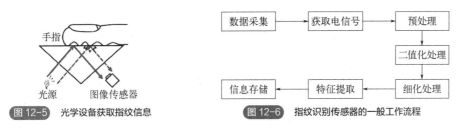

图 12-5　光学设备获取指纹信息　　图 12-6　指纹识别传感器的一般工作流程

较常使用的 HLK-FPM383C 是一款新型面阵式半导体指纹模块，采用电容感应式指纹传感器，具有体积小、功耗低、识别速度快、识别准确度高等优势。该模块使用方便，尤其适合应用于门锁、读卡器和保险箱等体积较小、使用电池供电的设备中。低功耗的同时，它也具有优异的反应性能及高速的识别速度。传感器提供了对外通信的 UART 接口，以实现与其他控制系统进行数据传输的功能。

传感器工作流程如图 12-7 所示，在模块上电后，模块先进行初始化，进入系统状态维护阶段并检测是否接收到上位机的指令（注册指令、删除指令）。若接收到了，则优先处理相关的指令；若没有，则检测是否有指纹。若有指纹，则输出中断到上位机，并与上位机进行指纹检测与匹配，输出匹配结果，然后返回系统状态维护阶段；若没有检测到指纹，则返回系统状态维护阶段，循环执行上述操作。

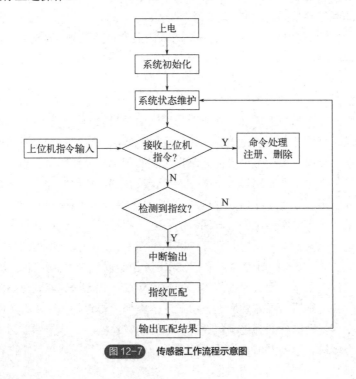

图12-7 传感器工作流程示意图

（2）激光雷达

激光雷达（LiDAR，light detection and ranging）是一种使用激光来测量距离，并实现对周围环境进行建模的智能传感器。它通过向目标发射激光脉冲，然后接收反射回来的光束，来测量物体的距离或速度。激光雷达广泛应用于地理信息系统（GIS）、环境监测、城市规划、交通管理、无人驾驶汽车、机器人导航、考古学、气象学和军事领域。

激光雷达具有以下优点：

① 高精度测量。激光雷达能够提供极其精确的距离测量，精度通常在厘米级别，甚至在某些高端应用中可以达到毫米级别。

② 高分辨率。它能够生成高密度的数据点，从而创建出非常详细的三维地图或模型，有助于进行精细的地形测绘和环境分析。

③ 快速数据采集。激光雷达可以快速地扫描大面积区域，收集大量数据，这对于需要迅速获取地理信息的场景非常有价值。

④ 全天时工作能力。激光雷达不受光照条件的限制，可以在白天和夜晚都进行操作，这使得它在各种环境和条件下都能发挥作用。

⑤ 穿透能力。激光雷达的光束能够穿透某些自然和人造的障碍物，如树叶，从而使其能够探测到被遮挡的物体或地形。

⑥ 安全性。在自动驾驶汽车中，激光雷达能够提供实时的环境感知，帮助车辆避免碰撞，提高行驶的安全性。

⑦ 多领域应用。激光雷达不仅用于地理测绘，还广泛应用于气象学、林业、考古学、军事

侦察、机器人导航等多个领域。

⑧ 自动化和智能化。激光雷达可以与计算机视觉和机器学习算法结合使用,为自动化系统提供强大的数据支持,推动智能化技术的发展。

⑨ 灵活性。激光雷达系统可以安装在不同的平台上,如无人机、飞机、车辆或固定站点,能够适应各种不同的应用需求。

⑩ 环境适应性。尽管激光雷达的性能可能受到大气条件的影响,但现代技术已经能够在多种环境条件下提供稳定的性能。

激光雷达一般由以下几个部分构成:产生并发射激光脉冲的激光发射器,接收反射激光的接收器,精确测量激光发射和接收时间差的计时器,处理接收数据以获得距离、高度等信息数据的数据处理单元(微处理器)。

图 12-8　C32 激光雷达实物图

C32 激光雷达是一种常用的 3D 激光探测雷达,如图 12-8 所示。装有 32 对激光发射接收模块,排列方式为竖直排列。激光阵列以 5Hz、10Hz 或 20Hz 的旋转频率进行 360°扫描。

1)激光雷达测距算法及原理

C32 激光雷达采用的算法为飞行时间法(time of flight,TOF),即通过测量激光脉冲从发射到被目标反射回来的时间来计算距离。因为光速是已知的,所以可以通过计算光脉冲的往返时间来得到距离。

一对激光发射器与接收器配合计时器和数据处理单元的距离计算原理如图 12-9 所示。

假设激光发射器发出激光的时间为 t_1,激光接收器接收到反射激光的时间为 t_2,光速为 c,那么距离 d 的计算公式为

$$d = c \times (t_2 - t_1) \tag{12-13}$$

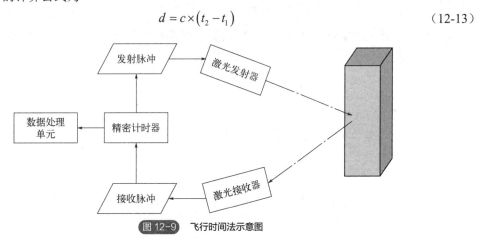

图 12-9　飞行时间法示意图

2)3D 建模工作过程

C32 激光雷达一般搭载到移动机器人上,对机器人的周边环境进行扫描、检测,并构建 3D 模型。雷达的 3D 建模过程如图 12-10 所示,可以分为如下几个步骤:

① 检测环境中的物体距离信息。每一对激光发射接收模块会对物体不同位置的距离进行测量,并将测量结果转化为电信号,存储到数据处理单元中。

② 获取环境中的物体高度信息。利用模块发射的激光之间的固定夹角角度和距离信息,数据处理单元推算出物体不同位置的相对高度数据。

③ 数据整合。将环境中物体不同位置的高度和距离信息进行配对组合,这些数据称之为"点云"数据,是物体或环境形状的数字化表示。

④ 数据处理。利用专门的数据处理软件,对雷达获取的点云数据进行降噪、平滑、分割等数据处理,提高数据的质量和可用性。

⑤ 3D 建模。处理后的点云数据通过专业的点云建模显示软件,即可将雷达扫描的物体或环境进行 3D 建模,并将模型显示在软件中。

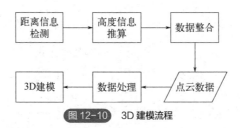

图 12-10　3D 建模流程

搭载 C32 激光雷达的机器人在学校操场和图书馆前进行探测行驶后,由点云建模显示软件根据获取的点云数据所绘制的 3D 地图模型如图 12-11 所示。

图 12-11　3D 地图模型

 思考题与习题

(1)什么是智能传感器?与传统传感器相比,智能传感器有什么优势?

(2)除与机器学习进行结合外,智能传感器还可以与哪些技术结合?请举例说明结合方法及工作原理。

(3)智能传感器中的数据处理方法主要有哪些?简述这些方法的基本处理流程。

(4)某些智能传感器中的数据处理单元使用了机器学习技术,目前机器学习有哪几种分类?各自具有什么特点?

(5)简述深度学习的数据处理过程和基本结构。

(6)智能传感器的基本结构有哪几种?分别具有什么特点和优势?

(7)除激光雷达的时间飞行法,还有什么距离算法?请查找资料给出两种距离算法并简单说明其计算原理。

第 13 章

测量误差与数据处理

 本章思维导图

本书配套资源

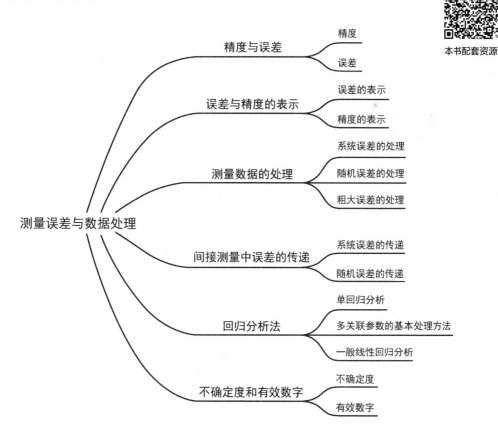

本章学习目标

（1）掌握真值、标准值、误差与精度的概念；

（2）掌握误差的分类与来源；

（3）掌握误差的分析判别；

（4）掌握误差与精度的计算及精度的选择确定；

（5）掌握最小二乘法；

（6）了解不确定度的概念和分析；

（7）掌握有效数字的使用规则。

测量的目的是获取真实的数据，但由于人的认识能力不足和科学水平的限制，测量方法、环境、人员、仪器等多种因素的影响，测量出的结果与真实值总是存在一定的差异，这种差异就是测量误差，测量误差是不可避免的。科技的发展对于精度的要求越来越高，因此研究测量误差，了解误差的特性，熟悉相应的处理原则，有效地减少和消除测量误差的影响，从而做出相应的科学判断与决策，具有重大的理论意义和实际应用价值。

13.1 精度与误差

13.1.1 精度

所有被测参数（物理量）都有客观存在的真实数值，即真值。真值是无法得到的理论值，检测技术的进步只是使测量值越来越接近真值。

测量值与真值的接近程度被称为精确度，简称精度。可通过误差的大小来表示精度的高低。多次重复测量时，精度是精密度和准确度的综合评判，如图 13-1 所示。精密度表示测量数据的集中程度，是随机误差大小的标志，精密度高，意味着随机误差小。准确度表示测量值偏离真值的程度，是系统误差大小的标志，准确度高，意味着系统误差小。实际工程实践及实验过程中，对确定参数在确定条件下的测量多为单次测量。

(a) 准确度高而精密度低　　(b) 准确度低而精密度高　　(c) 精确度高

图 13-1　精密度和准确度

13.1.2 误差

在测量过程中，由于仪器本身特性、使用者的主观性、测量环境及测量方法等因素的影响，测量结果与真值必定存在一定的差异，这个差异就是测量误差（简称误差）。

（1）根据特性的误差分类

测量误差根据特性分为三类，即系统误差、随机误差和粗大误差。

① 系统误差。系统误差的特点为在相同的检测条件下，一系列检测数据的误差大小和正负符号呈现一定的规律性。系统误差的产生原因包括测量方法不完善、测量系统不完善、仪器使用不当、环境条件变化等。

② 随机误差。随机误差也称偶然误差，在相同检测条件下进行多次重复测量时，测量误差的大小与正负符号出现无规律变化。

随机误差由不确定因素（如环境电磁波干扰、动力源不稳定、传感器元器件性能不稳定等）引发而随机产生，其变化无法预测，但必然会产生。随机误差无法修正和消除。通过足够多的测量比较，可以发现随机误差服从某种统计规律（如正态分布、均匀分布、泊松分布等）且绝对值在一定范围内，绝对值小的随机误差出现的概率大于绝对值大的随机误差，因此可以通过多次测量减小其影响。

测量中，系统误差小则测量结果的准确度高，随机误差小则测量结果的精密度高，二者都小则测量的精度高。

③ 粗大误差。粗大误差又叫疏失误差，粗大误差的误差数值大，明显超出了确定条件下预期的误差，且没有规律性。存在粗大误差的测量值称为坏值，通常用于分析的测量数据中剔除了粗大误差的数据，因此测量误差中只包含系统误差和随机误差。

粗大误差一般是由于操作者粗心、失误而造成的误差，在测量过程中应尽量避免。例如，在记录测量结果时看错或记错读数，操作仪器时出现失误，在计算时出现计算失误，都属于粗大误差。在使用传感器进行的测量工作中，使用者应严谨细致，规避粗大误差的发生。

（2）根据使用角度的误差分类

从使用角度对误差进行分类，可以分为基本误差和附加误差。

① 基本误差。基本误差又称固有误差，指仪器在规定的工作条件（一般在仪器铭牌及使用说明书中有具体说明）下进行测量所具有的误差。仪器的精度等级是由其基本误差决定的。例如，某台压力传感器是在电源电压（24±0.2）VDC、环境温度（20±5）℃、湿度（75±5）%的条件下标定的，则该传感器在此条件下工作所具有的误差为基本误差。

② 附加误差。当仪器的使用条件偏离额定条件时，就会出现附加误差。例如，运行时，环境温度过高或过低，则会出现温度附加误差；加隔离液的液位测量因迁移量错误造成附加压力误差；等等。

在使用仪器仪表进行测量时，应根据实际的使用环境条件在基本误差上再分别加上其余各项附加误差。当把各种误差都考虑到时，就能给出仪器仪表测量的一个额定的工作条件范围。

13.2　误差与精度的表示

13.2.1　误差的表示

由于仪器灵敏度和分辨能力具有一定的局限性、周围环境时刻发生变化等因素的影响，被测参数的测量值与真实值（真值）并不一致，即存在误差。误差根据表示方法分为以下三种。

（1）绝对误差 Δ

绝对误差指测量值与被测量真实值之间的差值，可表示为

$$\Delta = x - L \tag{13-1}$$

式中　L——真实值；

　　　x——测量值。

绝对误差与测量值具有相同量纲。绝对误差有正负，它的绝对值的大小反映了测量值与真实值的接近程度。

（2）相对误差 δ

绝对误差与被测量真实值之比的百分率称为相对误差 δ，它以无量纲的百分数表示：

$$\delta = \frac{\Delta}{L} \times 100\% \tag{13-2}$$

在计算相对误差时，也可以取绝对误差 Δ 与测量值 x 之比来计算：

$$\delta = \frac{\Delta}{x} \times 100\% \tag{13-3}$$

相对误差能较为准确地反映测量的准确程度。

（3）引用误差 γ

计算相对误差时，将测量量程 A（测量范围上限值减去下限值）作为计算分母，其结果称为引用误差。

$$\gamma = \frac{\Delta}{A} \times 100\% \tag{13-4}$$

13.2.2　精度的表示

① 标准值。根据不同的要求，需要对仪器进行检定、标定或校准，目的都是要通过校验确定其性能指标，分析其误差。

校验时，对应被校仪器的测量范围，选择标准仪器，要求其最大绝对误差绝对值小于或等于被校仪器最大误差绝对值的 1/3。将同样的被测物理量同时输入被校仪器和标准仪器，比较二者的输出值，即可进行性能指标的确定。

由于真值只存在于理论之中，在检定、标定或校准时，视标准仪器值为被测量值的真值，即计算用标准值。实际计算绝对误差时，都是用测量值与标准值进行比较。

② 最大引用误差。最大引用误差，也叫允许引用误差，即多次测量结果中最大绝对误差的绝对值与量程的比值，用百分数表示，即

$$\gamma_{max} = \frac{|\Delta_{max}|}{A} \times 100\% \tag{13-5}$$

影响精度计算的两大影响因素：最大绝对误差和仪表的量程。

仪表的 γ_{max} 越大，表示它的精确度越低；反之，仪表的 γ_{max} 越小，表示仪表的精确度越高。将仪表的 γ_{max} 去掉"±"号及"%"号，便可以得到仪表的精确度等级。 目前常用的精确度等级有 0.005、0.02、0.05、0.1、0.2、0.4、0.5、1.0、1.5、2.5、4.0 等。

例 13-1：某一测温传感器测温范围为 200～700℃，校验该表得到的最大绝对误差为-3℃，试确定该仪表的精度等级。

解：该仪表的最大引用误差为

$$\gamma_{max} = \frac{+3}{(700-200)} \times 100\% = +0.6\%$$

去掉百分号和正负号后为 0.6。

因国家规定的精度等级没有 0.6 级，所以该仪表的精度等级为 1.0 级。

例 13-2：某台测温传感器的测温范围为 0～1000℃。根据工艺要求，温度指示值的误差不允许超过±7℃，试问应如何选择仪表的精度等级才能满足以上要求？

解：根据工艺上的要求，仪表的最大引用误差为

$$\gamma_{max} = \frac{\pm 7}{1000-0} \times 100\% = \pm 0.7\%$$

如果将仪表的最大引用误差去掉"±"号与"%"号，其数值介于 0.5～1.0 之间，如果选择精度等级为 1.0 级的仪表，其最大引用误差为±1.0%，超过了工艺上允许的数值，故应选择 0.5 级仪表才能满足工艺要求。

例 13-3：某压力传感器的测量范围为 0～1MPa，精度等级为 1.0 级，试问此压力传感器允许的最大绝对误差是多少？若用标准压力计来校验该压力传感器，在校验点为 0.3MPa 时，标准压力计上读数为 0.306MPa，试问被校压力传感器在这一点是否符合 1 级精度，为什么？

解：压力传感器允许的最大绝对误差的绝对值为

$$\Delta_{max} = 1.0 \times 1.0\% = 0.01MPa$$

在校验点 0.3MPa 处，绝对误差为

$$\Delta = 0.3 - 0.306 = -0.006MPa$$

其绝对值＜0.01MPa。

因此，符合 1.0 级精度要求。

根据仪表校验数据来确定仪表精度等级和根据工艺要求来选择仪表精度等级，情况是不一样的。根据仪表校验数据来确定仪表精度等级时，仪表的允许误差应该大于（至少等于）仪表校验所得的绝对误差；根据工艺要求来选择仪表精度等级时，仪表的允许误差应该小于（至多等于）工艺上所允许的最大引用误差。

13.3　测量数据的处理

13.3.1　系统误差的处理

系统误差具有复现性，其出现有一定的规律性。可对相应影响因素进行理论分析和实验验

证，确定系统误差产生的原因及出现的规律，采取系统调整或建模补偿的办法来减小或消除系统误差。系统误差（用 Δx 表示）随测量时间变化的几种常见关系曲线如图 13-2 所示。

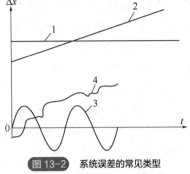

曲线 1 表示误差的大小与方向不随时间变化的恒差型系统误差；曲线 2 表示误差随时间呈线性变化的线性变差型系统误差；曲线 3 表示误差随时间作周期性正弦波变化的周期变差型系统误差；曲线 4 为上述三种关系曲线的某种组合形态，表示呈现复杂规律变化的复杂变差型系统误差。

图 13-2　系统误差的常见类型

（1）系统误差的发现

① 实验对比法。实验对比法用于发现和确定恒差型系统误差。实验对比法包括标准仪器法和变测量条件法。

标准仪器法：将标准仪器与被校仪器在相同条件下同时进行同一物理量的重复测量（即等精度测量），把标准仪器示值视为真值，如果被校仪器示值与标准表示值之差恒定不变，则该差值为被校仪器在该示值点的系统误差，该差值的相反数即为被校仪器在此点的修正值。

变测量条件法：改变某个测量条件（如安装位置、环境条件等），测量误差从一个近似恒定值变化成另一个近似恒定值。一般通过逐个改变测量条件，根据系统误差大小来确定各测量条件对系统误差的影响程度。

② 剩余误差观察法。剩余误差观察法又叫残差观察法。进行多次重复测量时，将全部测量数据的算术平均值视为真值，各测量值与其的差值为剩余误差（也叫残差）。将各个剩余误差按测量时的先后次序制成表格或画成曲线图，根据残差的大小和符号的变化规律来判断有无系统误差。如果发现残差大小和正负基本恒定，则存在恒差型系统误差；如残差出现有规律的变化，则存在变差型系统误差；如残差无显著变化规律，则可认为当前不存在系统误差。

③ 马利科夫准则。马利科夫准则用于发现和确定线性变差型系统误差（线性系统误差）。

将在同一条件下测得的一组数据按序排列，并求出相应的残差 v_i

$$v_i = x_i - \frac{1}{n}\sum_{i=1}^{n} x_i = x_i - \bar{x} \tag{13-6}$$

式中　x_i——第 i 次测量值；

　　　n——测量次数；

　　　$\bar{x}$——n 次测量的算术平均值；

　　　v_i——第 i 次测量的残差。

将残差序列以中间值 v_k 为界分为前后两组，分别求和，然后把两组残差和相减，即

$$\Sigma = \sum_{i=1}^{j} v_i - \sum_{i=k}^{n} v_i \tag{13-7}$$

当 n 为偶数时，取 $j=n/2$、$k=n/2+1$；当 n 为奇数时，取 $j=(n+1)/2=k$。

若 Σ 近似等于零，说明测量中不含线性系统误差；若 Σ 明显不为零（且大于 v_i），则表明这组测量中存在线性系统误差。

④ 贝塞尔公式和佩捷斯公式法。在等精度测量条件下，通常使用贝塞尔公式和佩捷斯公式计算标准误差（即均方根误差），通过对结果的比较来判别是否存在系统误差。即

$$\sigma_1 = \sqrt{\frac{\sum\limits_{i=1}^{n} v_i^2}{n-1}} \qquad\qquad (13\text{-}8)$$

$$\sigma_2 = \sqrt{\frac{\pi}{2}} \times \frac{\sum\limits_{i=1}^{n} |v_i|}{\sqrt{n(n-1)}} \qquad\qquad (13\text{-}9)$$

式中　v_i——残差；

　　　n——测量次数；

　　　σ——标准误差或均方根误差。

令 $\dfrac{\sigma_2}{\sigma_1} = 1+u$，若 $|u| = \dfrac{2}{\sqrt{n-1}}$，则认为测量中可能存在系统误差。

（2）系统误差的消除

测量过程中，要尽量减小或消除系统误差。常用的方法有测量环节修正法和软件补偿法。

① 测量环节修正法。分析测量过程中可能产生系统误差的环节，确定产生系统误差的主要原因，并采取相应措施，是减小和消除系统误差最基本的方法。如压力传感器检测位置不当、液位传感器存在迁移问题、温度传感器未加冷端补偿且存在零位误差等，采取相应措施即可减小或消除对应的系统误差。

② 软件补偿法。系统误差有一定的规律，误差的变化规律可以用数学模型表示。对于恒差型系统误差，直接进行调整即可。对于变差型系统误差，在误差模型的基础上可以得到补偿模型，在测量过程中，利用软件进行实时补偿，即可减小系统误差。如利用节流式差压传感器测量过热蒸汽流量，温度和压力的变化会引发测量误差，但通过分析温度和压力变化对流量测量值的影响函数，可以得到温压补偿模型，在差压传感器输出的测量值基础上，进行实时温压补偿，可得到较为精确的过热蒸汽流量值。

13.3.2　随机误差的处理

（1）随机误差的特征

当系统误差被消除或减小到可以忽略的程度之后，仍然会出现对同一被测量进行多次测量时测量值波动的现象，这就是随机误差存在的反映。

随机误差的出现没有规律，不可预见，但其在一定条件下的概率分布服从特定的统计规律。因此，可以通过数理统计方法来估计其分布范围，从而获取随机影响的不确定度。

所有的传感器在使用时都有确定的测量范围，在此前提下，经试验证明，随机误差具有以下特征：

① 对称性：等值而符号相反的随机误差出现的概率接近相等。

② 单峰性：幅度小的随机误差比幅度大的随机误差出现的概率大。

③ 有界性：即随机误差的幅度均不超过一定界限。

④ 抵偿性：相同测量条件下，当测量次数无限大时，所有随机误差的代数和为 0。

（2）随机误差的分布规律

用仪器对某个物理量（被测参数）进行 n 次等精度重复测量，其测量值分别为 x_1、x_2、$\cdots$、x_n，则各次测量的随机误差（假定已消除系统误差）Δx_i 分别为

$$\begin{cases} \Delta x_1 = x_1 - L \\ \Delta x_2 = x_2 - L \\ \quad\vdots \\ \Delta x_n = x_n - L \end{cases} \tag{13-10}$$

式中　L——真值。

通过计算标准误差（标准差）σ（也称均方根误差）来分析随机误差的分布。

$$\sigma = \sqrt{\frac{\sum_{i=1}^{n}(x_i - L)^2}{n}} = \sqrt{\frac{\sum_{i=1}^{n}\Delta x_i^2}{n}} \tag{13-11}$$

式中　n——测量次数；

　　　x_i——第 i 次测量值。

标准差大则测量数据的分布范围就大，反之则分布范围就小。不同标准差下的正态分布曲线如图 13-3 所示，σ 小则分布曲线就陡，随机变量的分散性小，测量值相对接近真值 L，测量误差小，精度相对较高；反之，σ 大则分布曲线平缓，随机变量的分散性大，测量值相对远离真值 L，测量误差大，精度相对较低。

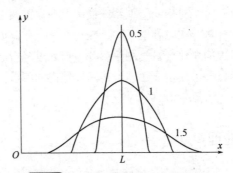

图 13-3　不同均方根误差下正态分布曲线

在实际测量中，由于真值 L 无法知道，就用测量值的算术平均值代替。各测量值与算术平均值的差值称为剩余误差（残差）v_i，即式（13-6）。

因真值只是理论存在，当测量次数足够多时，可以把 n 次测量的算术平均值 $\bar{x}$ 作为测量结果的最可信赖值，视为真值。根据式（13-6）可得

$$\sum_{i=1}^{n}v_i = \sum_{i=1}^{n}(x_i - \bar{x}) = \sum_{i=1}^{n}x_i - \sum_{i=1}^{n}\bar{x} = n\bar{x} - n\bar{x} = 0 \tag{13-12}$$

故只需计算 $n-1$ 个剩余误差，余下一个不具有独立性。据此得到有限次测量的均方根误差的估计值计算公式，即贝塞尔（Bessel）公式：

$$\sigma_s = \sqrt{\frac{\sum_{i=1}^{n}(x_i - \bar{x})^2}{n-1}} \tag{13-13}$$

式中　$\bar{x}$ ——n 次测量值的算术平均值；

$\qquad$ x_i——第 i 次测量值；

$\qquad$ n——测量次数。

据式（13-13）分析标准差与测量次数的关系，如图 13-4 所示。在 n 较小时，曲线斜率较大，测量次数 n 的增大可明显减小标准差，但随着 n 的继续增大，曲线斜率变小，标准差随 n 增大而减小的速度愈加缓慢；当 n 达到一定数值时标准差几乎不再变化。测量次数 n 越大，标准差越小，算术平均值 $\bar{x}$ 越接近真值 L，当 $n \rightarrow \infty$ 时，$\bar{x} \rightarrow L$。实际测量过程中不可能进行无限次测量，测量次数增加过多，会导致"等精度测量"条件可能无法保持，产生新的误差。一般 $n \geqslant 10$ 已能满足测量要求。

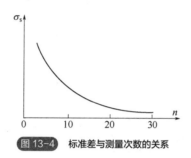

图 13-4　标准差与测量次数的关系

在同一条件下的多次测量，将算术平均值视为真值。但在测量次数有限时，算术平均值不可能等于被测量的真值 L。在有限次测量时，随机误差的分布呈现正态分布。其分布密度函数为

$$y = f(x) = \frac{1}{\sigma\sqrt{2\pi}} e^{-\frac{(x-L)^2}{2\sigma^2}} \tag{13-14}$$

式中　y——概率密度；

$\qquad$ x——测量值；

$\qquad$ σ ——标准差；

$\qquad$ L——真值；

$x-L$——随机误差。

相应的正态分布曲线如图 13-5 所示。由图可见，随机变量在 $x=L$ 或 $\sigma=0$ 处附近区域有最大概率。

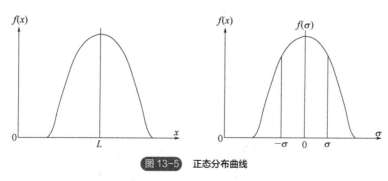

图 13-5　正态分布曲线

（3）测量结果的置信度

为了确定测量结果的可靠性，需要进行测量结果的置信度分析。

由于随机误差服从正态分布，测量值自然也呈现正态分布，标准差反映了测量值分布的范围，即测量值在某一区间出现的概率与标准差 σ 的大小有关。虽然随机变量在 $x=L$ 或 $\sigma=0$ 处附近区域有最大概率，但还需从数理统计学的角度来分析真值在某一测量值分布区间的概率。

假设真值在某一测量值分布区间，该区间称为置信区间，其界限称为置信限。该置信区间包含真值的概率称为置信概率。置信限和置信概率综合体现了测量结果的可信赖程度，称为置信度。对同一测量结果而言，置信限越大，置信概率就越大；反之亦然。

因标准差 σ 是正态分布的特征参数，将测量值与真值的偏差（测量误差）Δx 的置信区间取为 σ 的若干倍，即

$$\Delta x = \pm k\sigma \tag{13-15}$$

式中　k——置信系数。

对于正态分布，Δx 落在某个区间的概率表达式为

$$p\left(\left|x-\overline{x}\right| \leqslant k\sigma\right) = \int_{\overline{x}-k\sigma}^{\overline{x}+k\sigma} \frac{1}{\sqrt{2\pi}\sigma} e^{\frac{-(x-\overline{x})^2}{2\sigma^2}} \, \mathrm{d}x \tag{13-16}$$

令 $\delta = x - \overline{x}$，则有

$$p\left(\left|\delta\right| < k\sigma\right) = \int_{-k\sigma}^{+k\sigma} \frac{1}{\sqrt{2\pi}\sigma} e^{\frac{-\delta^2}{2\sigma^2}} \, \mathrm{d}\delta = \int_{-k\sigma}^{+k\sigma} p(\delta) \, \mathrm{d}\delta \tag{13-17}$$

置信系数 k 确定后，对应的置信概率便能确定。由式（13-17）可得，当 k 选取 1、2、3 时，测量误差落在置信区间 $\pm\sigma$、$\pm2\sigma$、$\pm3\sigma$ 的概率分别如下：

$$p\left(\left|\delta\right| < \sigma\right) = \int_{-\sigma}^{+\sigma} p(\delta) \, \mathrm{d}\delta = 0.6827 \tag{13-18}$$

$$p\left(\left|\delta\right| < 2\sigma\right) = \int_{-2\sigma}^{+2\sigma} p(\delta) \, \mathrm{d}\delta = 0.9545 \tag{13-19}$$

$$p\left(\left|\delta\right| < 3\sigma\right) = \int_{-3\sigma}^{+3\sigma} p(\delta) \, \mathrm{d}\delta = 0.9973 \tag{13-20}$$

$k=3$ 时，测量误差超出置信区间 $\pm3\sigma$ 的概率为 0.27%，即最大绝对误差的绝对值大于 3σ 的概率为 0.27%，一般认为不可能出现，因此把绝对值=3σ 的绝对误差称为极限误差，如图 13-6 所示。

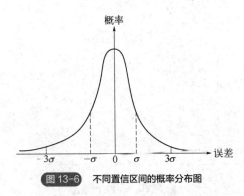

图 13-6　不同置信区间的概率分布图

根据上述分析，测量结果一般表示为：$x = \overline{x} \pm \sigma\,(p = 0.6827)$；$x = \overline{x} \pm 3\sigma\,(p = 0.9973)$。

实际进行分析时，考虑到随机误差对多组多次测量的影响而导致各组算数平均值的差异，一般用 $\sigma_{\overline{x}}(\sigma_{\overline{x}} = \sigma_{\mathrm{s}}/\sqrt{n})$ 代替 σ 进行计算。

例 13-4：液位传感器测量某个液位时，得到一组测量输出值为 16.89、17.01、16.93、16.97、16.91、16.96、17.03、16.99、16.97、16.96，单位为 mA，试计算测量结果。

解：首先根据测量值可计算出测量平均值 $\overline{x}$ =16.962mA，计算出标准差的估计值为

$$\sigma_s = \sqrt{\frac{\sum\limits_{i=1}^{n}(x_i-\overline{x})^2}{n-1}} = \sqrt{\frac{\sum\limits_{i=1}^{n}v_i^2}{n-1}} = \sqrt{\frac{0.0168}{10-1}} \approx 0.43\text{mA}$$

$$\sigma_{\overline{x}} = \frac{\sigma_s}{\sqrt{n}} = \frac{0.43}{\sqrt{10}} \approx 0.14$$

因此，测量结果为

$$x = \overline{x} \pm \sigma_{\overline{x}} = (16.962 \pm 0.14)\text{mA} \ (p=0.6827)$$

或

$$x = \overline{x} \pm 3\sigma_{\overline{x}} = (16.962 \pm 0.42)\text{mA} \ (p=0.9973)$$

13.3.3　粗大误差的处理

粗大误差通常源自测量人员的失误，所以含有粗大误差的测量结果必须被剔除。剔除的办法有以下两种。

（1）拉伊达（Pauta）准则

先假设一组检测数据只含有随机误差，对其进行计算处理得到标准差 σ，按一定概率确定一个区间，认为凡超过这个区间的误差，就不属于随机误差而是粗大误差，含有该误差的数据应予以剔除。

拉伊达准则是对于服从正态分布的等精度测量，其某次测量误差 $|x_i-\overline{x}|$ 大于 3σ 的可能性仅为 0.27%，因此，把测量误差大于标准差 σ（或其估计值）3 倍的测量值作为测量坏值予以舍弃。实际应用的拉伊达准则表达式为

$$|\Delta x_k| = |x_k - \overline{x}| > 3\sigma = K_L \tag{13-21}$$

式中　K_L——非坏值对应的误差极限值。

拉伊达准则以测量次数充分大为前提，只适用于测量次数较多、测量误差分布接近正态分布的情况使用。当等精度测量次数较少时，采用基于正态分布的拉伊达准则，其可靠性将变差，且容易造成鉴别值界限太宽而无法发现坏值。当测量次数 $n<10$ 时，拉伊达准则不能判别任何粗大误差。此外，拉伊达准则在处理特定分布规律的数据时效果较好，但对于含有较多离群点的序列，可能会出现异常值漏判的问题。

例 13-5：一台压力传感器对某压力进行 15 次等精度测量，输出测量值见表 13-1，试判别该组测量值中是否存在含粗大误差的测量值。

表 13-1　传感器输出测量值　　　　　　　　　　　　　　单位：mA

序号	1	2	3	4	5	6	7	8	9	10	11	12	13	14	15
测量值	15.630	15.645	15.600	15.645	15.630	15.645	15.585	15.450	15.600	15.645	15.630	15.615	15.585	15.585	15.600

解：由表 13-1 可得

$$\bar{x} = 15.6242$$

$$\sigma_s = \sqrt{\frac{\sum\limits_{i=1}^{n} v_i^2}{n-1}} = \sqrt{\frac{0.0918}{14}} \approx 0.081$$

$$3\sigma_s \approx 0.243$$

经检验可知，15 个测量值的残余误差均满足 $|v_i < 3\sigma_s|$，故可认为这些测量值不含有粗大误差。

（2）格拉布斯（Grubbs）准则

格拉布斯准则是以小样本测量数据，以 t 分布为基础用数理统计方法推导得出的。在小样本测量数据中满足表达式

$$|\Delta x_k| = |x_k - \bar{x}| > K_G(n, \alpha)\sigma \tag{13-22}$$

格拉布斯准则的鉴别值 $K_G(n, \alpha)$ 是和测量次数 n、危险概率 α 相关的数值，可通过查相应的数表获得。工程和实验中常用 $\alpha = 0.05$（置信概率 0.95）和 $\alpha = 0.01$（置信概率 0.99）。在不同测量次数时，对应的格拉布斯准则鉴别值 $K_G(n, \alpha)$ 见表 13-2。

表 13-2　格拉布斯准则鉴别值 $K_G(n, \alpha)$

测量次数 n	置信概率 P_a		测量次数 n	置信概率 P_a	
	0.99	0.95		0.99	0.95
	$K_G(n, \alpha)$			$K_G(n, \alpha)$	
3	1.16	1.15	11	2.48	2.23
4	1.49	1.46	12	2.55	2.28
5	1.75	1.67	13	2.61	2.33
6	1.94	1.82	14	2.66	2.37
7	2.10	1.94	15	2.70	2.41
8	2.22	2.03	16	2.74	2.44
9	2.32	2.11	18	2.82	2.50
10	2.41	2.18	20	2.88	2.56

当 $\alpha = 0.05$ 或 0.01 时，可得到鉴别值 $K_G(n, \alpha)$ 的置信概率 P_a 分别为 0.95 和 0.99。即鉴别值 $K_G(n, \alpha)$ 的可能性仅分别为 0.5% 和 1%，说明该数据是正常数据的概率很小，可以认定该测量值为坏值并予以剔除。

注意：若按算术平均数和表 13-2 查出多个可疑测量数据时，只能舍弃误差最大的可疑数据，然后按剔除后的测量数据序列重新计算 $\bar{x}$、σ，并重复进行以上判别，直到判明无坏值为止。

例 13-6：对于表 13-1 中的测量值，试判别该组测量值中是否存在粗大误差。

解：由上例计算结果可知 $\bar{x} = 15.6242$，$\sigma_s \approx 0.081$。

按测量值从小到大排列 $x_1 = 15.45$ ， $x_{15} = 15.858$ ，对应的 $|v_1| = |15.45 - 15.6242| = 0.1742$ ，
$|v_{15}| = |15.858 - 15.6242| = 0.233$ ，可见 $|v_1| < |v_{15}|$ 。

查表 13-2 可得 $K_G(15, 0.05) = 2.410$ ，则 $K_G(15, 0.05)\sigma_s = 2.41 \times 0.081 \approx 0.195$ ，可见 $|v_{15}| > K_G$ ，
说明 14 个测量值不存在粗大误差。

13.4　间接测量中误差的传递

由于某些被测量无法被直接测量，需通过一些能够直接测量的数据，根据关联关系公式通过计算得出测量结果。而由于直接测量的结果均有一定误差，导致计算出的间接测量结果也必然存在误差，这就是间接测量误差的传递。

（1）系统误差的传递

设有函数 $y = f(x_1, x_2, \cdots, x_n)$ ， y 由 $x_1, x_2, \cdots, x_n$ 各直接测量值决定。 $x_1, x_2, \cdots, x_n$ 的系统误差由 Δx_1 ， Δx_2 ， $\cdots$ ， Δx_n 分别表示，而由 Δx_1 ， Δx_2 ， $\cdots$ ， Δx_n 引起的关于 y 的误差则由 Δy 表示，公式为

$$y + \Delta y = f(x_1 + \Delta x_1, x_2 + \Delta x_2, \cdots, x_n + \Delta x_n) \tag{13-23}$$

绝对误差传递公式为

$$\Delta y = \frac{\partial f}{\partial x_1}\Delta x_1 + \frac{\partial f}{\partial x_2}\Delta x_2 + \cdots + \frac{\partial f}{\partial x_n}\Delta x_n \tag{13-24}$$

相对误差传递公式为

$$\delta_y = \frac{\Delta y}{y} = \frac{\partial f}{\partial x_1} \times \frac{\Delta x_1}{y} + \frac{\partial f}{\partial x_2} \times \frac{\Delta x_2}{y} + \cdots + \frac{\partial f}{\partial x_n} \times \frac{\Delta x_n}{y}$$

$$= \frac{\partial f}{\partial x_1}\delta_1 + \frac{\partial f}{\partial x_2}\delta_2 + \cdots + \frac{\partial f}{\partial x_n}\delta_n \tag{13-25}$$

（2）随机误差的传递

设间接测量的被测量 y 和能直接测量的各物理量 $x_1, x_2, \cdots, x_n$ 之间有一定的函数关系：

$$y = f(x_1, x_2, \cdots, x_n) \tag{13-26}$$

在测量中，设进行了 k 次重复测量，则能够计算出 k 个 y 值：

$$\begin{cases} y_1 = f(x_{11}, x_{21}, \cdots, x_{n1}) \\ y_2 = f(x_{12}, x_{22}, \cdots, x_{n2}) \\ \qquad\qquad \vdots \\ y_k = f(x_{1k}, x_{2k}, \cdots, x_{nk}) \end{cases} \tag{13-27}$$

每次测量的随机误差为

$$\mathrm{d}y_i = \frac{\partial f}{\partial x_1}\mathrm{d}x_{1i} + \frac{\partial f}{\partial x_2}\mathrm{d}x_{2i} + \cdots + \frac{\partial f}{\partial x_n}\mathrm{d}x_{ni}, \ i = 1, 2, \cdots, k \tag{13-28}$$

$$\sigma_y = \sqrt{\frac{\sum_{i=1}^{k} \mathrm{d}y_i^2}{k}}$$

$$= \sqrt{\frac{\left(\frac{\partial f}{\partial x_1}\right)^2 \sum_{i=1}^{k} \mathrm{d}x_{1i}^2 + \left(\frac{\partial f}{\partial x_2}\right)^2 \sum_{i=1}^{k} \mathrm{d}x_{2i}^2 + \cdots + \left(\frac{\partial f}{\partial x_n}\right)^2 \sum_{i=1}^{k} \mathrm{d}x_{ni}^2}{k}}$$

$$= \sqrt{\left(\frac{\partial f}{\partial x_1}\right)^2 \sigma_{x1}^2 + \left(\frac{\partial f}{\partial x_2}\right)^2 \sigma_{x2}^2 + \cdots + \left(\frac{\partial f}{\partial x_n}\right)^2 \sigma_{xn}^2} \qquad (13\text{-}29)$$

（3）随机误差的等传递原则

若在间接测量时，预先给定间接测量的误差，则能否求出各个直接测量量允许的最大误差？答案是若直接测量量个数大于一时，在数学上的解是不定的。

在实际测量中遇到此问题时，通常用等传递原则，即假设各直接测量对于间接测量所引起的误差均是相等的，所以

$$\sigma_y = \sqrt{n\left(\frac{\partial f}{\partial x_1}\right)^2 \sigma_{x1}^2} = \sqrt{n\left(\frac{\partial f}{\partial x_2}\right)^2 \sigma_{x2}^2} = \cdots = \sqrt{n\left(\frac{\partial f}{\partial x_n}\right)^2 \sigma_{xn}^2} \qquad (13\text{-}30)$$

在仪器仪表的设计中也可应用等传递原则，按照预先设定好的整台仪表的精度，先初步确定各个组成环节应该达到的精度要求，在某些情况下还需根据实际的情况进行适当的调整，但最后都需要满足上式。

（4）系统误差的统计处理

在进行系统误差综合时，有两种方法可使用：当局部系统的误差数量不多且其同时充分起作用的机会较多时，可将各个局部系统误差代数相加，或当遇到系统误差符号不明确时，可采用绝对值相加；当局部系统误差数量较多且其同时以最严重的情况出现的机会较小时，可采用随机误差的传递公式，即用统计的方法处理系统误差。具体采用哪种方法应根据具体情况进行分析。

13.5 回归分析法

在工程实践和实验中，对于某些重要的物理量（被测参数），需要通过多次重复测量来确定精度较高的估计值。最常用的方法是最小二乘法，当各测量值的残差平方和最小时，求出的测量结果出现的概率最大，为最可靠测量结果。

当某物理量（被测参数，目标变量）与其他物理量（关联参数，自变量）存在关联关系，但无法通过机理分析建立它们之间的函数关系式时，需要进行回归分析，利用数理统计方法来建立函数关系。回归分析在数据处理、经验公式求取、系统建模等方面都有广泛的应用，最小二乘法是最常用的有效方法。

13.5.1　单回归分析

在线性回归分析中，最简单的情况为单回归分析，即独立变量只有一个，函数关系是

$$y = a_0 + a_1 x \tag{13-31}$$

设 (x_1, y_1)，(x_2, y_2)，$\cdots$，(x_n, y_n) 用来表示 n 组的测量值，但由于测量本身具有误差，导致测量值 (x_i, y_i) 必然有误差存在。所以，测量值 x_i、y_i 之间的函数表达式为

$$y_i = a_0 + a_1 x_i + v_i, \ i = 1, 2, \cdots, n \tag{13-32}$$

式中　　v_i ——残差。

移项后可得到残差 v_i 的表达式

$$v_i = y_i - (a_0 + a_1 x_i) \tag{13-33}$$

v_i 的平方和为

$$Q = \sum_{i=1}^{n} v_i^2 = \sum_{i=1}^{n} \left[y_i - (a_0 + a_1 x_i) \right]^2 \tag{13-34}$$

$$\begin{cases} \dfrac{\partial Q}{\partial a_0} \bigg|_{a_0 = b_0, a_1 = b_1} = -2 \sum_{i=1}^{n} \left[y_i - (b_0 - b_1 x_i) \right] = 0 \\ \dfrac{\partial Q}{\partial a_1} \bigg|_{a_0 = b_0, a_1 = b_1} = -2 \sum_{i=1}^{n} x_i \left[y_i - (b_0 - b_1 x_i) \right] = 0 \end{cases} \tag{13-35}$$

$$b_0 = \sum_{i=1}^{n} \frac{y_i}{n} = \left(\sum_{i=1}^{n} \frac{x_i}{n} \right) b_1 \tag{13-36}$$

$$b_1 = \frac{\displaystyle\sum_{i=1}^{n} x_i y_i - \frac{\left(\displaystyle\sum_{i=1}^{n} x_i \right) \left(\displaystyle\sum_{i=1}^{n} y_i \right)}{n}}{\displaystyle\sum_{i=1}^{n} x_i^2 - \frac{\left(\displaystyle\sum_{i=1}^{n} x_i \right)^2}{n}} \tag{13-37}$$

上述求 b_0、b_1 的方法为最小二乘法。

13.5.2　多关联参数的基本处理方法

设直接测量量 y 与 n 个间接测量量 x_i $(i = 1, 2, \cdots, n)$ 的函数关系为 $y = f(x_1, x_2, \cdots, x_n)$，对 y 进行 m 次等精度测量得到 m 个测量值 l_i $(i = 1, 2, \cdots, m)$，其对应的估计值为 $\hat{y}_i$ $(i = 1, 2, \cdots, m)$（即经测量值确定的"真值"，一般为算术平均值），即为

$$\begin{cases} \hat{y}_1 = f_1(x_1, x_2, \cdots, x_n) \\ \hat{y}_2 = f_2(x_1, x_2, \cdots, x_n) \\ \qquad\qquad \vdots \\ \hat{y}_m = f_m(x_1, x_2, \cdots, x_n) \end{cases} \tag{13-38}$$

若 $m=n$ 时，将直接测量的值当作估计值使用，将式（13-38）中 $\hat{y}_i$ 换成 l_i $(i=1,2,\cdots,n)$，则可由式（13-38）直接求出间接测量量。但由于仪器精度原因，测量出的结果总是存在着误差，可通过增加测量次数抵消随机误差对测量结果的影响，在一定范围内提高测量结果的精度。此时要求解未知量可应用最小二乘法。最小二乘法原理认为最可信赖值应使残余误差二次方和最小，根据贝塞尔公式，残余误差二次方和最小，意味着测量结果的标准差估计值最小、精度最高，此时得出的拟合线最接近真值。

由于对应的残余误差组合为

$$\begin{cases} v_1 = l_1 - \hat{y}_1 = l_1 - f_1\left(x_1, x_2, \cdots, x_n\right) \\ v_2 = l_2 - \hat{y}_2 = l_2 - f_2\left(x_1, x_2, \cdots, x_n\right) \\ \qquad\qquad \vdots \\ v_m = l_m - \hat{y}_m = l_m - f_m\left(x_1, x_2, \cdots, x_n\right) \end{cases} \qquad (13\text{-}39)$$

所以最小二乘法原理要求的条件转化为

$$\min \sum_{i=1}^{n} v_i^2 \qquad (13\text{-}40)$$

如果考虑线性测量，即 $y = a_1 x_1 + a_2 x_2 + \cdots + a_m x_m$（多数测量近似属于这种情况），用矩阵表示式（13-39）的残余误差为

$$\boldsymbol{L} - \boldsymbol{AX} = \boldsymbol{V} \qquad (13\text{-}41)$$

式中，系数矩阵

$$\boldsymbol{A} = \begin{bmatrix} a_{11} & a_{12} & \cdots & a_{1n} \\ a_{21} & a_{22} & \cdots & a_{2n} \\ \vdots & \vdots & \vdots & \vdots \\ a_{m1} & a_{m2} & \cdots & a_{mn} \end{bmatrix} \qquad (13\text{-}42)$$

估计值矩阵（即待求矩阵）

$$\boldsymbol{X} = \begin{bmatrix} x_1 \\ x_2 \\ \vdots \\ x_n \end{bmatrix} \qquad (13\text{-}43)$$

测量值矩阵

$$\boldsymbol{L} = \begin{bmatrix} l_1 \\ l_2 \\ \vdots \\ l_m \end{bmatrix} \qquad (13\text{-}44)$$

残余误差矩阵

$$V = \begin{bmatrix} v_1 \\ v_2 \\ \vdots \\ v_m \end{bmatrix} \tag{13-45}$$

人们总是希望尽量提高精度，使得测量结果尽可能准确，系统误差和随机误差尽可能小。根据贝赛尔公式［式（13-13）］，残余误差的二次方和最小，就能保证各测量值与其估计值（即算术平均值）的标准差最小，测量值的分散性最小，精度最高，这就是最小二乘法的基本要求。残余误差平方和最小值用矩阵表示为

$$\min\left(V^{\mathrm{T}}V\right) = \min\left[\left(L - AX\right)^{\mathrm{T}}V\right] \tag{13-46}$$

利用微分学原理，令其对未知数求导的结果等于 O 可以满足极值要求，得到

$$A^{\mathrm{T}}V = O \tag{13-47}$$

将式（13-41）代入式（13-47），即要求

$$A^{\mathrm{T}}\left(L - AX\right) = O \tag{13-48}$$

经整理有

$$\left(A^{\mathrm{T}}A\right)X = A^{\mathrm{T}}L \tag{13-49}$$

从而得到

$$X = \left(A^{\mathrm{T}}A\right)^{-1}A^{\mathrm{T}}L \tag{13-50}$$

例 13-7：铂电阻 Pt100 当温度 t 在 $0 \sim 650℃$ 时，$R_t = R_0\left(1 + \alpha t + \beta t^2\right)$。因 $\alpha t \gg \beta t^2$，故可写成 $R_t = R_0\left(1 + \alpha t\right)$。对应不同温度的铂电阻的电阻测量值见表 13-3，用最小二乘法估算 $0℃$ 时的铂电阻阻值 R_0 和温度系数 α。

表 13-3　一组铂电阻测量值

$t/℃$	100	110	120	130	140	150	160
R/Ω	138.50	142.29	146.06	149.82	153.58	157.31	161.04

解：测量误差方程为

$$R_{t_i} - R_0\left(1 + \alpha t_i\right) = v_i, \ i = 1, 2, \cdots, 7$$

为了便于求解两个未知量，令 $x = R_0$，$y = \alpha R_0$，则误差方程可写为

$$R_{t_i} - \left(x + t_i y\right) = v_i, \ i = 1, 2, \cdots, 7$$

用矩阵表示为

$$L - AX = V$$

式中，实际测量值矩阵

$$L = \begin{bmatrix} 138.50 \\ 142.29 \\ 146.06 \\ 149.82 \\ 153.58 \\ 157.31 \\ 161.04 \end{bmatrix}$$

系数矩阵

$$A = \begin{bmatrix} 1 & 100 \\ 1 & 110 \\ 1 & 120 \\ 1 & 130 \\ 1 & 140 \\ 1 & 150 \\ 1 & 160 \end{bmatrix}$$

估计值矩阵

$$X = \begin{bmatrix} x \\ y \end{bmatrix}$$

残余误差矩阵

$$V = \begin{bmatrix} v_1 \\ v_2 \\ v_3 \\ v_4 \\ v_5 \\ v_6 \\ v_7 \end{bmatrix}$$

根据最小二乘法可得出

$$X = \left(A^{\mathrm{T}} A \right)^{-1} A^{\mathrm{T}} L = \begin{bmatrix} 100.97 \\ 0.38 \end{bmatrix}$$

所以

$$R_0 = x \approx 101\Omega$$

$$\alpha = \frac{y}{R_0} = \frac{0.3756}{100}\,^{\circ}\mathrm{C}^{-1} = 3.756 \times 10^{-3}\,^{\circ}\mathrm{C}^{-1}$$

13.5.3　一般线性回归分析

以下是一般线性方程式 $y = \beta_1 x_1 + \beta_2 x_2 + \cdots + \beta_p x_p$ 的回归分析。

设独立变量有 n 组测量值 $x_{i1}, x_{i2}, \cdots, x_{ip}\,(i = 1, 2, \cdots, n)$，函数 y 也有 n 个测定值。现要根据测量值确定函数关系式中 β_1，β_2，$\cdots$，β_p 的最佳估计值。同理，测量值间关系可表示为 $y_1 = \beta_1 x_{11} + \beta_2 x_{12} + \cdots + \beta_p x_{1p} + v_1$（误差相互独立，服从正态分布）。与前文相似，使误差二次方和最小，即 Q 最小

$$Q = \sum_{i=1}^{N} \left[y_i - (\beta_1 x_{i1} + \beta_2 x_{i2} + \cdots + \beta_p x_{ip}) \right]^2 \tag{13-51}$$

可求得 $\beta_1, \beta_2, \cdots, \beta_p$ 的最小二乘法估计值 $b_1, b_2, \cdots, b_p$。

$$\begin{cases} \left(\sum_{i=1}^{n} x_{i1}^2 \right) b_1 + \left(\sum_{i=1}^{n} x_{i1} x_{i2} \right) b_2 + \cdots + \left(\sum_{i=1}^{n} x_{i1} x_{ip} \right) b_p = \sum_{i=1}^{n} x_{i1} y_i \\[2mm] \left(\sum_{i=1}^{n} x_{i2} x_{i1} \right) b_1 + \left(\sum_{i=1}^{n} x_{i2}^2 \right) b_2 + \cdots + \left(\sum_{i=1}^{n} x_{i2} x_{ip} \right) b_p = \sum_{i=1}^{n} x_{i2} y_i \\[2mm] \qquad\qquad\qquad\qquad\qquad\vdots \\[2mm] \left(\sum_{i=1}^{n} x_{ip} x_{i1} \right) b_1 + \left(\sum_{i=1}^{n} x_{ip} x_{i2} \right) b_2 + \cdots + \left(\sum_{i=1}^{n} x_{ip}^2 \right) b_p = \sum_{i=1}^{n} x_{ip} y_i \end{cases} \tag{13-52}$$

联立方程求解，即可求出 $b_1, b_2, \cdots, b_p$。

13.6 不确定度和有效数字

13.6.1 不确定度

误差无处不在，不可避免，测量结果仅仅是被测量值的一个近似的结果。因此，测量结果必然有一定的不确定度。不确定度越大，就会导致重复测量的数值越分散，单次测量的结果的可信度越低，测量结果的质量也会越差。因此，测量不确定度就成了评定测量结果质量的重要标准之一。

（1）测量不确定度的定义

测量不确定度是对测量结果可信性、有效性的怀疑程度或不肯定程度，是定量说明测量结果的质量的一个参数。

测量不确定度表示对测量结果的不肯定程度，是被测量真值在某个量值范围内的一个具体的表现，用来表示被测量的分散性。因此，一个完整的测量结果除了被测量的估计值外，还应不确定度。用公式则可表示为 $Y = y \pm U$。其中，y 是被测量的估计值，U 是不确定度。

造成测量结果不确定的原因有很多，测量系统只是其中一个重要原因。测量系统由很多个测量仪器组成，所以测量过程也受很多个因素影响，最终的测量结果也是由很多个直接测量的结果所组成的，因此测量不确定度有很多个分量。求出不确定度的过程称为测量不确定度的评定，评定方法可以分为两个大类：A类和B类。

A类评定指通过一系列的观测数据的统计分析评定不确定度。

B类评定则是基于经验或其他信息所认定的概率分布来评定不确定度。两类评定都建立在概率统计的理论上，区别仅仅是概率分布的来源不同，其所具有的价值是相同的。

（2）标准不确定度的评定

用标准差表征的不确定度称为标准不确定度，用 u 表示。测量不确定度所包含的若干分量均是标准不确定度分量，用 u_i 表示。

① 标准不确定度的 A 类评定。若进行等精度重复多次测量，即在相同测量条件下得到被

测量 x_i 的 n 个独立观测值 $q_1, q_2, \cdots, q_n$ ，一般采用这些独立观测值的算术平均值 $\bar{q}$ 表示被测量的估计值。因此这种测量的标准不确定度的 A 类评定为

$$u_i = \sqrt{\frac{1}{n(n-1)}\sum_{i=1}^{n}(q_i - \bar{q})^2} \tag{13-53}$$

② 标准不确定度的 B 类评定。标准不确定度的 B 类评定是通过以前的测量数据、经验或相关的资料等非统计分析法得到的数值。在必要时，可以对观测值进行一定的分布假设，如三角分布、正态分布、反正弦分布等。若已知观测值分布区间半宽 a ，对于三角分布， $u_i = \dfrac{a}{\sqrt{6}}$ ；对于正态分布， $u_i = \dfrac{a}{3}$ ；对于均匀分布， $u_i = \dfrac{a}{1.732}$ 。

若是在相关资料中取得观测值，并且该资料表明该观测值的测量不确定度 U_i 是标准差的 k 倍，则该观测值的标准不确定度 $u_i = \dfrac{U_i}{k}$ 。

若缺乏相关资料，或资料上的信息不够充足，则按照经验直接给出不确定度。

③ 自由度及其确定。每个不确定度都对应一个自由度，记作 v 。不确定度的变量总数（ n ）和这些变量间的线性约束数（ k ）的差（ $n-k$ ）为自由度。自由度定量地表达了不确定度评定的质量，越多独立参数参与不确定度的计算，则自由度就越大，评定结果就越加可信，评定的质量也会相应提高。合成标准不确定度的自由度又称为有效自由度 v_{eff} 。不确定度评定中自由度起到了三个方面的作用：表明不确定度数值的可信程度、包含确定因子和参与计算有效自由度。所以给出测量不确定度的同时也应该给出自由度。

标准不确定度的 A 类评定的自由度 $v = n-1$ ， n 是测量个数（变量总数）。

标准不确定度的 B 类评定的自由度为

$$v = \frac{1}{2\left(\dfrac{\partial(u)}{u}\right)^2} \tag{13-54}$$

式中　$\partial(u)$ ——u 的标准差；

$\dfrac{\partial(u)}{u}$ ——标准不确定度 u 的相对标准不确定度。

（3）测量不确定度的合成

① 合成标准不确定度。标准不确定度的合成有两层含义：

a. 对于任何一个直接测量量 x_i ，因为有很多个相互独立的因素影响其估计值，因此 x_i 能够对应若干标准不确定度分量 $u_{xi1}, u_{xi2}, \cdots, u_{xim}$ 。所以 x_i 的标准不确定度为

$$u_i = \sqrt{u_{xi1}^2 + u_{xi2}^2 + \cdots + u_{xim}^2} \tag{13-55}$$

b. 对于间接测量量 $y = f(x_1, x_2, \cdots, x_n)$ ，若各个直接测量量 $x_1, x_2, \cdots, x_n$ 的标准不确定度分量为 $u_1, u_2, \cdots, u_n$ ，应当将其合并成一个标准不确定度 u_c 。当各个不确定度分量互相独立时，有

$$u_c = \sqrt{\left(\frac{\partial f}{\partial x_1}\right)^2 u_1^2 + \left(\frac{\partial f}{\partial x_2}\right)^2 u_2^2 + \cdots + \left(\frac{\partial f}{\partial x_n}\right)^2 u_n^2} \tag{13-56}$$

② 扩展不确定度。在日常的一些实际工作中，例如有关安全、身体健康的测量或高精度对比中，想要得到一个测量结果区间，使被测量的多次重复测量值绝大部分（以大概率，或称为以置信概率 P）都能被包含在该区间内，这个区间宽度的一半称为扩展不确定度（或称为展伸不确定度）U。

扩展不确定度 U 等于合成标准不确定度 u_c 乘包含因子（也叫覆盖因子）k，即

$$U = ku_c \tag{13-57}$$

包含因子 k 由 t 分布的临界值 $t_p(v)$ 给出，即

$$k = t_p(v) \tag{13-58}$$

式中　v——合成标准不确定度 u_c 的自由度。

根据自由度 v 和预先给定的置信概率 p，查 t 分布图，得到 $t_p(v)$ 的值。

当 N 个标准不确定度分量 u_i 相互独立时，v 可通过每个分量 u_i 的自由度求出

$$v = \frac{u_c^4}{\sum_{i=1}^{N} \frac{u_i^4}{v_i^4}} \tag{13-59}$$

当难以确定各个分量的自由度时，一般情况下可以直接取 $k = 2 \sim 3$。

求出扩展不确定度 U 后，就可以用扩展不确定度表示测量结果

$$Y = y \pm U \tag{13-60}$$

③ 不确定度报告。在对不确定度进行分析和评定以后，应给出不确定度报告。测量结果通常使用扩展不确定度进行表示。报告中除了需要给出扩展不确定度 U 之外，还应当说明其计算时所依据的合成不确定度 u_c、自由度 v、置信概率 p 和包含因子 k。

例如标称值为 100g 的砝码，其测量结果为

$$Y = y \pm U = (100.02147 \pm 0.00079) \text{g}$$

扩展不确定度 $U = ku_c = 0.00079\text{g}$，是根据合成标准不确定度 $u_c = 0.35\text{mg}$ 和包含因子 $k = 2.26$ 确定的，k 是依据置信概率 $p=0.95$ 和自由度 $v=9$，并由 t 分布查表得到的。注意，必须说明 0.00079g 是扩展不确定度。

13.6.2　有效数字

（1）有效数字的概念

一个数的有效数字是从其左边第一个非零数字到右端末位数字为止的所有数字。在工程实践或实验的测量过程和与测量有关的计算处理中，测量结果或计算结果应该用多少位有效数字，需要进行明确。

测量数值在小数点后有多少位，与设备规格与所用单位有关。如，用数字电压表在 mV 挡检测到某分度号热电偶测量温度时的输出为 58.663mV，有效数字为 5 位；换了一台只有四位显示的数字电压表，只能显示 58.66mV，有效数字为 4 位。用检测仪表显示测量值或计算关联结果时，一般认定末位数字是估计值，具有一定的误差和不确定性，其余各位数字无误差。末位数字误差不超过其下一位（0~9）的 ±5。究竟需要几位有效数字或需要精确到小数点后多少位，

是由该测量的误差精度要求所决定的。

处于非零数字间及数字最右端的数字"0"是有效数字，而左边无非零数字的所有数字"0"都不是有效数字。如直流电流表读数 8.056mA、9.310mA 中的所有"0"都是有效数字；而 0.007mA 中前面的三个"0"均为非有效数字。当采用科学记数法 $a \times 10^n$ 计数时，因 a 的左边第一位为非零数字，所以 a 中的所有"0"都是有效数字。

在使用标准器检测时，有效数字位数原则上应与标准器指示的位数一致。

（2）有效数字的使用规则

① 化整规则。若测量数据位数大于要求的有效数字位数 n，则需进行化整处理。第 $n+1$ 位数字小于 5，则第 n 位不变，如 16.139 化整为 16.1。第 $n+1$ 位数字大于 5，则第 n 位加 1，如 16.169 化整为 16.2。若第 $n+1$ 位数字等于 5，则应按"五奇进"的原则处理。即第 n 位为偶数时，则第 n 位不变；若第 n 位为奇数时，则第 n 位加 1。例如，16.750 化整为 16.8，16.850 化整为 16.8。该规则又叫"四舍六入五奇进"。

② 加法、减法运算规则。进行回归分析时，经常会涉及对应不同精度的测量数值相加减，计算结果的精度取决于精度最低的数据（小数位最少）。如小数位不同，运算前应先将各数据化整。如各数据小数位最少的为 n 位，则先将小数位更多的其他数据的小数位化整为 $n+1$ 位，然后相加计算，最后结果保留小数点后 n 位。例如，将 11.132、16.767、26.71 及 9.8 四个数相加，先把它们化整为 11.13、16.77、26.71 及 9.8，再相加，即 11.13+16.77+26.71+9.8=64.41，运算结果应化整为 64.4，与精度等级最低的 9.8 的精度一致。

③ 乘法、除法运算规则。当涉及多个不同精度的测量数值的乘除运算时，与加减运算类似，运算前也应进行数据化整。如各数据（包括参与运算的各因子如黏度、重力加速度、温度系数、电阻率、磁导率、介电常数、π 等）小数位最少的为 n 位，则先将小数位更多的其他数据的小数位化整为 $n+1$ 位，然后进行乘除计算，将最后结果进行化整，使计算结果有效数字位数与原有效数字最少的数据位数相同。例如，求 10.1239、16.67025、31.18 三个数的乘积，运算前将 10.1239 化整为 10.124，将 16.67025 化整为 16.670，然后计算 $10.124 \times 16.670 \times 31.18 = 5262.15755$，将结果化整为 5.262×10^3。

思考题与习题

（1）什么是随机误差？随机误差有何特点？

（2）什么是系统误差？怎样判别和减小系统误差？

（3）某压力表精度等级为 1.0 级，量程为 0～2MPa，试问此压力表允许的最大绝对误差是多少？用标准表进行校验，在标准表读数为 0.6MPa 时，此压力表指示 0.608MPa，被校压力表在此点是否满足 1.0 级精度，为什么？

（4）某台测温仪表的测温范围为 100～800℃，校验该表时得到的最大绝对误差为+3℃，试确定该仪表的精度等级。注：精确度等级有 0.4、0.5、1.0、1.5、2.5 等。

（5）某台测温仪表的测温范围为 0～1200℃。根据工艺要求，温度指示值的误差不允许超过±4℃，试问应如何选择仪表的精度等级才能满足以上要求？注：精度等级有 0.2 级、0.4 级、0.5 级、1.0 级、1.5 级等。

（6）压力传感器测量某点压力，得到一组测量输出信号（单位：mA）：12.013、12.067、

12.006、12.021、12.102、12.105、12.022、12.017。试求输出信号的标准差。

（7）对某参数进行 12 次等精度测量，测量值见表 13-4，试判别是否存在含粗大误差的测量值。

表 13-4　参数测量值

序号	1	2	3	4	5	6	7	8	9	10	11	12
测量值	6.31	6.32	6.30	6.33	6.30	6.39	6.41	6.35	6.31	6.36	6.37	6.38

（8）对于线性系统 $y = a_1 x_1 + a_2 x_2 + \cdots + a_n x_n$，随机误差的传递表达式是什么？如果线性系统中各项的系数均为 1，则随机误差的传递表达式又是什么？

（9）不确定度和误差有何区别？

参考文献

[1] 胡向东，等. 传感器与检测技术 [M]. 4 版. 北京：机械工业出版社，2018.
[2] 陈杰，蔡涛，黄鸿. 传感器与检测技术 [M]. 3 版. 北京：高等教育出版社，2021.
[3] 胡向东，唐贤伦，胡蓉. 现代检测技术与系统 [M]. 北京：机械工业出版社，2015.
[4] 吴建平. 传感器技术 [M]. 北京：机械工业出版社，2015.
[5] 郭天太. 传感器技术 [M]. 北京：机械工业出版社，2019.
[6] 周继明，等. 传感器技术与应用 [M]. 长沙：中南大学出版社，2005.
[7] 王俊杰. 检测技术与仪表 [M]. 武汉：武汉理工大学出版社，2003.
[8] 王伯雄. 测试技术基础 [M]. 北京：清华大学出版社，2003.
[9] 张建民. 传感器与检测技术 [M]. 北京：机械工业出版社，1999.
[10] 唐文彦. 传感器 [M]. 5 版. 北京：机械工业出版社，2014.
[11] 梁晋文，陈林才，何贡. 误差理论与数据处理 [M]. 北京：中国计量出版社，2000.
[12] 施昌彦. 测量不确定度评定与表示指南 [M]. 北京：中国计量出版社，2000.
[13] 魏文广，刘存. 现代传感技术 [M]. 沈阳：东北大学出版社，2001.
[14] 施文康，余晓芬. 检测技术 [M]. 北京：机械工业出版社，2000.
[15] 范玉久. 化工测量及仪表 [M]. 北京：化学工业出版社，2001.
[16] 樊尚春，刘广玉. 现代传感技术 [M]. 北京：北京航空航天大学出版社，2011.
[17] 周真，苑慧娟. 传感器原理与应用 [M]. 北京：清华大学出版社，2011.
[18] 林玉池，曾周末. 现代传感技术与系统 [M]. 北京：机械工业出版社，2009.
[19] 徐科军. 传感器与检测技术 [M]. 4 版. 北京：电子工业出版社，2016.
[20] 费业泰. 误差理论与数据处理 [M]. 7 版. 北京：机械工业出版社，2015.
[21] 胡向东，胡蓉，韩恺敏，等. 物联网安全——理论与技术 [M]. 北京：机械工业出版社，2017.
[22] 王俊杰，曹丽，等. 传感器与检测技术 [M]. 北京：清华大学出版社，2011.
[23] 赵开岐，吴红星，倪风雷. 传感器技术及工程应用 [M]. 北京：中国电力出版社，2012.
[24] 王绍纯. 自动检测技术 [M]. 北京：冶金工业出版社，1995.
[25] 强锡富. 传感器 [M]. 北京：机械工业出版社，1989.
[26] 何道清，张禾，谌海云. 传感器与传感器技术 [M]. 北京：科学出版社，2008.
[27] 王晓飞，梁福平. 传感器原理及检测技术 [M]. 3 版. 武汉：华中科技大学出版社，2020.
[28] 樊尚春. 传感器技术及应用 [M]. 3 版. 北京：北京航空航天大学出版社，2016.
[29] 黄英，王永红. 传感器原理及应用 [M]. 合肥：合肥工业大学出版社，2016.
[30] 王化祥，张淑英. 传感器原理及应用 [M]. 3 版. 天津：天津大学出版社，2007.
[31] 陈雯柏. 智能传感器技术[M]. 北京：清华大学出版社，2022.
[32] 陈庆. 传感器原理与应用[M]. 北京：清华大学出版社，2021.
[33] 卜乐平. 传感器与检测技术[M]. 北京：清华大学出版社，2021.
[34] 周杏鹏. 传感器与检测技术[M]. 北京：清华大学出版社，2010.
[35] 朱晓青. 传感器与检测技术 [M]. 2 版. 北京：清华大学出版社，2020.
[36] 康志亮，李军. 传感器原理与检测[M]. 成都：电子科技大学出版社，2019.
[37] 贾海瀛. 传感器技术与应用[M]. 北京：高等教育出版社，2015.
[38] 杨帆，吴晗平，等. 传感器技术及其应用[M]. 北京：化学工业出版社，2010.
[39] 饶志强，钮文良. 传感技术应用基础[M]. 北京：科学出版社，2016.
[40] 赵勇，胡涛. 传感器与检测技术[M]. 北京：机械工业出版社，2010.
[41] GB/T 30121—2013. 工业铂热电阻及铂感温元件.
[42] GB/T 5977—2019. 电阻温度计用铂丝.
[43] JB/T 8623—2015. 工业铜热电阻技术条件及分度表.
[44] GB/T 18404—2022. 铠装热电偶电缆及铠装热电偶.

[45] GB/T 30429—2013. 工业热电偶.

[46] GB/T 16839.1—2018. 热电偶 第 1 部分：电动势规范和允差.

[47] GB/T 4989—2013. 热电偶用补偿导线.

[48] JB/T 7495—2014. 热电偶用补偿电缆.

[49] JB/T 9496—2014. 钨铼热电偶用补偿导线.